我們追求吃得健康、少用加工品和過多的調味料，卻常被誤解為健康飲食＝無味。事實上，每種食材都有其特有的營養與香氣，本書利用科學的方式告訴我們風味的奧祕，靠著這本書的搭配指南，讓食材相互碰撞激發出美味的火花，這才是餐桌上該有的味道。

——宜手作，國民媽媽・暢銷食譜書作者

我一直在等待一本專業的風味專書，我想我終於等到了。我非常喜歡。

——松露玫瑰，愛旅行的煮婦

人工智慧、大數據 can help ！！只要有相近似的香氣分子，不同食材就能協調地搭配在一起。這本書可以幫我們跳出慣常積習，輕易地找尋到食材組合的創意靈感。

——林裕森，專業葡萄酒作家

在廚藝的世界裡，風味的如何配對，無疑是最難以捉摸的奧祕。此書從近年餐飲界越臻成熟的科學檢證出發，實際藉由食材彼此間所含化合物的關聯與共鳴，建構出一套可遵循的搭配理論、脈絡與可能性，別具意義。不僅可作為專業料理人的創作依據，對純粹依賴過往涉獵與經驗的煮婦如我，讀來也覺眼界大開、靈感多多。

——葉怡蘭，飲食生活作家・《Yilan 美食生活玩家》網站創辦人

非常棒也非常有深度的風味搭配，你完全可以忽略令人困擾的化學名詞，光是食譜後面的驚喜配對就足以讓人大呼：喔喔喔，原來可以這樣搭配呀……

——蘇彥彰，法式餐飲顧問・Molar Coffee Grinder 創辦人

將最佳風味組合加以分解，使主要食材得以大放異彩的迷人集合……這本書的視覺效果非常驚人，就像是寫給美食追求者的科學課本，輔以特別有用的前言……《風味搭配科學》是美食／食品科學怪咖的寶貝。

——《圖書館雜誌》（*Library Journal*）

烹飪教育學院烹飪研究總監布里西翁與妻子帕克赫斯特合著，透過科學探索常見食材的風味特徵，絕對會讓熱愛鑽研食物的人滿心歡喜……喜歡實驗的專業廚師和煮夫煮婦也會喜歡這種獨具見解的方法。

——《出版人周刊》（*Publishers Weekly*）

風味搭配是區別素人煮婦煮夫與主廚的基石，《風味搭配科學》將幫助您像主廚一樣思考。

——瑪德琳・帕克特（Madeline Puckette），著有《Wine Folly 看圖學葡萄酒》、《Wine Folly 看圖精通葡萄酒》

詹姆斯・布里西翁是一位具有天賦又富創造力的廚師，他將趣味算法應用於這本書中。《風味搭配科學》利用科學來擴大食材組合可能性的小宇宙，並在過程中指出通往烹飪未來的途徑。

——法蘭克・史蒂特（Frank Stitt），著有《Frank Stitt's Southern Table》、《Bottega Favorita》

如有廚藝學生想要增進對食材、風味、質地的知識，這本淺顯易懂的書不啻是最好的工具書。而對於當代廚師來說，把握機會研讀並理解這三種元素的科學原理，則可獲得極佳的優勢。這個領域的每個人都應該善用此書！

——丹尼爾・布呂（Daniel Boulud），著有《Letters to a Young Chef and Daniel: my French Cuisine》

《風味搭配科學》不只是一本充滿美味食譜與洞見的優質料理書；更重要的是，對專業又對廚藝充滿熱情的家庭料理人來說，這肯定是必備書。

——理查・布雷斯（Richard Blais），著有《Try This at Home》、《So Good》

《風味搭配科學》的內容既有趣且深刻，主廚可藉此活潑地運用不同食材。不管是專業廚師或一般烹飪者，都可以從書中的圖表出發，發展出無限創造力。

——麥可・安東尼（Michael Anthony），著有《The Gramercy Tavern Cookbook》、《V is for Vegetables》

想要揭開風味如何運作的神秘面紗，我們可能還要花上好幾十年的功夫，但此時，布里西翁提供每個料理人這份平易近人的資源，還有具啟發性的靈感與美味的食譜。

——阿里・布薩里（Ali Bouzari），著有《Ingredients》

THE FLAVOR MATRIX

The Art and Science of Pairing Common Ingredients to
Create Extraordinary Dishes

風味搭配科學

58 個風味主題、150 種基本食材,世界名廚以科學探索食物原理,
運用大數據分析,開啓無限美味與創意十足的廚藝境界

作　者

詹姆斯・布里西翁 (James Briscione)
布露克・帕克赫斯特 (Brooke Parkhurst)

譯　者

楊馥嘉

積木文化

VC0034

風味搭配科學

58 個風味主題、150 種基本食材，世界名廚以科學探索食物原理，
運用大數據分析，開啓無限美味與創意十足的廚藝境界

作　　　者　詹姆斯・布里西翁（James Briscione）
　　　　　　布露克・帕克赫斯特（Brooke Parkhurst）
譯　　　者　楊馥嘉

出　　　版　積木文化
總　編　輯　江家華
責任編輯　廖怡茜
版　　　權　沈家心
行銷業務　陳紫晴、羅仔伶

發　行　人　何飛鵬
事業群總經理　謝至平
城邦文化出版事業股份有限公司
　　　　　　台北市南港區昆陽街 16 號 4 樓
　　　　　　電話：886-2-2500-0888　傳真：886-2-2500-1951
發　　　行　英屬蓋曼群島商家庭傳媒股份有限公司城邦分公司
　　　　　　台北市南港區昆陽街 16 號 8 樓
　　　　　　客服專線：02-25007718；02-25007719
　　　　　　24 小時傳眞專線：02-25001990；02-25001991
　　　　　　服務時間：週一至週五上午 09:30-12:00；下午 13:30-17:00
　　　　　　劃撥帳號：19863813　戶名：書虫股份有限公司
　　　　　　讀者服務信箱：service@readingclub.com.tw
　　　　　　城邦網址：http://www.cite.com.tw
香港發行所　城邦（香港）出版集團有限公司
　　　　　　地址：香港九龍土瓜灣土瓜灣道 86 號順聯工業大廈 6 樓 A 室
　　　　　　電話：(852)25086231 ｜ 傳真：(852)25789337
　　　　　　電子信箱：hkcite@biznetvigator.com
馬新發行所　城邦（馬新）出版集團 Cite（M）Sdn Bhd
　　　　　　41, Jalan Radin Anum, Bandar Baru Sri Petaling, 57000 Kuala Lumpur, Malaysia.
　　　　　　電話：(603) 90563833 ｜ 傳真：(603) 90576622
　　　　　　電子信箱：services@cite.my

美術設計　Pure
製版印刷　上晴彩色印刷製版有限公司

國家圖書館出版品預行編目 (CIP) 資料

風味搭配科學：58 個風味主題、150 種基本食材，世
界名廚以科學探索食物原理，運用大數據分析，開
啓無限美味與創意十足的廚藝境界／詹姆斯・布里
西翁（James Briscione），布露克・帕克赫斯特
（Brooke Parkhurst）著；楊馥嘉譯 . -- 初版 . -- 臺
北市：積木文化出版；家庭傳媒城邦分公司發行，
2020.05
　　面；　公分
譯自：The flavor matrix: the art and science of pairing
common ingredients to create extraordinary
dishes
ISBN 978-986-459-226-5（平裝）

1. 烹飪 2. 食譜 3. 食品分析

427　　　　　　　　　　　　　　　　109004662

2020 年 5 月 5 日　初版一刷　　　　定　價／NT$1200　特　價／NT$999
2024 年 5 月 20 日　初版五刷　　　　有著作權・侵害必究
ISBN 978-986-459-226-5（紙本／電子書）

A
B
C
D
E
F
G
H
J
K
L
M
N
O
P
R
S
T
V

獻 詞

致布露克：

有許多人說，他們無法想像自己能與另一半完成如此龐大的計畫。我則無法想像沒有妳如何可能。

妳的支持、鼓勵（時而溫柔，時而嚴厲），我由衷感謝，尤其是妳給的愛。

——詹姆士

給「傑米主廚」：

一如往昔。

——布露克

前 言

風味配對的藝術與科學

當我與電腦一起做料理時，浮現寫這本書的念頭。

在 2012 年，我的廚房搭檔是華生（Watson）——有名的 IBM 超級電腦。如果你像大部分的人，第一次見到華生應該是它在電視益智猜謎節目《危險之旅！》（Jeopardy!）中擊敗群雄的時刻。你可能不知道的是，電腦的智力遠遠不只是應答生活知識小百科。當我遇見華生時，我也不懂，但後來我大感驚喜，一頭栽入那個計畫。

當 IBM 前來美國廚藝學院（The Institute of Culinary Education）詢問合作的可能時，我正在那裡任職。IBM 提議一項合作案，想要以前所未有的方式，結合電腦計算工程與人類創意。非常榮幸地，我受邀參與其中，但我同時也抱持很大的懷疑。一部參與益智猜謎遊戲的電腦，要如何教我做菜？畢竟，爲了要在廚藝技術上保持巔峰，我已經花上一輩子的時間，況且我認爲，烹飪是一門技藝——一種結合感官與人性的藝術。電腦如何能懂熟透的番茄經不起手指的觸碰？或者牛排快要到達完美熟度前，該是何種滋滋作響？

很快地，我了解到，華生的能力遠遠不只是回答問題。自從在《危險之旅！》裡展現革命性的運算能力之後，華生於癌症病人照護、理解金融市場、協助解決法律懸案、甚至推薦音樂，皆發揮出卓越的能力。現在，它企圖幫助老練的主廚在廚房發揮更多的創意。在電視益智節目中，華生對於任何提問都能迎刃而解，但如果我們連要問什麼都不知道呢？

這次合作的進行方法如下：華生會產生一份食材清單，由我與 ICE 的助理主廚從中挑選，並搭配出罕見或從未見過的料理組合。它所提供的食材，乍看之下隨性沓雜，但其實都是掃描分析學術文章、料理食譜，以及其他訊息來源後得出的資料。華生挑選的配對食材，都是它預測搭配起來美味但過去很少出現的組合。

我很享受與華生一起下廚，我們做出一些很有趣的料理，像是以番茄、鼠尾草、橄欖與櫻桃來烤鴨；將龍蝦搭配豬肉、番紅花、羅勒葉、胡蘿蔔與巴薩米克醋；用草莓、蘑菇、蘋果來料理雞肉。這些都是我自己從未想過的組合，我們的合作啓發我重新思考：眞實的廚房創意應該是什麼樣的光景。但我知道，這僅僅只是開始。

華生看待食材的方式，與身爲主廚的我很不一樣。當我看到番茄，會馬上想到過去曾經嘗過的番茄料理組合，很多時候太偏重熟悉且不會出錯的食材，像是配上羅勒葉、起司或橄欖。相反的，華生的配法是根據食材天生的風味，完全不考慮傳統公式。電腦似乎能看見一種隱形的連結，將不同的食材串連在一起。

當時，能夠看見這種連結的，只限於特定領域的科學家與超級電腦。但我希望能學會自己解讀，並且幫助其他人。別說是我的家人與朋友了，連我的 ICE 學生，都沒有機會接受超級電腦的幫助，進而在風味搭配上發揮創意，如同華生給我的協助。我要如何將這驚人的經驗與他們分享？

關於風味，很幸運地，現在已經存有龐大的科學資料等待發掘。不過，主廚們對這些資訊依然感到陌生，這實在很可惜，因爲，這門食物配對的藝術與科學（是

的！），在某些方面來說，正是當代廚藝最後一塊尚未開發的邊疆。

過去幾十年來，科學已經為料理帶來革命性的改變。當分子料理在 1980 年代晚期被發明後，複雜且新穎的材料、器具與技術，如檸檬酸鈉（sodium citrate）、舒肥機、晶球化，已從高檔餐廳走入快餐店與家庭廚房。許多人已經能藉由分子料理知識，努力地將食材轉化成料理。要說科學大大衝擊了料理界，一點都不誇張。

只有一個例外：在這股史詩般的料理方式大爆炸中，我們對於食材搭配的思考模式，依然沒有什麼太大的改變。

過去用來搭配食材、配對風味的舊模式，有效地將廚師們與食材、味道、習慣配方緊緊綁在一起。許多主廚與野心勃勃的業餘料理人都具備一種能力：翻動腦中的食材資料卡，快速回想什麼材料配什麼味道最好。這種能力源自於長年烹煮與品嘗食物所累積的扎實知識，又稱之為「味道記憶」（taste memory）。然而，味道記憶再廣大也是有侷限的。分門別類地把過去覺得好吃的配法記錄下來是很好，只是這種仰賴廚師個人經驗所形塑的味道記憶，將會限縮新的味道搭配可能性。

你可以窮盡一生，想辦法熟悉這世界成千上萬的食材種類，不過，光是從我們周遭生活圈中取材，就已經是特別艱鉅的挑戰。舉例來說，根據飲食市場學校（Food Market Institute）的研究，在 1980 年到 2014 年間，美國雜貨店供應的品項數量平均值，從 15,000 種躍升三倍到 44,000 種。在此同時，出現在農夫市集的原生種蔬果，我們可能連看都沒看過，也不斷的增加中。美國農業部數據顯示，在 1994 年有 1,755 個農夫市集，到了 2014 年，已經增加到 8,250 個。

所有的這一切讓現代廚師面臨極大的挑戰。我們不是被大量的選擇給搞得昏頭轉向，就是單純感到不知所措：原本空蕩蕩的冰箱，現在反而塞滿一堆陌生的食材，我們到底要如何從中拼湊出一道又有趣又好吃的菜餚？

有些食譜書會列出同種料理中常用的食材選項，但有少數的食譜書會跳脫傳統，開發其他可能的食材配法。這類的組合嘗試與探索，正是我接下來的目標。與其依賴味道記憶，我將仰賴化學知識，更準確的來說，就是當今食品科學界最令人興奮的區塊——分析食材間共享的分子結構。

過去三十年來，研究者已經改變我們對風味的想法。食品科學家讓主廚們理解，每樣食材都有它複雜的化學結構網絡，稱之為「揮發性化合物」（volatile compounds），這使得食物擁有各自獨特的風味。我們吃下的這一口會是什麼滋味，有八成都是由這些化合物所決定。像是萵苣這樣簡單的食材，就擁有約 20 種的化合物，咖啡則多達近 1,000 種。

想像一下，每一種揮發性化合物就像一張照片裡的單色像素粒子，假設是粉紅色好了，這種像素粒子單看只是一堆獨立的顏色方塊。但如果把它們與其他的顏色方塊放在一起，就會產生影像了。如果把粉紅色色塊給拿掉，照片的顯像就不完整了，無論那是夕陽、森林，或者外太空的墨黑深邃。

同樣的，食材中的某一種揮發性化合物，也無法獨立呈現該食材的整體性風味。例如，草莓主要的揮發性化合物為美西呋喃（mesifurane），但它嘗起來一點都不像水果，而是有著烤麵包味、奶油味與烤杏仁味。但如果把草莓中的甲氧基拿掉，它的味道會變得很不同，要是杏仁可頌抹上這種草莓果醬，那吃起來就再也不一樣了。

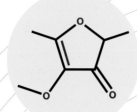

美西呋喃

揮發性化合物，如美西呋喃，是風味（flavor）組成的基本因素。所以你可能會驚訝的發現，揮發性化合物與味道（taste）的關聯不大。

「味道」與「風味」這兩個字經常被交替使用。但實際上，它們各自代表本質上很不同的東西。想要精通食材配對的藝術與科學，首先就要理解這兩者的差別。

基本的味道有五到六種，因人而異──鹹味、甜味、酸味、苦味、鮮味與油脂味。吃東西時，我們透過舌頭上發生的化學反應，而接收到這些個別的味道。所謂的化學分子接收器（chemical receptors），就是大家熟知的味蕾，分布在舌頭、軟顎、食道、臉頰與會厭（進食時用來蓋住氣管的那片軟骨）。大約有一半的味蕾能夠感受到每一種味道（其他有些味蕾則對某些味道特別敏銳），一旦味蕾接收到這五、六種味道時，馬上就發送訊號到大腦。舌頭的任何一個部位都能接收到任何的味道，並不像大家以為的，舌頭某些部位才能特別嘗到某些味道。

但這些味道只有 20% 成為我們所認知的「風味」。沒錯，當我們吃下一口食物時所感到的風味，只有 1/5 是透過味蕾，其他的 80% 則是透過鼻子。風味中的味

道元素，是由大家熟知的食物分子元素所組成的，例如酸性物質、醣類、油脂與蛋白質；而氣味元素，則來自於截然不同的分子類別，也就是先前提到的揮發性化合物。

每一口食物都含有許多揮發性化合物，沒有成千也有上百，這些就是我即將談到的「芳香味化合物」（aroma compounds）。正如同這名稱所說的，正是這些化合物的氣味，決定了食物的風味。

如果沒有嗅覺感官的作用，單靠味覺根本無法讓我們享受美食。你可以自己實驗一下，下次在喝咖啡時，把鼻子捏住，看看那是否有如一口帶點苦味、溫溫的水。如果不是鼻子感知上百個芳香味化合物，不管是咖啡或任何其他食物，都會索然無味。

任何香味成為風味的路徑都是一樣的。在食物入口前，芳香味化合物已經到達鼻子與喉嚨的接受器細胞，當某種化合物抵達特定的接收細胞時（想像一下，這好比是方的、圓的、三角形、星形的木樁要找到相對應形狀的洞），該化合物馬上與這些細胞結合，細胞立即發出訊號通知大腦，然後將訊號翻譯成該化合物特有的香味。這幾乎是瞬間發生的，距離遙遠也不是問題。想像一下：烤架上的漢堡傳來一股香氣，從夏日空氣中陣陣飄來，你馬上能辨別出那是什麼食物風味，即便你與漢堡之間隔了一個棒球場那麼遠。

一旦食物進到口腔，咀嚼將會釋放更多的芳香味化合物，一口食物就具備超過一千種的獨立化合物。同樣的，這些訊號會寄存在你的鼻子與喉嚨，然後大腦再與味蕾採集到的資訊結合在一起。

顯微鏡之下：
揮發性化合物 vs. 芳香味化合物

廣泛的來說，「芳香味」化合物就是任何我們可以聞到的化學分子。然而，對化學家而言，芳香味化合物有著更特定的定義。當芳香味化合物首度被發現時，比如苯類（benzene），這類化合物就被特別的註記，因為它們擁有的特性不同於碳水化合物（請見本書 256 頁）。更進一步說，它們擁有其他化合物所沒有的氣味，因此被命名為芳香味化合物。相對的，揮發性化合物就是散發到空氣中的化學分子，不管它有沒有氣味。水就是一種不具氣味的揮發性化合物，而苯類則同時擁有芳香味與揮發性的化合物。

苯類 BENZENE

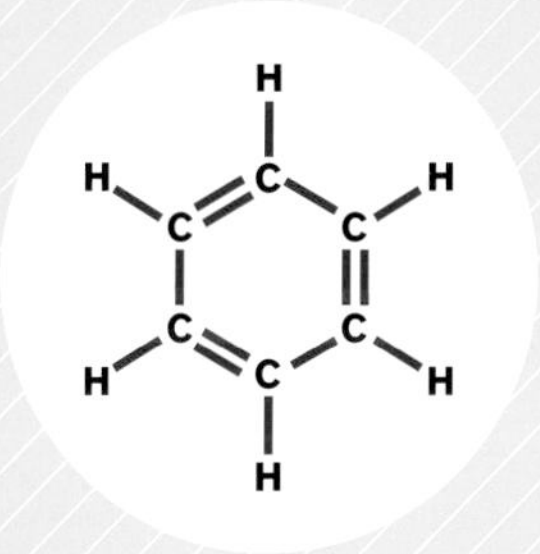

存在於薑、淡菜、茄子與其他食材中

不管是揮發性化合物或者是芳香味化合物，都在創造食物風味上扮演很重要的角色。以本書的目的來說，一種化合物屬於揮發性或者芳香味，影響不大。重要的是，只要它有氣味，它就能成為風味。為求簡潔，本書通稱上述這些化合物為芳香味化合物。

從下顎與鼓膜傳來的震動，告訴大腦這樣食物的質地口感，完成了你對風味的整體感知。研究者在實驗中指出，雖然食物的質地特別會影響鹹味與甜味的感受性，但對風味感受的影響程度則更為普遍。

味道、香氣、口感，這三樣組成了風味的全貌，但香氣的影響力遠遠超出其他兩項。

儘管香氣對風味來說如此重要，我們卻傾向把對香氣的描述留在欣賞葡萄酒的時候，侍酒師可以毫不思索地說出上百種不同的詞彙，用來描述在葡萄酒裡發現的香氣。雖然在食物中也能發現與葡萄酒相同的、甚至更多的香氣，而這些香氣也直接轉化成風味，但我們用來說明食物風味的詞語，卻只停留在五、六個「味道」形容詞。

我們為了葡萄酒，將香氣分門別類，倘若這份心思能應用在食物風味上，將會大大提升我們的廚藝經驗。以及，假使我們能將餐酒搭配的用心，發揮在食材配對中，做出的料理也會非常具有革命性，遑論這更會增加餐酒搭配的可能性！

當然，要區分風味類別遠比味道來的複雜，前者要比後者多上很多。我們所嘗到的味道，不過是口腔中為數可數的化學分子接受器運作出來的成果，而我們目前所發現的風味，則是由上千種芳香味化合物所組成。如同你可能要花一輩子來建立個人的味道記憶，你也可能需要花一輩子（或好幾輩子）來學習記錄所有的風味與香氣。確實，有些優秀的科學家正貢獻他們全部的研究生涯，致力於此。

我不是這些科學家，我只是一個主廚，想要理解香氣運作方式，好讓我的廚藝增進。即使沒有如此的學術背景，我仍勇往直前。

想要精通風味配對科學的願望，領我進入宛如愛麗絲夢遊仙境的兔子洞。我讓自己沉浸其中，不管是學術期刊文章、線上化學資料庫，或者是世界上最厲害的分子料理家所創造的理論。接下來我會解說我所發現的基本概念，以及這些原始材料如何成為你手中的這本書。

經過一番思考，我恍然大悟，如果把龐大的芳香味化合物整理成容易理解的類別，然後將這些類別在不同食材裡的程度比計算出來，我就能建立起每個食材的風味履歷標準，接下來就能比較各個食材的風味了。首先，我濃縮該食材的風味表現（通常由上百種不同化合物形成）成為視覺圖示，這樣一來，就可以輕鬆解開密碼，並且進行個別食材的風味比較。根據這樣的資料，我就可以開始依循科學創造風味配對，而非仰賴經驗意見。

這個程序的第一步，是先就食物中常見的芳香味化合物，進行廣泛的分類（這些類別資訊詳見本書第 256頁）。這項工作聽起來容易，實際上頗為困難。每一樣我列舉的芳香味化合物群，實際上包含香氣裡數千種不同的化合物。想要為一種香氣列出完全精準的化合物群，根本是不可能的。因此，需要某些整理判斷，但這

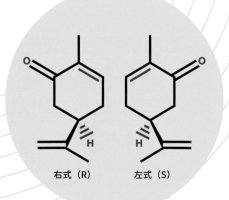

香芹酮（carvone）的右式、左式異構

似乎也是正確且恰當的，畢竟，這本書的作者不是科學家或電腦，而是一位主廚呢。

這個研究階段還有另一個困難之處，就是有些化合物結構看起來非常相似，卻有很不同的香氣表現。舉例來說，香芹酮化合物存在於兩種不同的組態之中——右式異構物與左式異構物。這兩個是相反對稱的鏡像結構。右式異構物形式的香芹酮，擁有強烈的綠薄荷香氣，也就是箭牌口香糖的主要調味成分；然而，左式異構物香芹酮則帶有葛縷子（caraway）香氣。它們的結構相同只是左右相反，卻各自形成獨特的香氣。

幸運的是，基礎化學解決了這個分類難題。雖然我們不大可能從化合物的形狀看出它聞起來像什麼，但某些化合物群的屬性特色卻可以提供一些關於香氣的線索。這是因為芳香味化合物擁有一個可供辨別的元素，稱之為「官能基」（functional groups）。

官能基能協助我們分類芳香味化合物。任何一種化合物的基本結構是碳原子與氫原子的鏈結，而許多芳香味化合物的組成物不只如此。這些額外的原子或者原子團，就是官能基（想多了解芳香味化合物中的功能基，請見第 256 頁開頭段落）。當不同的官能基被鼻子與喉嚨的接受器細胞偵測到時，大腦就會收到特定香氣的訊號。舉例來說，硫醇（含硫功能基）的氣味臭臭的，濃度一高時，聞起來就像腐敗的蛋臭味。

當充分瞭解了官能基的基本芳香特色後，我制定了一套分類法，將這些由芳香味化合物所決定的食物氣味，劃分為主要香氣類，然後是值得留意的次要香氣類（關於這些香氣類的清單，請見第 260 頁）。

除了將主要香氣與關連的芳香味化合物加以分類外，我也著重於現代廚房裡常見的 120 種食材，將它們擁有的芳香味化合物含量給標示出來，從蔥屬蔬菜（包含洋蔥、大蒜、蝦夷蔥與熊蔥）到比較獨特的食材如松露、香草。研究文獻詳細分析了每一樣食材數以百計的芳香味化合物成分，但我發現，這一大份資料都來自於「食物的揮發性化合物」資料庫（Volatile Compounds in Food, 簡稱 VCF），是由一家位於荷蘭、名為「特利斯康尼恩有限公司」（Triskelion B.V.）的獨立研究機構建構。就芳香味化合物研究來說，VCF 資料庫提供了目前世上最全面的資料。在那兒，我找到了許多芳香研究與揮發性化合物的科學報告，並且補充了相關的知識。

當我完成了上述程序後，手邊累積了一張張的分類表，裡頭記載了每一種我想要研究的食材所具備的特殊芳香化合物，終於，我可以開始比較它們了。

這項比較歸結到一個數字：兩個不同的食材（或者兩組以上不同的食材），擁有多少比例相同的芳香味化合物？根據最新的風味搭配理論，這個簡單的度量方式，可以讓我們判斷看似不相干的食材，到底有多少關聯性。

如同所有偉大的理論，風味配對理論也十分優雅簡單，它說明，只要兩個食材擁有大量共同的芳香味化合物，或同時具備某些芳香味化合物的濃縮氣味，它們配一起吃肯定美味。運動迷可以把這一切想成是風味的數據分析，而風味配對理論家如我，正是你的魔球球探比利·比恩（Bill Beans）。

1999 年，充滿前瞻性的主廚赫斯頓·布魯門索（Heston Blumenthal）與他的團隊，在位於英國布雷小鎮（Bray）的肥鴨餐廳（The Fat Duck）研究廚房裡，研發出這項強大的風味配對理論（與其說那是個廚房，倒還比較像是實驗室）。那時，布魯門索與同事在進行鹹味與甜味的料理實驗時，偶然間發現了這個理論。當時，他們把魚子醬配上白巧克力，發現這個組合出乎意料的美味。

食材群組

你可能會在本書遇到一些不熟悉的詞彙，尤其是在風味模型圖表（flavor matrix infographics）裡。這是因為在特定狀況中，如以較高的分類屬性來討論的話，會比較有效。許多食材都擁有很相似的風味化合物，這樣的巧合讓我們得以將它們視為是一組而非毫不相干的食材。例如，如果你可以不執著於將苦味與甜味看作是截然不同的兩種味道，你就會發現，蔓越莓與藍莓基本上擁有一樣的風味。因此，我會在這本書裡以「越橘屬莓果類」（Vaccinium）將蔓越莓與藍莓放在一起。以下就是濃縮整理過的分類：

蔥屬蔬菜（Allium）：這類的芳香植物從硫化物獲得香氣，包括有大蒜、洋蔥、青蔥、紅蔥頭、韭蔥、熊蔥、蝦夷蔥，請見本書 18 頁。

辣椒屬（Capsicum）：所有的椒類植物，從溫和的甜椒到辣椒，請見本書 58 頁。

南方豌豆類（Southern Pea）：又稱為「普通豌豆」，這組食材包含黑眼豆（black eyed peas）、萊豆（lima beans）、克勞德豌豆（crowder peas）、拉鍊豌豆（zipper peas）以及其他豆類，請見本書 182 頁。

越橘屬莓果類（Vaccinium）：所有灌木生、可食用莓類，包含蔓越莓、藍莓、山桑子、越橘、酸越橘，請見本書 42 頁。

風味配對理論可以用來發現狂野新穎的食材組合，例如白巧克力與魚子醬；或者幫助我們理解披薩這樣的經典食物。番茄、馬扎瑞拉起司、帕瑪善起司與烘焙過的麥子，其實共同擁有超過 100 種的芳香味化合物，其中，又以「4- 甲基戊酸」（4-methylpentanoic acid）的花香味最為明顯。這些共同的化合物，如同琴瑟和鳴的管弦樂團演奏，就是我們接收到的風味。每一樣化合物都為披薩的完美風味貢獻一個獨特的香氣，如同大提琴與長笛雖然音色不同，但都是一首貝多芬交響曲之所以飽滿豐富的原因之一。

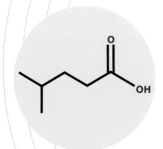

4- 甲基戊酸化合物
4-METHYLPENTANOIC ACID COMPOUND

我把先前所發現的風味配對組合，濃縮至一個我稱為「風味模組」的圖表裡，我所研究的每一種或一組食材都有一個應對的模組輪盤。這個風味模組是加強版的圓餅圖，看起來有點兒像是藝術家的配色環。不過，不像配色環只告訴你紅黃藍三原色混合之後的成色結果，風味模組會顯示出每個食材獨一無二的風味，是由哪些不同的香氣所組合而成。每一個風味模組，實際上都是描繪每種食材的「芳香指紋」，它顯示出該食材實際的「香氣身分證」，並且，沒有兩樣食材（或說是風味模組）是一模一樣的。更重要的是，這個風味模組也呈現出哪些食材能夠與主題食材成為美味的最佳組合。

根據風味配對理論而找到食材間相同化合物的比例高低，讓我能判斷哪些食材彼此比較契合，但是，獲得這些比例數字與完成我的研究目標之間，還差一步。我的目標是，把這些材料整理成容易快速理解的資訊，讓你可以在廚房時，只需要瞄一眼本書就能運用。

如何使用本書

撰寫這本書的時候，我很幸運擁有一個絕佳的合作者，也就是我的太太兼創意夥伴：布露克・帕克赫斯特。我們設定這本書的目標有兩個層次，首先是讓你學會「風味」這門科學，希望讀到目前為止你已經熟悉了；再來是希望你能親身體驗這場料理革命，並在你自己的廚房裡對此駕輕就熟。在我們家的廚房裡，布露克與我在芳香味化合物資料的幫助下，已經將風味配對理論應用在料理之中，它大大地改變了我們的烹飪方式。

在接下來的篇幅裡，我們會提供你一系列的工具，依據風味配對的科學理論基礎，協助你決定如何使用不同食材搭配出最佳風味。本書分為 58 個區塊，每一個都著重在一種或一組食材，總共會涵蓋約 150 種基本食材。

上述每一個區塊的核心是風味模組，也就是一張視覺化圖表，包含我為該食材所收集的芳香味化合物資料，以及與其搭配的其他食材。該模組的正中心就是主題食材，環繞在它旁邊的是主要香氣與次要香氣，而每一個次要香氣都以扇形圖塊連到內圈的主要香氣。更多關於這兩個層次香氣的詳細內容，收錄在第 260 頁。

在這個風味模組的最外圈，也就是從主要香氣與次要香氣延伸出去的條狀圖示，則標示著每種香氣之下可與主題食材配對的食材。這些條狀圖示的長短不一，代表該配對食材與主題食材共同擁有的化合物比例高低。

舉例來說，橄欖的風味模組顯示出，在蔬菜味／草本香草味的類別中，「羅勒」、「圓葉當歸」與「巴西里」的條狀圖示長度，勝過該香味食材組的其他香料植物，那代表著，上述這三種香料與橄欖最為匹配。而「桃子」與「甜桃」是整個橄欖風味模組中，條狀圖延伸最長的

兩樣配對食材，這反映出，橄欖與水果共享超過 70%的芳香味化合物。而事實也是如此，在所有的食材中，橄欖與它植物學上的親屬——果樹水果最為親近，這種特性在風味模組裡一目瞭然。

只要很快地瞄一眼橄欖的風味模組，就馬上可以知道什麼食材與橄欖搭配起來最美味。然而，如果你想要嘗試混搭，請記得某些風味群組彼此組合可能比搭配其他群組更適合。將主題食材混搭可配對食材時，可能會出現這些食材彼此不大相稱的情況，為了幫助你做出最好的決定，我在第 14 頁提供了風味配對指南。這份指南將引領你創造出超過三種以上、更複雜的食材組合。

風味模組的真正價值不只是在配對食材，它也能夠教導你如何「思考」食物的風味。這些模組協助你理解不同的食材與風味如何為彼此加分，讓你用更新穎的方式烹煮出美味佳餚。例如，橄欖與檸檬、橘子、葡萄柚等柑橘類水果很相配，這告訴我們，橄欖與「柑橘類風味」很搭，意思是，如果你正要煮一道橄欖料理，但檸檬剛好用完了（或者就是不想用），你可以用香菜籽、百香果、四川胡椒粒或是檸檬香茅來取代檸檬！

在風味模組中配對程度最強的組合，如柑橘類與橄欖，傳遞出的訊息不僅僅是「這兩種食材放在一起最好吃」，它所指出的，是這些食材的連結雖然不是那麼顯而易見，卻有可能更強大——它們擁有共通性的風味，可能是它們原生區域相同，或在植物學上有所關連，又或，擁有相似的風味履歷。

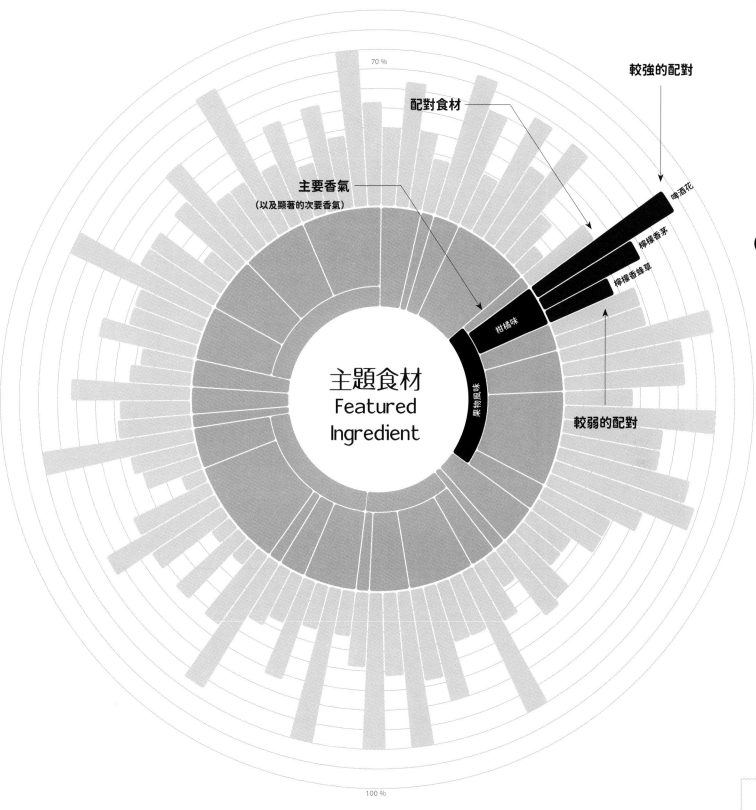

較強的配對

配對食材

主要香氣
（以及顯著的次要香氣）

啤酒花

檸檬香茅

檸檬香蜂草

柑橘味

果物風味

主題食材
Featured
Ingredient

較弱的配對

70 %

100 %

這些食材共享的特色，不但解釋了風味的兼容互換性，更幫助你在使用食材時，能更有彈性與創意。舉一個例子來說，檸檬香茅與薑擁有 80% 相同的化合物，所以將它們一起料理會很美味。但這個特性同時也說明，它們有很相似的風味履歷，需要的時候可以彼此替換。

簡單地來說，用主動批判性的精神來看待這些風味模組，你就能開始理解，風味與味道是可以被創造出來的。很快地，這份認知將會讓你成爲更有創意的廚師。

在每一個的風味模組中，我會爲主題食材列出一些小知識，包括如何好好料理它的訣竅。在那之後，你會看到主題食材的「最佳搭配食材」名單，以及「驚喜搭配食材」小名單——裡頭的組合搭配連我在過去都很少用到，但它們在圖表中彼此超級速配。你也會看到一份食材清單，可以用來替換主題食材。

在每個主題食材的最後，都會列出一份食譜，那是我們運用風味模組資料所搭配出的原創料理。例如，在「橄欖」那個篇章，你會發現我們將橄欖這種經典的開胃菜食材，創意發想成一道獨一無二的甜品，「檸檬凝乳佐脆烤橄欖」，它可以是任何主食的最好句點。將橄欖用蜂蜜調味以增加甜度，然後送進烤箱烘乾脫水，橄欖的風味變得更加濃郁，並帶有令人愉悅的爽脆口感，如此料理過的橄欖保證會讓你爲之瘋狂著迷。就算你只想用這些食譜作爲靈感，啓發你如何運用風味模組所提供的各種資訊搭配進自己研發的菜色裡，我們這些原創食譜也都能滿足你。

這本書在最末列出的參考資料，可以滿足你沉浸在風味模組之後的科學求知慾。我們列出的清單有：主要香味與次要香味種類、延伸閱讀書單，以及基本味道表、各

個主題食材中最突顯的揮發性化合物清單。你也會看到深度配對表格，著重在更令人驚喜的組合配法，並標示出這個配法中特有的芳香味化合物（用以說明這個組合爲何相配）、這些化合物帶有何種香氣，以及凸顯具備相同化合物的延伸食材。有些時候，我們會想要更了解經典風味的配法所爲何來，也會選擇使用這些資料幫助深入探索。

想要更了解這些風味配對表格怎麼使用？可以參考下列例子：橄欖與八角同樣擁有 β- 石竹烯化合物（beta-caryophyllene，具有香煎味、辛香味、木質味）與月桂烯化合物（myrcene，巴薩米克醋味、花香、草本味與發酵中葡萄汁味），這解釋了這兩個食材爲什麼非常相配。在第 286 頁，你會發現這些化合物同樣可以在肉桂、香菜、茴香、薑與薑黃中找到。所以，如果橄欖與八角的搭配引發你的興趣，你應該也可把上述這些食材搭配進去。你當然會在它們各自的風味模組裡看到這樣的搭配，但我們特意以分子共通性來解說，是期待你能在另一個層次更加善用本書。

我們希望，一旦你熟悉了風味模組及爲其奠基的科學理論，你可以輕鬆地瞄一眼這本書，馬上可以用常見的食材，以新的、突破性的烹煮方式，運用進自己的料理當中。況且，誰知道，當你發現藍莓與辣根因爲擁有共同的芳香味化合物，所以這個配法無敵美味，而這些分子又將辣根連結上豬肉，於是，抹了藍莓辣根醬的烤豬肉三明治就可能成了你的最愛。你看，有多少不同的可能性可以從這些知識裡創造出來！最重要的是，好好享受這趟發現之旅，愉快地航向料理的未竟之地吧！

味道配對守則

任何有經驗的主廚都會告訴你，最美味、最活潑的料理來自結合不同的味道層次。要控制食物味道十分簡單：如果一鍋辣味肉末醬嘗起來太平淡，可加進一撮鹽巴提出風味，然後再加入一些辣椒醬增強辣味；如果要配煎鮭魚的醬汁奶油味太重，擠點檸檬汁進去就能達到去油解膩的效果。

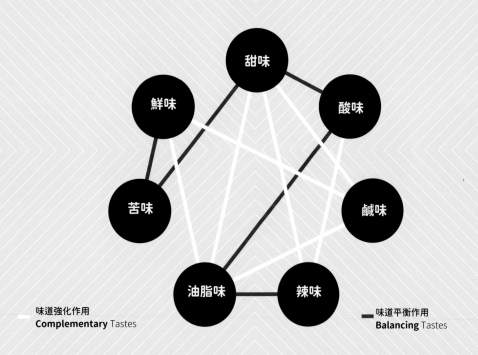

味道強化作用
Complementary Tastes

味道平衡作用
Balancing Tastes

上圖呈現的味道平衡作用與味道強化作用，是可以一起使用的。味道強化作用讓相關的味道彼此更凸顯，最好的例子是鹹味與甜味；而味道平衡作用，則是消減彼此的味道強度，以達到一種和諧的滋味，像是油脂味使酸味變得柔和，而酸味則可調低甜度。請見上面的味道作用方式圖示。

焦糖味
+ 酒味
+ 類水果味
+ 堅果味
+ 鮮鹹味
+ 辛香味

莓果味
+ 花香
+ 辛香味

巧克力味
+ 酒味
+ 乳脂味
+ 土壤味
+ 類水果味
+ 肉味
+ 堅果味
+ 苯酚味

柑橘味
+ 酒味
+ 藥草味
+ 瓜類水果味
+ 辛香味
+ 硫磺味
+ 果樹水果味
+ 木質味
+ 堅果味

藥草味
+ 柑橘味
+ 生青味
+ 草本香草味
+ 酸香味

肉味
+ 酒味
+ 巧克力味
+ 果乾味
+ 土壤味
+ 類水果味
+ 鮮鹹味
+ 煙燻味

辛香味
+ 莓果味
+ 焦糖味
+ 柑橘味
+ 煙燻味
+ 熱帶水果味

果乾味
+ 肉味
+ 苯酚味

果物風味 Fruity	苯酚類風味 Phenol	嗆辣風味 Pungent	梅納反應風味 Malliard	萜烯類風味 Terpene	海洋風味 Marine	酸香風味 Sour

瓜類水果味
+ 柑橘味
+ 類水果味
+ 生青味
+ 硫磺味
+ 鮮鹹味

苯酚類風味
+ 巧克力味
+ 果乾味
+ 煙燻味

嗆辣風味
+ 花香
+ 酸香味

堅果味
+ 焦糖味
+ 巧克力味
+ 類水果味
+ 硫磺味
+ 木質味

煙燻味
+ 肉味
+ 苯酚味
+ 酸香味
+ 辛香味

海洋風味
+ 焙火香
+ 鮮鹹味
+ 酸香味

酸香風味
+ 海洋風味
+ 藥草味
+ 嗆辣味
+ 煙燻味

果樹水果味
+ 柑橘味
+ 乳脂味
+ 花香
+ 類水果味
+ 汽油味
+ 焙火香
+ 鮮鹹味

焙火香
+ 類水果味
+ 海洋風味
+ 汽油味
+ 硫磺味
+ 果樹水果味

汽油味
+ 焙火香
+ 果樹水果味

熱帶水果味
+ 乳脂味
+ 花香
+ 鮮鹹味
+ 辛香味
+ 木質味

烘烤味
+ 乳脂味
+ 類水果味

木質味
+ 柑橘味
+ 草本香草味
+ 堅果味
+ 辛香味
+ 熱帶水果味

風味配對守則

儘管風味模組能展現出主題食材的風味來源，並且指出其配對食材，這裡提出的風味配對守則則要協助你配對不同風味。就像第 13 頁的味道配對守則告訴我們甜味與鹹味很搭，風味配對守則的功用也是如此，譬如，柑橘風味與硫化物風味很速配。

在此舉一個例子，你就能了解如何使用風味配對守則：在第 178 頁的「橄欖」，你可能會發現，橄欖與桃子或甜桃特別對味，但如果你想要使用這兩種以上的食材，你會需要其他可以與這兩樣食材契合的材料。風味配對守則告訴我們，「果樹水果味風味」（也就是桃子、甜桃隸屬的類別）可以搭配「花香風味」。現在，再看一眼橄欖的風味模組，你會發現，與橄欖風味匹配的花香風味食材裡，有些可以拿來搭配橄欖及桃子／甜桃。如此一來，出現的組合可能是：橄欖、桃子、四川花椒粒、薰衣草與玉米；橄欖、甜桃、葛縷子、橙花與優格；橄欖、桃子、杜松子、洋甘菊與羊肉。

鮮鹹風味 Savory

+ 酒味
+ 焦糖味
+ 海洋風味
+ 瓜類水果味
+ 肉味
+ 果樹水果味
+ 熱帶水果味

蔬菜風味 Vegetal

土壤味
+ 巧克力味
+ 乳脂味
+ 花香
+ 肉味

類水果味
+ 焦糖味
+ 巧克力味
+ 肉味
+ 瓜類水果味
+ 堅果味
+ 焙火香
+ 烘烤味
+ 果樹水果味

生青味
+ 藥草味
+ 瓜類水果味

草本香草味
+ 生青味
+ 藥草味
+ 木質味

酒類風味 Alcohol

+ 焦糖味
+ 巧克力味
+ 柑橘味
+ 乳脂味
+ 肉味
+ 鮮鹹味

硫化物風味 Sulphur

+ 柑橘味
+ 瓜類水果味
+ 堅果味
+ 焙火香

乳脂風味 Dairy

+ 酒味
+ 巧克力味
+ 土壤味
+ 花香
+ 果樹水果味
+ 熱帶水果味
+ 烘烤味

花香風味 Floral

+ 莓果味
+ 乳脂味
+ 土壤味
+ 嗆辣味
+ 果樹水果味
+ 熱帶水果味

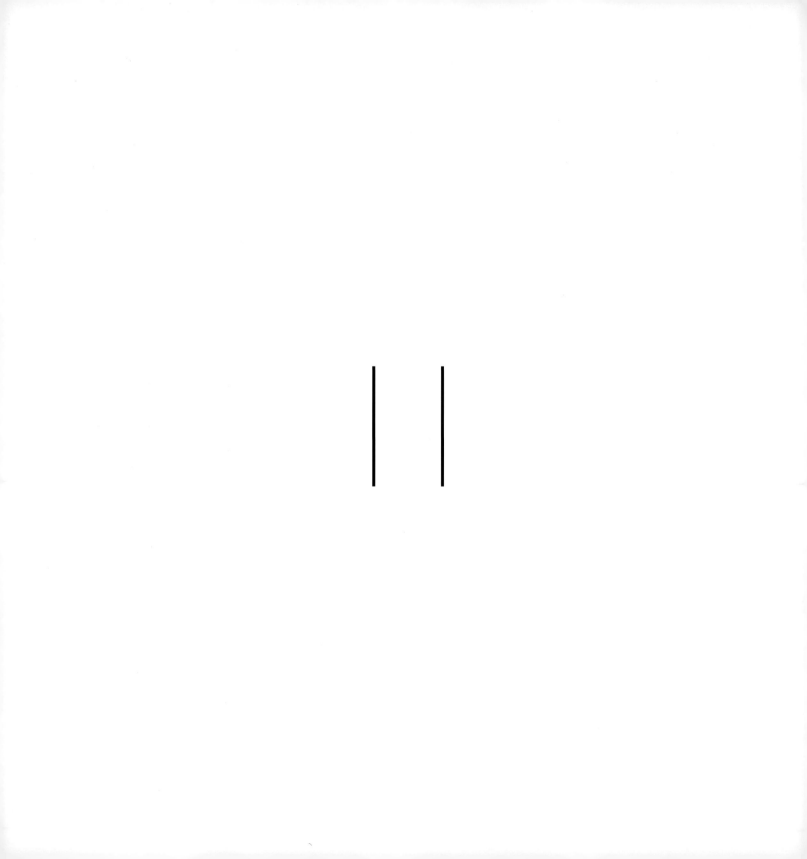

食 材

主要種類：

　　大蒜、洋蔥、青蔥（scallion）、紅蔥頭、
　　韭蔥（leek）、熊蔥（ramp）、蝦夷蔥
　　（chives）

最佳配對：

　　白蘭地、醋、葡萄酒、柑橘類、烤堅果、
　　起司

驚喜配對：

　　蘋果、可可、蜂蜜

可替換食材：

　　所有蔥屬品種，都可彼此替換

蔥屬蔬菜爲開花植物，廣泛地被運用在料理之中。這些植物以濃厚的硫化物風味與隨之而來的嗆辣刺鼻味而聞名，讓它們在食材中獨樹一格。按照風味強烈，可分爲：擁有最強硫化物嗆辣味的大蒜，在使用蒜瓣前，會先經過兩、三個禮拜的熟成，而蒜苗與幼蒜（以及蒜莖與蒜株頂端綠色部分）則較爲溫和，可直接新鮮使用。第二個是球狀的洋蔥，包括黃洋蔥、風味較強的紅洋蔥，以及溫和的白洋蔥。而其中最不刺激的，當屬黃洋蔥，依產地命名，有美國維達利亞（Vidalia）、喬治亞（Georgia）、瓦拉瓦拉（Walla Walla）、華盛頓（Washington）等等；紅蔥頭是另一種洋蔥球莖，味道較爲細緻；韭蔥則是長莖寬葉的栽培種，風味非常溫和，在所有蔥屬蔬菜中，僅次於蝦夷蔥；熊蔥，又稱爲野韭蔥，只有在北美洲的春天期間現蹤，它的風味經常被描述爲介於大蒜與青蔥之間。青蔥，或者稱爲春蔥，是常見的洋蔥變種，會在結成球莖前就採收；蝦夷蔥有著柔軟的綠色植長莖、開著紫色小花，擁有精緻的風味，最美味的方式是生食。所有的蔥屬蔬菜如在高溫下長時間烹煮，就會失去強烈嗆辣的風味，轉而成爲較複雜的烘烤甜味。

70%

100%

拖子甘藍
德國酸菜
牛奶／鮮奶油
草莓
柑橘類
啤酒花
瓜類水果

雞蛋
高麗菜
起司
豆蔻
蘋果

日本清酒
奶油
橄欖

白蘭地
紅酒

巴西里
黃芥末
茶

羅勒
葡萄

豌豆類
雪利酒

橄欖油
可可

苦苣(endive)
牛肉

黃瓜
雞肉

水芹
羊肉

芹菜
豬肉

青花菜／白花椰菜
杏仁

番茄
榛果

大黃(rhubarb)
花生

南瓜
芝麻

玉米
波本威士忌

椒類
焦化奶油

酪梨
咖啡

松露
烤麵包

地瓜
啤酒

南方豌豆類
葛縷子

瑞典蕪菁(rutabaga)
月桂菜

米
薄荷

馬鈴薯
塔根

歐洲防風草
咖哩

菇類
胡椒粒

扁豆
薑

胡蘿蔔
肉豆蔻

甜菜根
甜羅勒

豆類
鼠尾草

蘆筍
奧勒岡

味噌
蒔蘿

鯷魚
百里香

醋
龍蒿

烏魚
孜然

珊瑚草
芫荽葉

干貝
芫荽籽

牡蠣
丁香

蝦

乳脂風味
花香風味
莓果味
柑橘味
果乾水果味
熱帶水果味
蔬菜水果味

硫化物風味
草本香草味
酒類風味
果物風味
茶韻類風味
噴辣風味
焦糖味
巧克力味
肉味
堅果味
焙火香
烘焙味
藥草味
煙燻味
辛香味

生青味

類水果味
蔬菜風味

葫蘆巴類風味
烯類類風味
土壤味
海味風味
松類類風味
鮮鹹風味
辛香味
酸香風味
木質味

蔥屬蔬菜
Allium

19

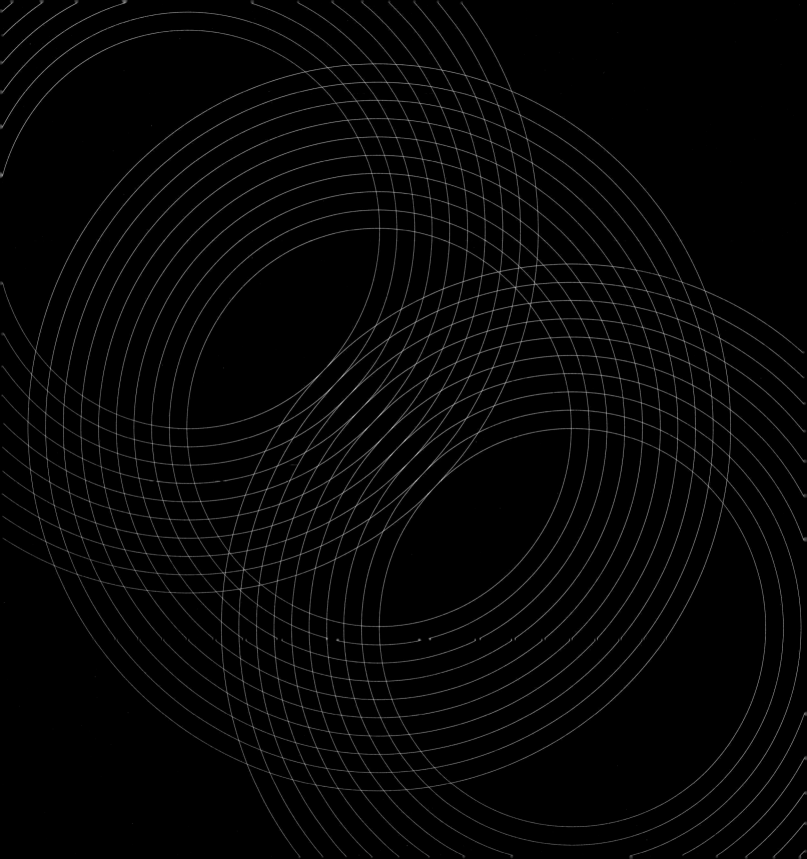

大蒜蜂蜜醬
Garlic Honey

布露克與我在紐約聯合廣場的農夫市集，發現一家蜂農攤位製作了「大蒜蜂蜜醬」，這聽起來有點怪異，於是我們就拿一份試吃品。回家一嘗，驚為天人。大蒜搭配蜂蜜是個奇特的組合，最近開始越來越流行。從化學角度來看，這個配對是有道理的：大蒜強烈的硫化物香氣在蜂蜜中依然突出。這份食譜中的乾辣椒與黃芥末粉，則更增強這些撲鼻的香氣。完成後，可淋在起司與麵包上，或加進醃料中，醃製蔬菜或肉類。

½ 杯生蜂蜜
1 湯匙大蒜末
½ 茶匙乾辣椒片
½ 茶匙乾黃芥末粉

將蜂蜜放入小玻璃罐中，蓋子蓋緊，然後把玻璃罐浸泡在溫熱的自來水中 10 分鐘（這會使蜂蜜稍微融化，以便容易與其他材料混合）。將大蒜末、乾辣椒片、黃芥末粉與蜂蜜混合均勻，換一個乾淨的蓋子蓋緊。放置室溫 3 至 5 天後，即可使用。

完成品約 ½ 杯

煮熟的朝鮮薊聞起來幾乎全是濃烈的土壤味，即便
這植物還有其他風味分子，像是硫磺味、草本香料
味、柑橘味等等。朝鮮薊有一項很有趣的本事，它
能讓其他食物嘗起來更甜，因為朝鮮薊裡的洋薊酸
（cynarin），會抑制味蕾接受甜味，一旦其他食
物入口，將味蕾上的洋薊酸帶走後，大腦會稍微加
強詮釋甜味，讓朝鮮薊之後的食物嘗起來更甜。

最佳配對：

　　柑橘類、薄荷、羅勒、菇類、芝麻、葡萄
　　酒、起司、可可

驚喜配對：

　　洋李、優格、芝麻、香菜

可替換食材：

　　菊芋、棕櫚芯、佛手瓜、蘆筍

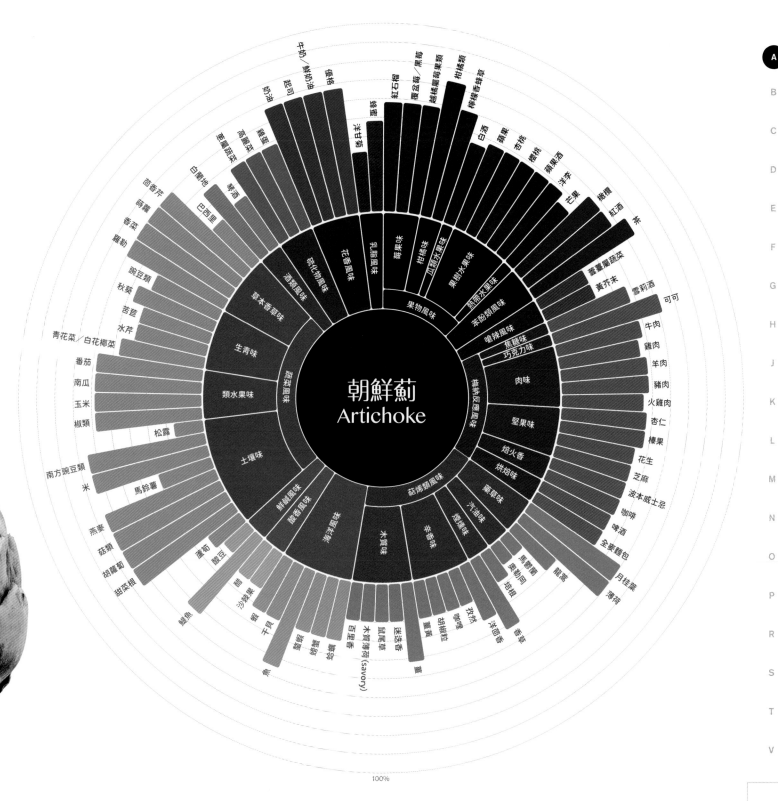

朝鮮薊
Artichoke

花香風味
乳脂風味
硫化物風味
草本香草味
高甜風味
生青味
類水果味
蔬菜風味
土壤味
鮮鹹風味
酸鮮風味
海洋風味
木質風味
辛香味
煙燻風味
汽油味
菇蕈類風味
堅果味
焙火香
烘焙味
巧克力味
焦糖味
肉味
果物風味
莓果風味
柑橘風味
瓜類水果風味
熱帶水果風味
萃酚類風味
嗆辣風味

奶油
起司／法式酸奶油
起司
優格

草莓
紅石榴
覆盆莓／黑莓
越橘屬莓果類
柑橘類
檸檬香蜂草
白酒
蘋果
杏桃
櫻桃
蘋果酒
梨
芒果
橄欖
紅酒
茶
蓋薹屬蔬菜
黃芥末
雪莉酒
可可
牛肉
雞肉
羊肉
豬肉
火雞肉
杏仁
榛果
花生
芝麻
波本威士忌
咖啡
啤酒
全麥麵包
月桂葉
薄荷

惠蘭蔬菜
高麗菜
雞蛋
琴酒
巴西里
白蘿蔔
茴香芹
蒔蘿
香菜
羅勒
豌豆類
秋葵
苦苣
水芹
青花菜／白花椰菜
番茄
南瓜
玉米
椒類
松露
南方豌豆類
米
馬鈴薯
燕麥
菇類
胡蘿蔔
甜菜根
鰻魚
蝦
干貝
蟹蝦
培蟹
蛤蜊
魚
蘆筍
豌豆
醋
沙漠果
旱芹
木質薄荷 (savory)
百里香
鼠尾草
迷迭香
羅勒
孜然
咖哩
薑黃
香草
茴香
洋茴香
龍蒿
馬鬱蘭
果物固
培根

100%

23

塔西尼白芝麻醬油醋汁
Tahini Vinaigrette

由於朝鮮薊特殊的化學作用，這道醬汁融合了烤麵包香氣與鹹鮮酸香風味，達到極佳的平衡。不但能與朝鮮薊完美對味，用在蘆筍、海鮮上也相同美味，尤其是烤魚、蝦子與蛤蠣。

一顆檸檬
½ 茶匙茴香籽
1 茶匙芫荽籽
½ 茶匙黑糊椒粒
½ 杯特級冷壓橄欖油
2 小支新鮮百里香
1 瓣蒜瓣，壓碎
2 湯匙塔西尼醬（Tahini，白芝麻醬）
1 茶匙切細的墨西哥辣椒（jalapeño chile）或者 ½ 茶匙辣椒醬
猶太鹽

用蔬菜削皮刀將檸檬皮削成細絲，再將檸檬擠汁，將檸檬皮絲與檸檬汁分開擺置一旁備用。

將茴香籽、芫荽籽、黑胡椒粒放在研磨臼中，輕輕用磨杵敲碎（或者也可以將上述香料放在兩張烘焙紙之間，再用小鍋子的鍋背敲碎）。再將混合的香料放到乾燥的小煎鍋上，以中低火烘烤至散發香氣，但注意不要烤到冒煙。離火後，鍋中倒入橄欖油、百里香、大蒜與檸檬皮絲，再回到爐上，以中低火煮到大蒜滋滋作響。此時可以關火，蓋上蓋子，靜置 15 分鐘，好讓橄欖油充滿風味。

另外準備小碗，將檸檬汁、塔西尼芝麻醬與墨西哥辣椒攪拌均勻。將稍早靜置過的香料油濾過，把澄清的油倒入小碗中與其他材料攪拌至融合。最後依個人口味用鹽調味。完成後可馬上使用，或者裝在玻璃罐或塑膠收納盒裡，密封冷藏，可保存 14 天。

完成品約 1 杯

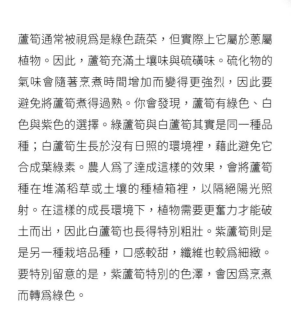

蘆筍通常被視爲是綠色蔬菜，但實際上它屬於蔥屬植物。因此，蘆筍充滿土壤味與硫磺味。硫化物的氣味會隨著烹煮時間增加而變得更強烈，因此要避免將蘆筍煮得過熟。你會發現，蘆筍有綠色、白色與紫色的選擇。綠蘆筍與白蘆筍其實是同一種品種；白蘆筍生長於沒有日照的環境裡，藉此避免它合成葉綠素。農人爲了達成這樣的效果，會將蘆筍種在堆滿稻草或土壤的種植箱裡，以隔絕陽光照射。在這樣的成長環境下，植物需要更奮力才能破土而出，因此白蘆筍也長得特別粗壯。紫蘆筍則是是另一種栽培品種，口感較甜，纖維也較爲細緻。要特別留意的是，紫蘆筍特別的色澤，會因爲烹煮而轉爲綠色。

最佳配對：

　　牛肉、麵包、海鮮、奶油、起司、雞蛋、火腿、醋

驚喜配對：

　　啤酒、椰子、薯片、魚露

可替換食材：

　　朝鮮薊、青花菜、白花椰菜（特別是切成薄片的菜梗）

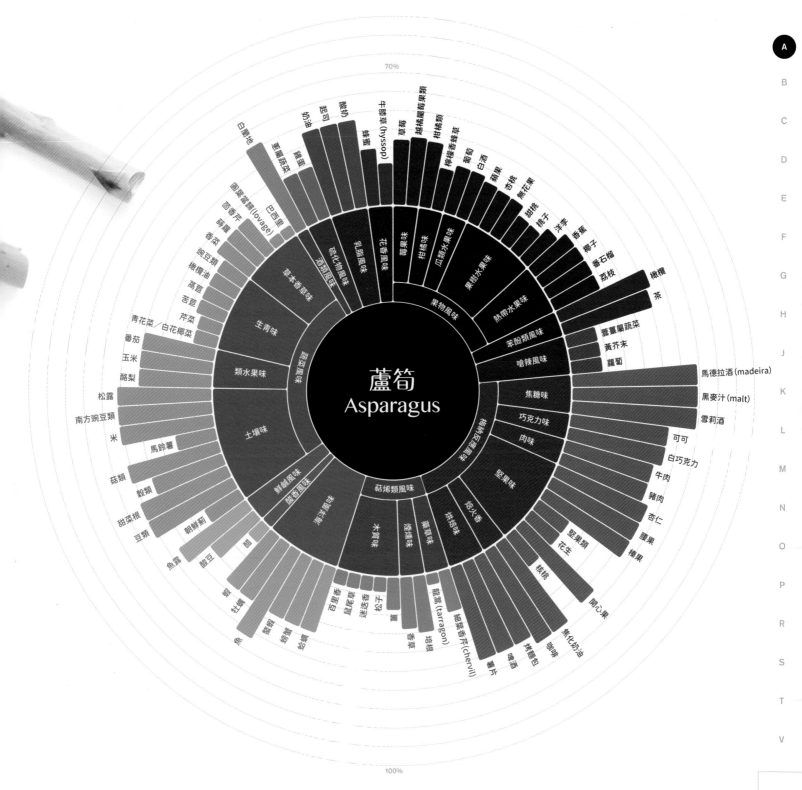

啤酒漬芥末籽醬
Beer-Pickled Mustard Seeds

蘆筍以很難搭配酒類而惡名昭彰，但它與啤酒在化學分子上的親近程度很高，搭配起來驚喜度破表。我們在這份食譜裡，結合了蘆筍最佳的兩個配對夥伴，黃芥末與啤酒，調製出一款調味醬，可完美搭配任何一種蘆筍料理。可以將蘆筍蒸熟後，佐上這款啤酒漬芥末籽醬，單純作爲開胃菜品嘗，或者淋在燒烤或炙燒過的蘆筍上，也很好吃。也可試著把這道醬料與酸奶油或法式酸奶油調勻，舀一匙放在煮熟的蘆筍上。如果想調製其他的蘆筍佐醬，也可以在最後酌量加入這道醬料，會有畫龍點睛的效果。

½ 杯黃芥末籽
¼ 杯棕芥末籽
1 杯蘋果醋
2 大匙黃砂糖
1 小匙猶太鹽
½ 杯淡色艾爾啤酒
卡宴辣椒粉（cayenne pepper）、艾斯佩雷辣椒粉
　　（piment d'espelette）或義大利辣椒片（crushed
　　peperoncino）（可省略）

將芥末籽放入小煎鍋中，倒水至覆蓋所有芥末籽。開火煮到沸騰後，馬上離火，用最細緻的篩網將芥末籽濾乾。再將濾網中的芥末籽以冷水充分沖洗過，放回鍋中，重複剛剛的步驟兩次，煮沸、沖冷水一共三次。

完成上述作法後，將芥末籽放至鍋中，加入醋、糖與鹽，加熱至小滾，離火置涼。此時要偶而翻動芥末籽，避免黏鍋。當溫度比較下降時，邊倒入艾爾啤酒邊攪動。如希望加重辣味，可依口味加入卡宴辣椒粉。

最後將芥末籽裝進玻璃罐或塑膠容器，密封後放入冰箱冷藏，24 小時後即可使用。

完成品約 2 杯

在植物學上，酪梨樹與月桂樹、肉桂樹是親戚，這說明了爲什麼這些食材的風味相近。但酪梨依然擁有獨一無二的特色，例如，它特殊的風味來自高濃縮的單元不飽和油脂（monounsaturated fats），這種脂類給酪梨這種水果（是的，它是水果！）獨具一格的香氣，混合著生青味、乳脂味、柑橘味及花香等氣味。隨著烹煮或自然熟成，酪梨的油脂會逐漸氧化，形成梅納反應後的香氣。酪梨原產於墨西哥，在全世界的熱帶、地中海氣候地區都可種植，幾乎全年可供貨，這有一部分得感謝酪梨的熟成是從採收後才開始。

最佳配對：

可可、椒類、水果（尤其是柑橘類）
奶油、鮮奶油、烤肉、海鮮

驚喜配對：

龍舌蘭酒、可可、蘋果、茄子

可替換食材：

佛手瓜、朝鮮薊、豌豆泥或豆泥

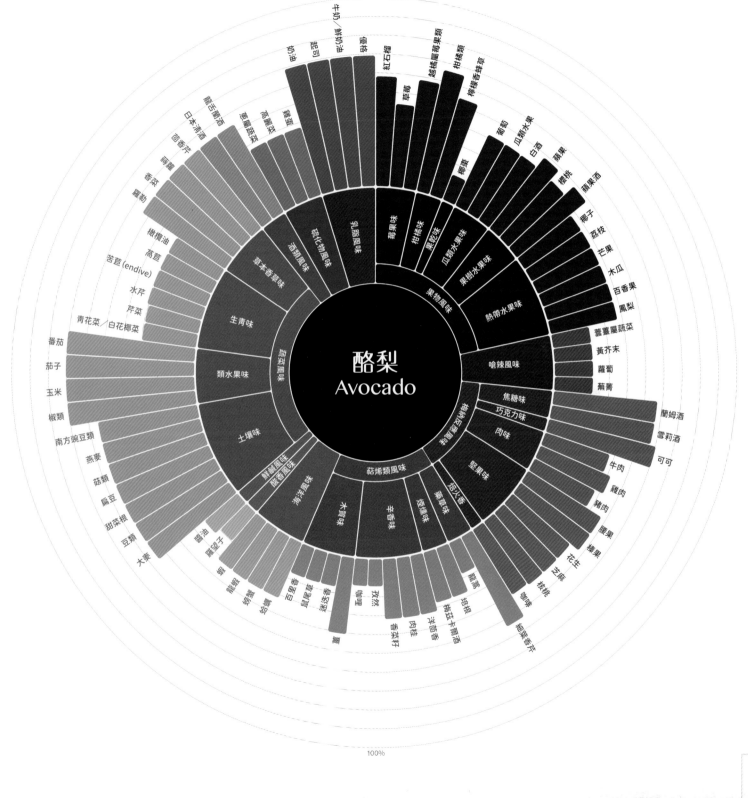

芝麻酪梨沙拉佐無花果醋
Sesame Seed and Avocado Salad with Fig Vinegar

酪梨的經典配對食材是辣椒與檸檬，在這道料理中，它們將遇見一些新夥伴，其中的無花果可提升酪梨的天然果物風味，所以可別小看無花果油醋醬，這可是此道沙拉的祕密亮點，也會是你家廚房架上的祕密美味武器。這道沙拉可以單獨享用，或者與第 37 頁的「可可香料烤牛肉」搭配，或配上烤蝦也可以。

2 顆酪梨，對半切開並去核，另準備一顆去皮萊姆
可可香料粉（作法詳見第 37 頁）
¼ 杯白芝麻，烘烤過
4 顆櫻桃蘿蔔，切薄片
2 杯嫩芝麻葉
2 湯匙特級冷壓橄欖油
猶太鹽
無花果醋（作法請見右列）

把酪梨切成八等份的條狀，分別擠一點萊姆汁防止氧化，再灑上可可香料粉調味，然後靜置一分鐘。

將白芝麻粒均勻灑在淺盤上，再將每片酪梨的單一面沾取芝麻，稍微按壓一下，確定芝麻穩穩黏住。將沾過芝麻的酪梨片放到另一個盤子。

櫻桃蘿蔔與芝麻葉拌上橄欖油，適當加鹽調味，然後分成四份盛盤，每盤擺上酪梨片，最後淋上無花果醋。

無花果醋
Fig Vinegar

¼ 杯無花果乾，切碎
1 杯水
2 杯白酒醋

拿一個小煎鍋，放入無花果與水，開火煮到小滾，直到鍋底水份幾乎蒸發。倒入醋之後，繼續煮至小滾後，離火並蓋緊鍋蓋，靜置 30 分鐘直到入味。

以叉子將鍋中的無花果搗成泥，在用細網篩除無花果籽與雜碎，將濾過後的無花果泥與醋汁放入玻璃罐並封緊。放置陰涼處可存放六個月。

完成品約 2 杯

決定牛肉風味的部分關鍵為牛隻的品種，近一步細究的話，牛隻所攝取的食物與形成的脂肪酸，也占有一定程度的影響力。生牛肉的風味主要來自牛肉所含的三種成分——次亞麻油酸（linolenic acid）、油酸（oleic acids）、己酸（caproic acids）。次亞麻油酸給予牛肉清爽的油脂味，而次亞麻油酸與油酸一起讓牛肉嘗起來有油脂味與油煎味，己酸則提供了起司般的濃郁油脂味。草飼牛擁有較高含量的次亞麻油酸，穀飼牛會形成較多的亞麻油酸（linoleic acid）與油酸，而以玉米飼養的牛隻，會降低己酸的形成。熟成也大大影響著牛肉的風味，當牛剛新鮮宰殺時，牛肉的味道非常淡，所以通常在販售前，牛肉會先放置七天等待熟成，好讓它充滿顯著的「牛肉味」。這個過程存在一種化學反應效果：在熟成十四天後，牛肉風味中關鍵的芳香味化合物「1-辛烯-3-醇」（1-octen-3-ol），含量會大大增加，甚至超過十倍。

最佳配對：
　　堅果類、果乾、奶油、鮮奶油、黃芥末醬、蔥屬蔬菜

驚喜配對：
　　可可、葡萄、醋栗乾

可替換食材：
　　鹿肉、羊肉、野牛肉、鮪魚

牛肉 Beef

70%

100%

內圈風味分類：

乳脂風味・花草風味・柑橘味・果乾味・瓜類水果味・果物風味・熱帶水果味・茶酚風味・嗆辣風味・焦糖味・巧克力味・肉味・堅果味・焙火香・烘烤味・藥草味・汽油味・煙燻味・萜烯類風味・辛香味・木質味・海洋風味・酸鹹風味・鮮鹹風味・土壤味・類水果味・牛青味・草本香草味・酒類風味・硫化物風味・植物風味

外圈標示：

牛奶/牛奶糖・奶油・起司・(烤過的)杏仁・鹹味・蛋類・正白芷(angelica)・草蒿・草蜜香蜂草・柑橘牛・檸檬草・檸檬香茅・巴薩米克醋・醋栗乾・葡萄乾・葡萄・蘋果・櫻桃・蘋果酒・梨子・洋李・椰子・番石榴・橄欖・紅酒・辣根・黃芥末・馬德拉酒・黑麥汁・楓糖・雪莉酒・可可・雞肉・珠雞(guinea hen)・羊肉・豬肉・榛果・花生・芝麻・波本威士忌・咖啡・烤麵包・啤酒・葛縷子・月桂葉・甘草・龍蒿・黑胡椒・塔根・梅茲卡爾酒・香草・洋茴香・肉桂・小豆蔻・多香果(allspice)・阿善提胡椒(ashanti pepper)・肉豆蔻・八角・芫荽・咖哩・醋栗葉芽・丁香・薑・鼠尾草・迷迭香・木質薄荷・百里香・龍蝦・螯蝦・蝦・羅望子・鯷魚・魚露・醬油・胭脂樹籽(annatto)・朝鮮薊・蘆筍・豆類・蕎麥・胡蘿蔔・扁豆・菇類・馬鈴薯・地瓜・松露・椒類・玉米・茄子・番茄・青花菜／白花椰菜・芹菜・黃豆・豌豆類・香菜・蒔蘿・尤加利葉・圓葉當歸・巴西里・白蘭地・葛屬蔬菜・高麗菜・雞蛋

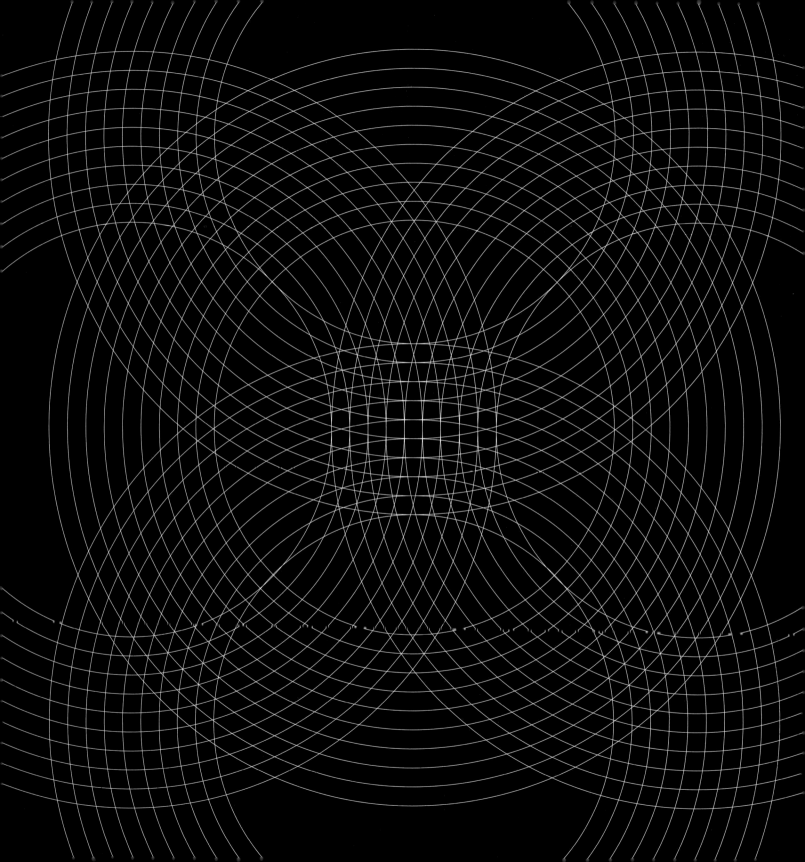

可可香料烤牛肉
Cocoa and Chile-Rubbed Beef

如同許多肉類一樣，牛肉也是靠著烹煮時的梅納反應產生豐富的風味。在這份食譜裡，可可與乾香料不但增強了這些烘烤香氣，也將更多的風味帶進牛肉裡。這道料理可以與第 33 頁的芝麻酪梨沙拉佐無花果油醋醬一起享用。

可可香料

1 大匙無糖可可粉
1 大匙猶太鹽
2 小匙安丘辣椒粉（ancho chile powder）
1 小匙芝麻（可省略，但有會很棒）
1 小匙現磨黑胡椒

900 公克腹脅肉牛排，去除多餘油脂
1 湯匙芥花籽油

製作醃裹牛肉的香料：將可可粉、鹽、辣椒粉、芝麻（可省略）以及黑胡椒放在小碗中，混合均勻。

將牛排兩側裹上可可香料粉。你可能不會用完所有的香料，可將剩下的放在密封罐中，存放於陰涼乾燥的地方。

先把置涼架放在烤盤上。將芥花籽油倒入大煎鍋，以中大火熱鍋，再將牛排兩面煎至金黃焦棕色，每一面煎 4 分鐘直達五分熟。或者，使用直火炙烤用的烤架，預熱烤架後將牛排兩面各烤 3 到 4 分鐘。你可依照自己喜愛的熟度口感，增減調理時間。最後將煎好或烤好的牛排，移至置涼架上，靜置至少 4 分鐘。上桌前，再將牛排逆紋片切成薄片。

成品為 4 人份

有別於用來萃取糖的製糖甜菜根，料理甜菜根在烹飪上有許多的應用。就像許多根莖類蔬菜，甜菜根可以直接生食或煮熟食用。如果是用烘烤的方式，則會提升甜菜根裡的天然糖分，提供一種宜人的土壤香甜風味（「土臭素」[Geosmin] 是甜菜根裡最主要提供土壤氣息的芳香味化合物，它也是當雨落在乾燥土壤上時，空氣中瀰漫的泥土香氣來源）。雖然甜菜根的葉子較少爲料理食用，但葉子實際上也富含風味。嫩葉可以加入沙拉中，或單純生食；較大的葉子，則可如同菠菜或其他綠色蔬菜一樣炒來吃，或者切碎加入湯或燉菜裡，作法一如甜菜家族的另一個成員，瑞士甜菜（chard，譯註：又稱若蓬菜、火焰菜、恭菜）。

最佳配對：

柑橘、烤堅果、起司、優格、海鮮、葡萄酒、醋

驚喜配對：

荔枝、牡蠣、檸檬香蜂草、茶、蘋果

可替換食材：

胡蘿蔔、歐洲防風草、高麗菜

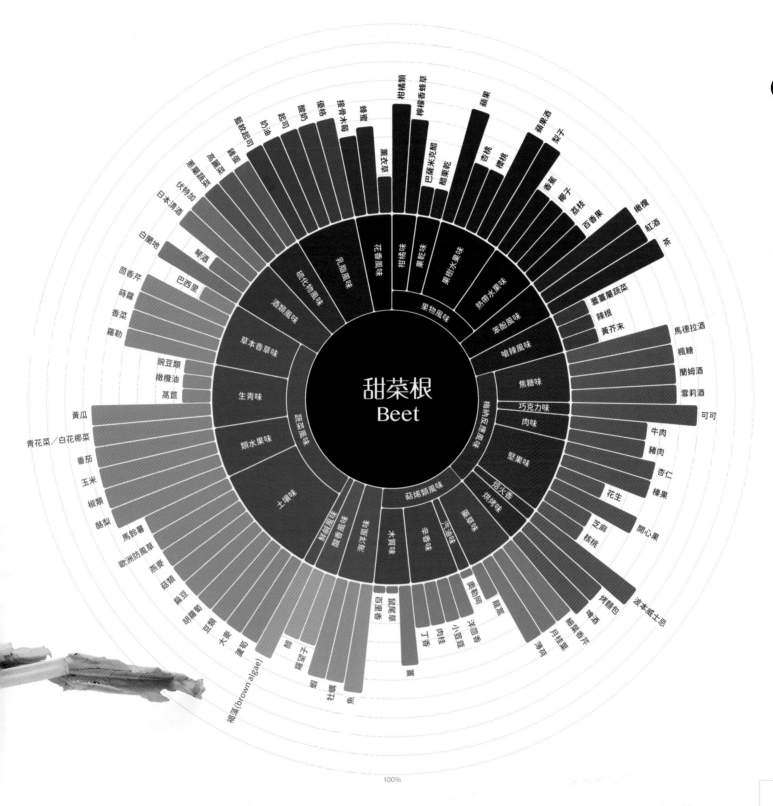

甜菜根
Beet

甜菜根胡蘿蔔沙拉佐柳橙榛果油醋醬
Beet and Carrot Salad with Orange-Hazelnut Vinaigrette

甜菜根與其他一樣擁有土壤味的根莖類蔬菜，如胡蘿蔔與豆薯，或者同樣具有類似水果氣息的食材，都可以搭配得很好。這道沙拉食譜出現的特殊風味與口感，靈感也來自我們喜愛的巴西旅館 UXUA Casa Hotel & Spa 所提供的餐點。

2 杯去皮且刨絲的生甜菜根
2 杯刨絲的胡蘿蔔
2 杯去皮且刨絲的豆薯，或者高麗菜
4 根青蔥（含蔥白與蔥青），細切
香橙榛果油醋醬（作法請見右列）
猶太鹽與現磨黑胡椒
½ 杯切碎的烘烤腰果
1 大匙切碎巴西里

將甜菜根、胡蘿蔔、豆薯及蔥絲放在大碗裡，適量加入香橙榛果油醋醬（約 ¼ 杯），然後攪拌均勻，再依個人口味，加點鹽與黑胡椒。上桌前，再將腰果與巴西里加入拌勻。

香橙榛果油醋醬
Orange-Hazelnut Vinaigrette

¼ 杯白酒醋
1 大匙剁碎紅蔥頭
猶太鹽與現磨黑胡椒
2 大匙切碎榛果
½ 杯芥花油或蔬菜油
1 小匙的柳橙細皮絲
2 大匙新鮮橙汁
1 大匙第戎黃芥末醬
¼ 杯特級冷壓橄欖油

將醋、紅蔥頭、各一撮的鹽與黑胡椒，放在中型碗裡攪拌均勻，放置一旁浸漬備用，趁此時準備榛果油。

把榛果與芥花油放在小煎鍋中，以中火加熱，等到堅果開始在油中冒泡，把鍋子移到旁邊置涼，直到溫度降到如室溫。

將柳橙皮絲、橙汁與芥末醬，攪拌進裝有紅蔥頭與醋的碗中，再將榛果與橄欖油慢慢倒入，邊倒邊用力攪拌均勻，直到變得濃厚且乳化完成，即可馬上使用。剩餘的油醋醬可移到玻璃罐，密封冷藏可保存 3 週，下次使用前，需再次搖晃或攪拌均勻。

完成品約 1 杯量

完成品爲 4 人份

莓果包含的類別很廣，以植物學來說，莓果泛指包覆種籽的果實，也就是植物成熟的單一子房。以這個定義來說，香蕉、酪梨、番茄、茄子、西瓜與南瓜都是莓果，但草莓、覆盆莓、黑莓及類似莓類，則不算是莓果；上述這些莓是聚合性果實，由小小的果實們所組成。在此，我會著重在一般俗稱的莓果，如草莓與黑莓。以下我將這些莓果依照屬性分類，如此一來可幫助我們專注於它們之間的相似性，並分辨出每種屬性的特色。草莓是草莓屬（fragaria），隸屬於薔薇科，其栽培種與變異種包含有哈尼草莓（Honeoye）、早霞草莓（Earliglow）、全明星草莓（Allstar）以及歐洲野草莓（fraises des bois）。薔薇科家族裡還有懸鉤子屬（rubus），包含覆盆莓（raspberries）、黑莓（blackberries）、露珠莓（dewberries）、羅甘莓（loganberries）與伯森莓（boysenberries）。越橘屬（vaccinium）則屬於杜鵑花科，底下有藍莓（blueberries）、蔓越莓（cranberries）與越橘（lingonberries），本書通常以「越橘屬莓果類」來涵蓋藍莓、蔓越莓與越橘，但有時會獨立指稱。而在與其他食材配對時，這三大分類的莓果都共享相似的特性。

主要種類：
　草莓、藍莓、黑莓、覆盆莓、蔓越莓

最佳配對：
　柑橘類、瓜類水果、杏桃、桃／甜桃、巧
　克力、芝麻葉、葡萄酒、醋、鮮奶油、優
　格

驚喜配對：
　羅勒、菇類、孜然、橄欖

可替換食材：
　其他莓果、醋栗、葡萄、奇異果、紅石榴

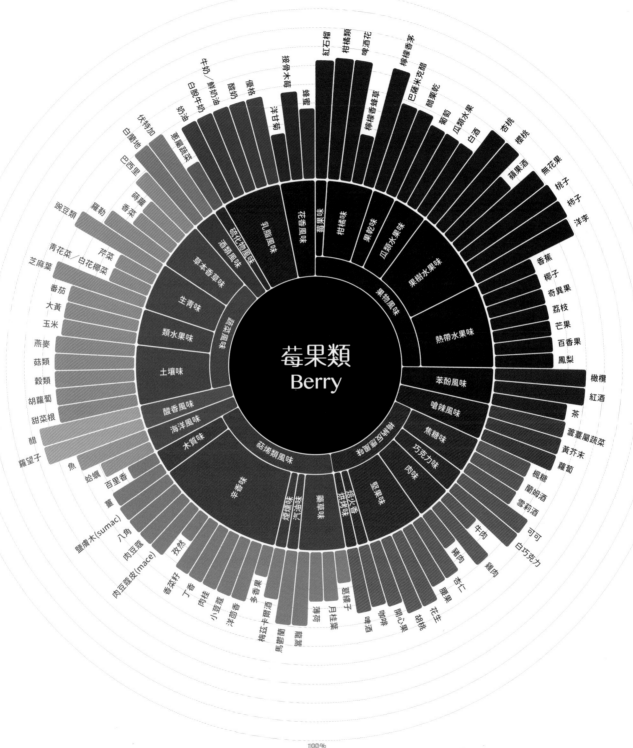

雞肉蘑菇漢堡佐草莓醬
Chicken and Mushroom Burgers with Strawberry "Ketchup"

這組配對已經環遊世界很多地方。第一次將雞肉、蘑菇與草莓放一起料理的,是紐約的主廚麥可‧萊斯科尼斯(Michael Laiskonis)、資深工程師弗洛里安‧皮內爾(Florian Pinel)與 IBM 超級電腦主廚華生(Watson)。麥可之後將他這道創意搭配料理帶到奧斯汀 SXSW 美國南方國際音樂節,稍後,我把我的配方(請見下列),帶到華沙,成為 TED 演講的主題。現在,它降落在你的廚房囉。

2 瓣蒜瓣,切碎
1 顆紅蔥頭,切末
2 大匙橄欖油,額外再準備一些煎漢堡用
230 公克新鮮蘑菇,粗切
454 公克雞絞肉
6 大匙乾燥麵包丁
2 顆雞蛋,均勻打成蛋液
2 大匙切末的新鮮羅勒葉
1 小匙猶太鹽
½ 小匙現磨黑胡椒
5 片味道溫和的白起司(布里起司、帕芙隆起司
　　或莫恩斯特起司)
5 個漢堡麵包,對半切
奶油,放至軟化,抹麵包用
草莓醬(作法請見右列)

用橄欖油以中火將大蒜與蔥炒到香軟,再加進蘑菇炒至上色,盛盤置涼。

將放涼的炒蘑菇與雞肉、麵包丁、雞蛋、羅勒葉、鹽、黑胡椒一起放在大碗中,混合均勻後塑形成五顆漢堡肉。

在煎鍋上淋上一層薄薄的油,以中大火加熱,等油鍋熱了,將漢堡肉約煎 6 分鐘,翻面繼續煎至焦黃熟透(漢堡肉內部溫度為攝氏 74 度左右)。趁熱將起司片放到漢堡肉上,如果需要,也可以將漢堡肉再移到已經預熱至攝氏 220 度的烤箱內繼續烹煮。完成的漢堡肉可放置一旁備用,此時可開始準備麵包。

先加熱烤架,橫切麵包成對半,兩面都抹上奶油,然後放在烤架上烤到表面酥脆。將漢堡肉放在麵包上,淋上草莓醬,就可上桌

草莓醬

2 大匙切成細末的紅蔥頭
2 大匙切成細末的去皮生薑
2 瓣蒜瓣,切末
1 大匙無鹽奶油
2 杯切碎蘑菇(約 142 公克)
猶太鹽

4 杯切碎新鮮草莓(約 454 公克)
1 小匙磨碎的香菜籽
現磨黑胡椒
糖(可省略)

用奶油將蔥、薑、蒜炒到香軟。加進蘑菇,稍微用鹽調味,煮到收乾,共約 6 分鐘。

把草莓、香菜籽與 ½ 小匙的黑胡椒粉加進鍋中攪拌,開到中火,偶爾攪動一下,直到草莓變得非常柔軟,約需 10 分鐘。使用手持均質機或食物調理機,將整鍋食材攪打至細緻質地,再移回鍋中。開火小滾煮至濃稠,中途適當攪拌避免沾鍋。

依照個人口味,以鹽、黑胡椒、糖(可省略)加以調味。將醬汁移到玻璃罐或者塑膠容器,冷卻至室溫後,密封冷藏可保存 2 週。

完成品為 3 杯

完成品為 5 人份

主要種類：

　　青花菜、白花椰菜、寶塔花椰菜

最佳配對：

　　柑橘類（特別是檸檬）、雞蛋、牛奶、鮮
　　奶油、起司、可可、咖哩、香菜、魚露

驚喜配對：

　　花生、無花果、可可

可替換食材：

　　青花菜、白花椰菜與寶塔花椰菜，可彼此
　　替換。另外：蘆筍、抱子甘藍、西洋菜苔
　　（broccoli rabe）、羽衣甘藍

青花菜、白花椰菜、寶塔花椰菜（romanesco）
皆屬於蕓薹屬甘藍種蔬菜，與葉狀甘藍類表親們不
同的是，它們擁有與眾不同的特徵，主要是顏色與
花蕾形狀。這些不同的花蕾型態，不僅讓這三種蔬
菜長得不一樣，烹煮過的口感也不同。白色花椰菜
與寶塔花椰菜有著緊實的花蕾，煮熟後的口感會變
得扎實，而青花菜含水量較高，烹煮時需要較爲留
意，不然容易變得軟爛。一如其他蕓薹屬蔬菜，這
三種蔬菜的風味來自它們的硫化物，但它們擁有更
強的生青味、蔬菜味以及柑橘味。

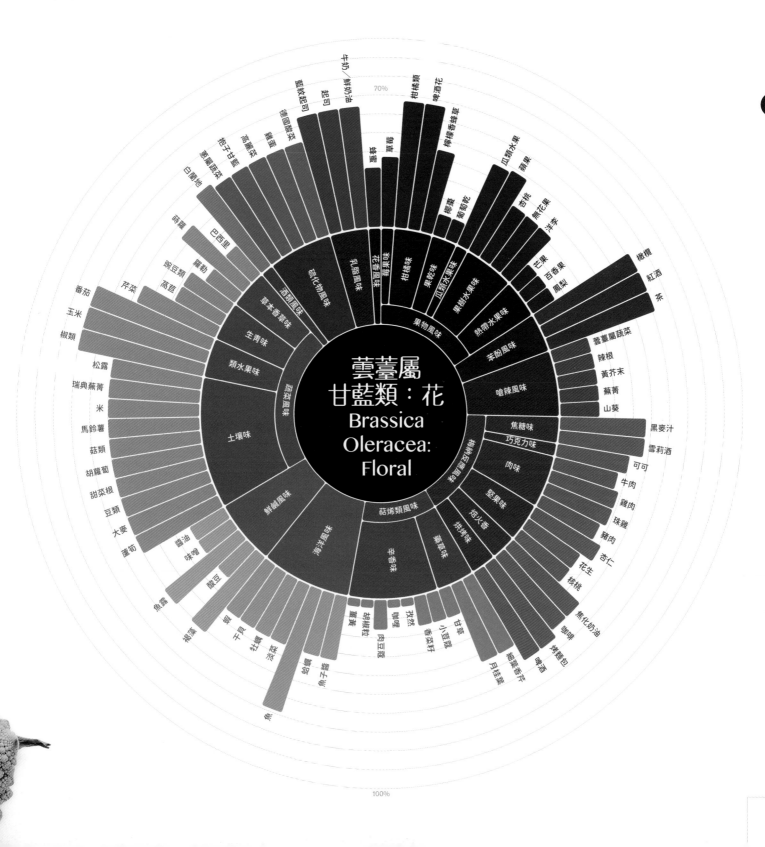

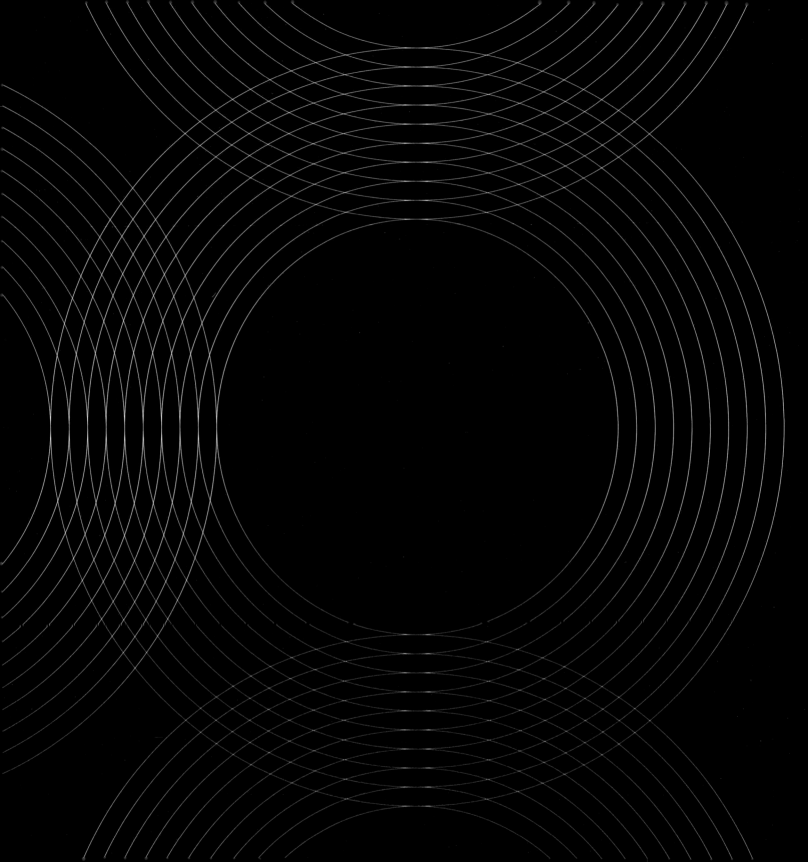

鍋炒青花菜、花生與南瓜
Broccoli, Peanut, and Pumpkin Stir-Fry

喜愛泰式料理的人，應該非常熟悉青花菜搭配花生與魚露，但是，再配上南瓜大概就很少見了。
為了讓這組配對更加精彩，可以試試看將這道菜搭配烤蛤蠣或烤牡蠣一起吃。

蔬菜類食材

2 朵青花菜（大約 680 克）
1 顆小南瓜或大的橡實南瓜（acorn squash）（大約 680 克）
4 瓣蒜瓣，去皮、壓碎
2 大匙魚露
3 大匙蔬菜油

醬汁

1 杯雞高湯
2 大匙魚露
1 大匙萊姆汁
1 大匙蜂蜜
1 大匙玉米粉

炒料

2 大匙蔬菜油
3 瓣蒜瓣，切片
6 根青蔥，去頭尾、切成 1 公分左右的小段
5 公分新鮮的薑，去皮薄切
2 根乾燥墨西哥阿波辣椒（arbol chiles）
2 大匙香菜葉
¼ 杯烤過的花生，切碎

首先以 230°C 預熱烤箱。

蔬菜的備料步驟如下：將青花菜的花蕾與菜梗分開，菜梗去皮後切成薄片，花蕾切成一口大小。將所有切好的青花菜放在大碗中。將南瓜去皮，由上而下對切成兩半，把南瓜籽與纖維挖除乾淨，然後將南瓜肉切成薄片，與青花菜放在一起。在大碗中加入大蒜、魚露與蔬菜油，仔細拌勻讓蔬菜都沾滿醬汁，然後將蔬菜一一平鋪在大烤盤上。如果數量太多，可以用兩個烤盤，注意要在蔬菜彼此之間留點空隙。

烘烤蔬菜約 12 分鐘，直到邊緣變得稍微焦黃，並可以用小刀尖端輕鬆穿透為止。完成後置涼。

醬汁的做法：將所有材料放在碗中，好好攪拌至融合，放著備用。

炒蔬菜的做法：將一個大炒鍋用大火熱鍋，倒入油、大蒜、蔥、薑與辣椒，不停地拌炒，避免焦黃。當香氣非常濃郁時，加進烤蔬菜，需要不停地拋鍋拌炒，直到出現快速的滋滋油爆聲，再倒入醬汁攪拌混合，直到醬汁沸騰並變得濃厚。

分成 4 人份盛盤，最後以香菜葉與花生點綴裝飾。

完成品為 4 人份

就像大部分的蕓薹屬蔬菜，甘藍品種的葉子成員，如高麗菜、抱子甘藍、結頭菜、羽衣甘藍、甘藍菜葉，其風味來自於它們自身的硫化物。烹煮高麗菜或抱子甘藍所散發出的特殊氣味，來自於加熱時釋放硫化物。生青味也是這類蔬菜的特色之一，其中深色菜葉的品種（羽衣甘藍、甘藍菜葉）則擁有帶苦味的苯酚化合物。

主要種類：

高麗菜、抱子甘藍、結頭菜（kohlrabi）、
羽衣甘藍、甘藍菜葉

最佳配對：

烤堅果、起司、菇類、穀類、鯷魚

驚喜配對：

椰子、香菜、茄子

可替換食材：

任何的甘藍類或白菜類都可以互相替代，
包括青花菜與白花椰菜

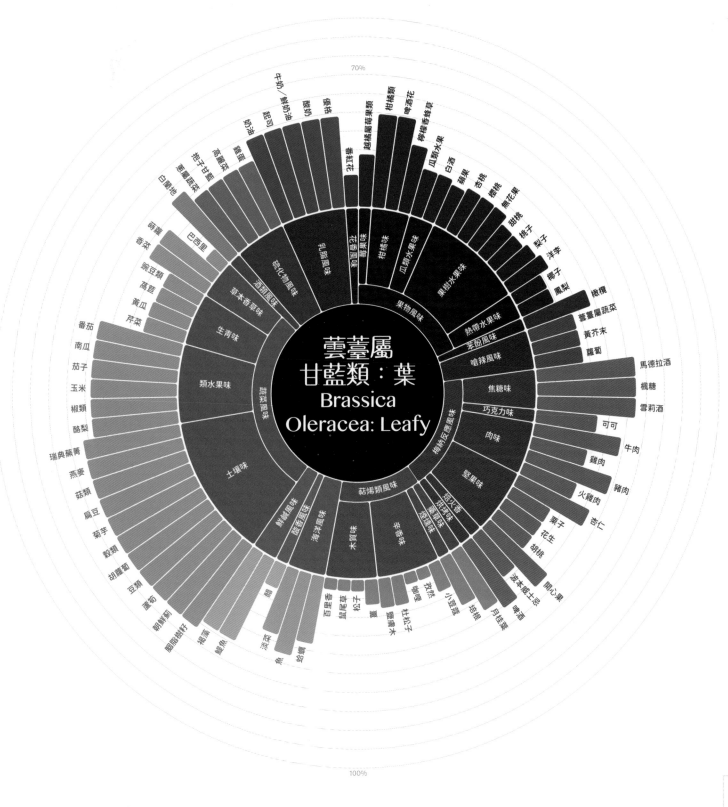

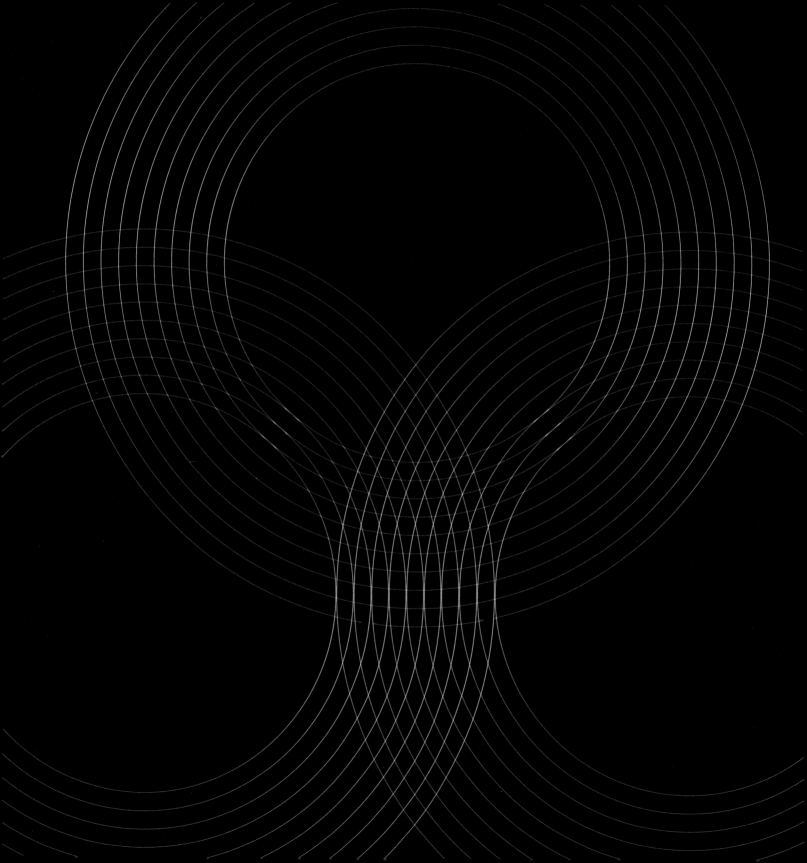

鮮味油醋醬
Umami Vinaigrette

我喜歡把這醬汁用在甘藍類做成的沙拉，包括羽衣甘藍、高麗菜、蕪菁絲、或其他甘藍蔬菜。這種醬汁也非常適合拿來做為蕪菁、青花菜或高麗菜的烤醬。

½ 杯紅酒醋
1 大匙切碎的紅蔥頭
2 瓣蒜瓣，去皮
4 片鯷魚肉
1 大匙第戎芥末醬
½ 小匙香菇粉（可省略）
¼ 杯磨碎的帕瑪善起司
1 杯芥花油或蔬菜油
½ 杯特級冷壓橄欖油

將醋、紅蔥頭、大蒜、鯷魚、芥末醬、香菇粉（可省略）及帕瑪善起司放進食物調理機，以低速打至滑順，讓調理機持續運轉，一邊緩慢地加入油，最後把油倒完，此時應該完全融合，完成乳化程序。以玻璃罐密封保存於冰箱裡，可存放四週。使用前先搖晃或攪拌。

完成品為 2 杯量

從蕪菁到青江菜，蕓薹屬集合了很多不同種類的植物，已大量栽種的方式來作爲烹飪食材與搾油原料（蕓薹屬植物的種子可搾取油脂成爲芥花油）當烹煮蕓薹屬蔬菜時，會聞到一股強烈的味道，來自於硫化物的作用，其中一項硫化物叫做異硫氰酸烯丙酯（allyl isothiocyanate），也存在於櫻桃蘿蔔、辣根與黃芥末之中，這個化合物擁有一種辛辣味，與辣椒裡的辣椒素（capsaicin）很相似。

主要種類：

　　大白菜、青江菜、西洋菜苔、蕪菁、芥菜

最佳配對：

　　莓果類、奶油、鮮奶油、起司、蔥屬蔬菜

驚喜配對：

　　瓜類水果、洋甘菊、榛果

可替換食材：

　　菠菜、羽衣甘藍、青花菜、白花椰菜

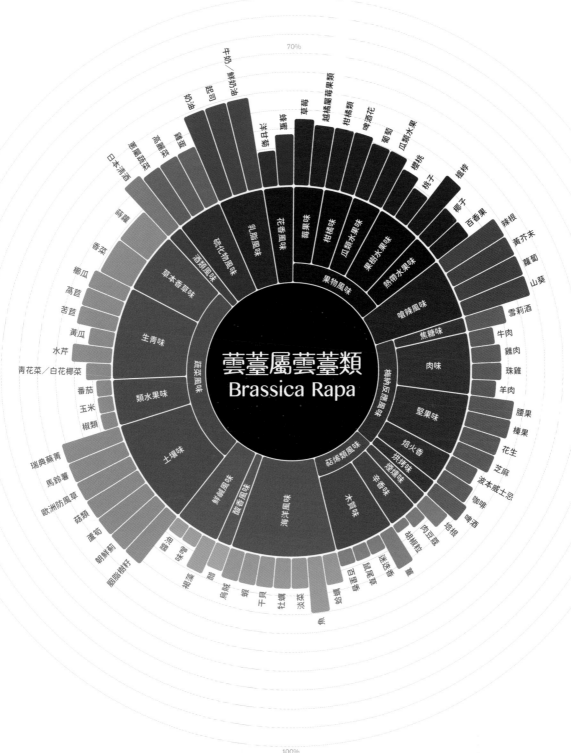

70%

100%

雲薹屬雲薹類
Brassica Rapa

煎烤蔬果雞肉佐烤榛果
Pan Roast of Turnips, Apple, Chicken, and Radishes with Hazelnuts

這會是一道令人愉快的餐點，因為只要花 30 分鐘即可上桌，而且還只需要洗一支鍋子就好。
如果這樣對你來說還不夠有說服力，它結合的風味與口感實在好吃到不可思議，而且，就算
省卻雞肉，改做為一道蔬食配菜，也一樣可口迷人。

8 隻去骨、去皮雞腿
2 小匙猶太鹽
6 根新鮮百里香與 1 小匙百里香葉
1 小匙黃芥末粉
½ 小匙現磨黑胡椒
2 大匙芥花油或蔬菜油
3 大匙無鹽奶油
8 顆小蕪菁，去莖後對切
1 顆金冠蘋果，去皮、去核，切成八塊
8 顆櫻桃蘿蔔，去莖後對切，另外準備裝飾用的切片
4 瓣蒜瓣，去皮壓碎
½ 杯蘋果醋
¼ 杯烘烤過的去皮榛果，裝飾用

將雞腿放到碗中，加入鹽、百里香葉、芥末與黑胡椒，仔細抹勻雞肉表面。

先將烤箱以 220°C 預熱。使用可進烤箱的大煎鍋，放在爐上以大火熱鍋，另外在烤箱旁邊準備有框烤盤，裡面放上網架。

當鍋熱時，將油倒入，在小心地將雞腿一面放入油鍋，煎至兩面金黃（你可能需要分批處理）。一旦雞腿煎好，就移到網架上。

當所有煎雞腿都完成，鍋中的油就不再使用了，小心地倒掉。

將煎鍋放回爐上，開中火，加入 2 大匙的奶油，隨即加入蕪菁、蘋果、櫻桃蘿蔔、大蒜與整束的百里香，仔細翻炒約 3 分鐘，直到食材開始變軟。放入雞腿，別忘了也將烤盤上剛剛滴落的汁液加進鍋中。將所有食材均勻攪拌，連鍋放進烤箱。

用烤箱烤約 20 分鐘，以探針式溫度計測量雞肉內部溫度，如達 71°C 即可端出烤箱，並將雞腿單獨放回網架上靜置。靜置一會兒後，溫度應該會升高到 74°C 或更高。將醋與剩下的 1 大匙奶油加入鍋中，沿鍋底仔細攪拌，以小火收汁並沸騰約 1 分鐘，直到醬汁稍微濃稠。

把雞腿分成四份盛盤，再將蔬菜與蘋果擺放在雞腿四周，淋上醬汁，最後以榛果與櫻桃蘿蔔切片裝飾，即可上桌。

完成品為 4 人份

主要種類：

甜椒、辣椒

最佳配對：

硬核水果、香料、柑橘類、薄荷、葡萄酒、
起司、酸奶、優格

驚喜配對：

南瓜、桃子、蒔蘿、肉桂、大黃

可替換食材：

大部分的椒類可以依辣度彼此替換

辣椒屬是茄科家族的成員之一，而茄科包含番茄、
茄子與馬鈴薯，這也是為什麼這三類食材彼此特別
合拍。辣椒屬的風味主要是果香與花香，但不同品
種的椒類風味差異很大，從濃烈的蔬菜味、生青味
（如青椒）到甜如莓果味（如祕魯黑辣椒，但高溫
烹煮下會黯然失色）都有。辣椒的辣味來自於辣椒
素（capsaicin），這是一種無味的化合物，身體
組織一旦接觸到就會有灼熱感。辣椒素具斥水性，
這意味著它無法被水帶走沖掉，但它可與油脂結
合，這就是為什麼如想要消除辣味食物帶來的灼痛
感時，喝牛奶或者吞一口藍紋起司沙拉醬會是最有
效的辦法。

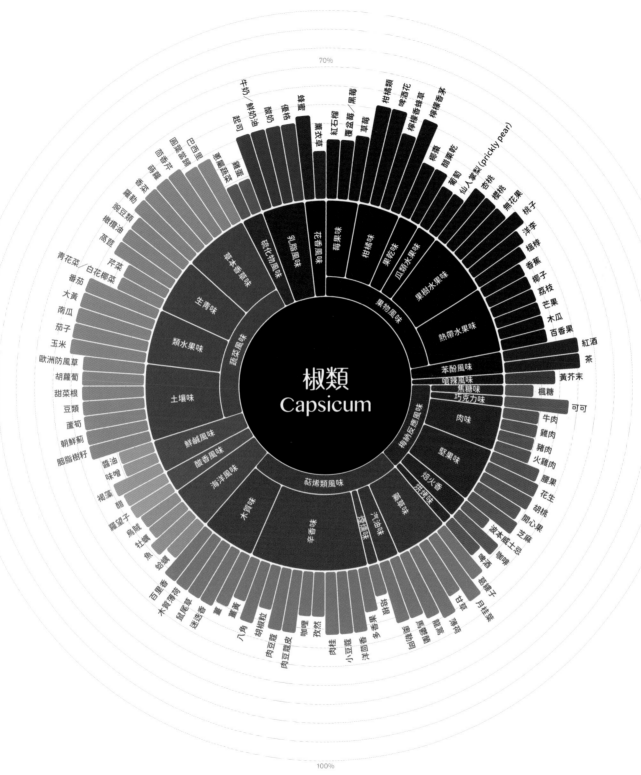

椒類
Capsicum

香蕉辣醬
Banana and Chile Hot Sauce

這份食譜將辣椒屬植物所能散發的水果香氣發揮到極致,而且是令人很驚喜的方式。香蕉的熱帶水果香氣與辣椒十分匹配,為你的辣醬新歡帶出怡人的甜味。雖然添加三仙膠(xanthan gum)能夠幫助它變得更為濃稠、乳化地更好,但省略不加也是不影響的。這道辣醬可使用在任何料理,不過最棒的還是搭配雞肉、魚肉與蝦子。

1 小匙蔬菜油

4 根墨西哥紅辣椒或哈瓦那辣椒(habanero chiles),切成末(如果不想要太辣,可在切絲前先去籽)

2 大匙切末香菜梗

4 瓣大蒜瓣,切成末

½ 杯米醋

1 根未熟青香蕉,去皮切碎(約一杯量)

⅛ 小匙三仙膠(可省略)

用一個小煎鍋,以中大火熱油,再將辣椒、香菜與大蒜放進去炒到出現香氣並且變軟,但注意不要炒到變色。加入醋,並刮乾淨鍋底,避免任何黏鍋。再加入香蕉,炒到醋蒸發剩一半的量,大約要炒 1 分鐘。

將上述食材以食物調理機打成滑順的泥狀,如想要加入三仙膠,邊加邊讓機器運轉 10 秒鐘以上,讓香蕉泥變得更濃稠。將完成的香蕉辣醬裝到罐子裡,密封冷藏可保存 4 週。如果你省略不加三仙膠,記得先好好搖晃均勻再使用。

完成品約 1 杯量

焦糖與糖漿的風味來源很類似（請見第 230 頁），主要是來自於梅納反應。當糖與蛋白質在高溫下瓦解，會產生焙火香、烘烤味與堅果味。糖以高溫加熱的時間越久，顏色與風味就會更深。但是，梅納反應並非萬無一失，如果煮太久，糖就會燒焦，產生嗆人的苦味。與糖漿不同的是，焦糖擁有的蔬菜味與莓果味很少。焦糖風味幾乎完全來自梅納反應的芬芳成果。

最佳配對：

    柑橘類、醋、葡萄酒、烤肉、培根、巧克力、堅果

驚喜配對：

    魚露、羅望子、味噌

可替換食材：

    糖蜜、高粱糖漿、楓糖、咖啡、波本威士忌

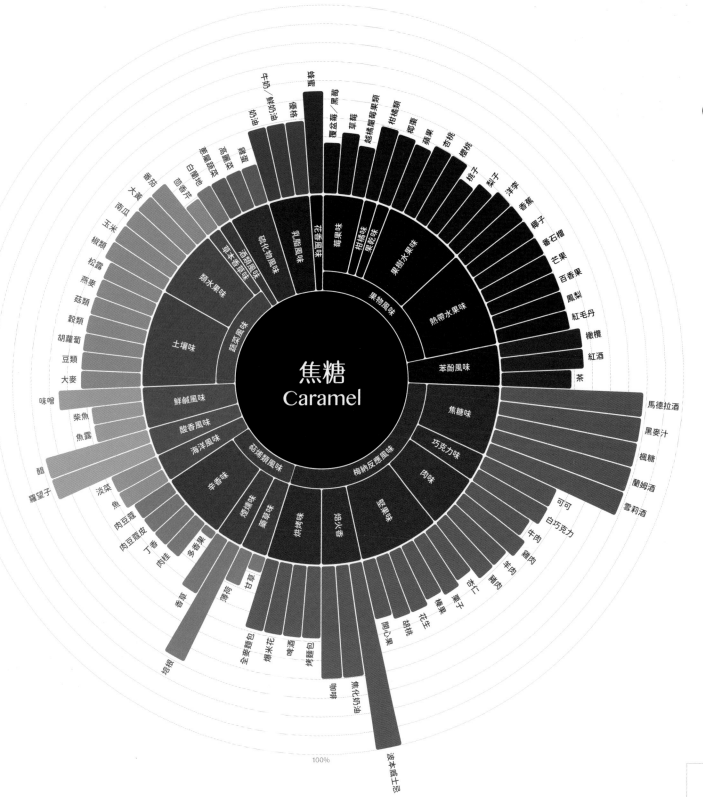

焦糖
Caramel

100%

辣味魚露花生脆糖
Spicy Fish Sauce Peanut Brittle

布露克與我很愛把豬肉或牛肉包子加上這種脆糖一起吃。可試試看搭配肉類或蔬菜料理，
享受它帶來甜甜鹹鹹、充滿酥脆的美味尾韻。

2 杯糖
6 大匙魚露
4 根墨西哥阿波乾辣椒或 2 小匙乾辣椒片
1 杯粗切的花生

將蠟紙鋪在烤盤上，在上頭噴灑防沾料理噴霧油。

先把糖、魚露與辣椒放進厚煎鍋中攪拌均勻，直到糖完全浸濕，再開中火開始加熱，當糖溶解時，一邊搖晃鍋子，但不要拿湯匙或筷子在鍋中攪動。當你發現鍋邊出現結晶時，立即用沾了水的刷子將結晶糖粒刷回鍋中。

繼續讓焦糖以小滾煮到顏色變成深棕色，大約需要 12 到 15 分鐘。判斷顏色時，留意魚露會讓焦糖的顏色看起來比平時來的更深。如以煮糖溫度計或油炸溫度計測量，此時溫度應該介於 165°C 至 176°C 之間。當焦糖煮好時，離火，將花生倒入鍋中攪拌。

馬上將焦糖花生混合物倒到蠟紙上，要小心，這時候非常燙。再小心地傾斜烤盤，讓它變成薄層，或者用耐熱攪拌匙將它抹薄。待完全降溫冷卻後，將花生脆糖掰成小片，用密封盒保存。

完成品爲約 2 杯量

最佳配對：

柑橘類、葡萄酒、醋、櫻桃蘿蔔、橄欖、
香菜與香菜籽、小豆蔻、八角、咖啡、羅
勒、薄荷、龍蒿

驚喜配對：

巴薩米克醋、羅勒、咖啡、尤加利葉

可替換食材：

櫻桃蘿蔔、歐洲防風草、芹菜、地瓜

人們在 5,000 年前開始栽種野生胡蘿蔔，幾乎只為
了取得胡蘿蔔葉與種籽，因為那時胡蘿蔔的根莖部
分吃起來苦且柴。我們現在吃的胡蘿蔔，嘗起來又
甜又細緻，是幾世紀以來的培育結果。而我們熟
悉的橘色胡蘿蔔，也是新品種，原始胡蘿蔔顏色是
紅色與黃色。胡蘿蔔主要風味是木質味與樹脂味，
同時帶有土壤味與柑橘味。雖然胡蘿蔔的根莖很美
味，但它的葉子也不遑多讓。胡蘿蔔葉有著一種溫
和的草本香料風味，滋味介於胡蘿蔔與巴西里之
間。

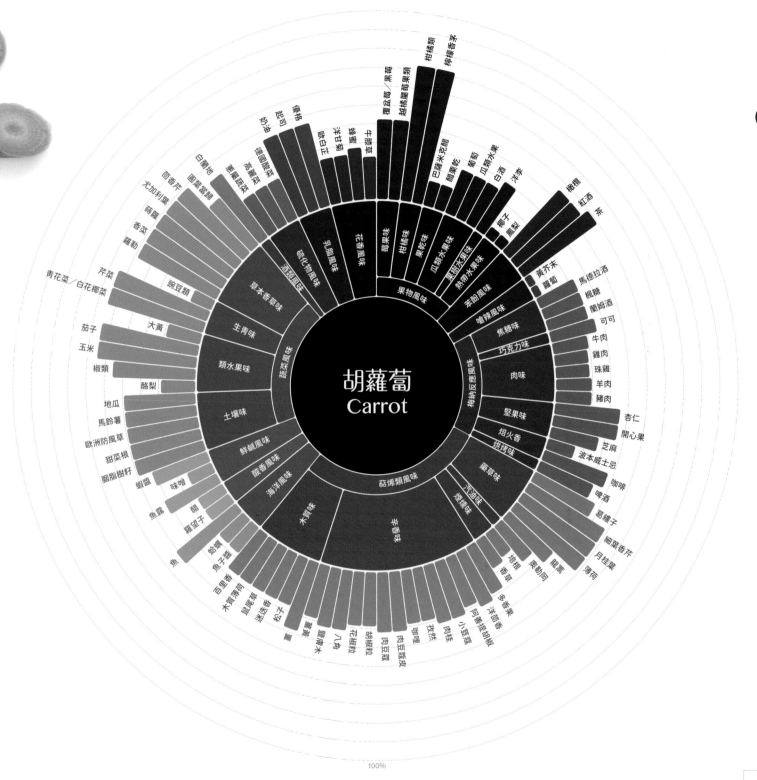

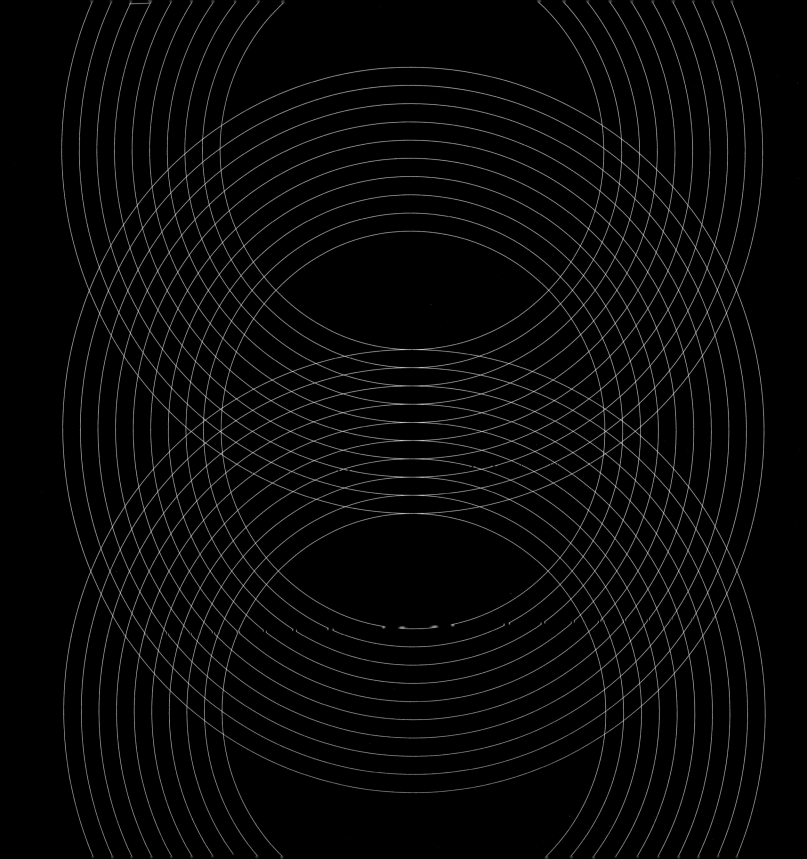

咖啡五香烤彩虹蘿蔔沙拉
Coffee and Five-Spice Roasted Rainbow Carrot Salad

胡蘿蔔與香料絕配！這道充滿胡蘿蔔風味的沙拉，有著濃郁的香料芬芳與撲鼻的柑橘香氣。在食譜中，把咖啡當成香料使用，讓原本就富有異國氣息的八角與肉桂，風味更上一層樓。而綜合香草優格則讓整道料理嘗起來更柔和順口，也幫助所有令人驚艷的狂野風味結合地更好。

454 克的彩虹蘿蔔，削皮、切去頭尾
3 大匙特級冷壓橄欖油，另外準備一些給芝麻葉
1 小匙猶太鹽
1 小匙研磨咖啡粉
½ 小匙五香粉
¼ 杯新鮮檸檬汁，另外準備一些給芝麻葉
1 大匙去皮薑末
¾ 杯橄欖油
4 杯散裝芝麻葉
綜合香草優格醬（作法見右列）
稍微烘烤過的杏仁片或杏仁條，裝飾用（可省略）

先在烤盤上鋪一層錫箔紙，再放入烤箱中層，以220°C預熱。

將彩虹蘿蔔、3 大匙的特級冷壓橄欖油、鹽、咖啡與五香粉放在大碗中，仔細將蘿蔔與所有的調味料拌勻後，再把蘿蔔一一放在熱烤盤上，記得保留空隙。將蘿蔔烤到變軟，並且在邊緣出現焦黃色，大概需要 25 分鐘。烤好後移出烤箱，讓蘿蔔在烤盤上稍微置涼。

在大碗裡攪拌檸檬汁、薑、¾ 杯的橄欖油直到融合，然後淋在蘿蔔上，讓每根蘿蔔都均勻裹上醬汁。

輕輕地在芝麻葉撒上一些特級橄欖油與檸檬汁，仔細攪拌均勻。

在盤子裡放一匙香草優格醬，先放上彩虹蘿蔔，最後是芝麻葉，如此一來，彩虹蘿蔔在綠色沙拉下仍清楚可見。最後再點綴杏仁（可省略），即可上桌。

綜合香草優格醬
HERBED YOGURT DRESSING

2 小匙切成末的蝦夷蔥
2 小匙切成末的新鮮蒔蘿葉
1 顆檸檬的皮絲
一撮猶太鹽
一撮現磨黑胡椒
1 杯原味希臘優格

將所有的材料放進大碗中攪拌均勻，加蓋冷藏，隨時可使用。

完成品為 1 杯量

主要種類：

　　柑橘、檸檬、萊姆、葡萄柚

最佳配對：

　　香菜、薑、甜椒、白花椰菜、青花菜、抱
　　子甘藍、黑巧克力

驚喜配對：

　　鼠尾草、葛縷子、花生、胡桃

可替換食材：

　　香菜籽、小豆蔻、洋甘菊、杏桃、檸檬香
　　茅、檸檬香蜂草

現在我們所熟知的大部分柑橘種類，都是幾世紀
以來小心混種培育的成果（現今常見的原生種則
有蜜柑、金橘、柚子、澳洲青檸與枸櫞）。柑橘
的風味主要是木質味或松香味；的確，柑橘的英
文「citro」，源自於希臘文，意指「雪松」，因
為它們的氣味相似。柑橘風味中最突出的，來自
於有顏色的果皮所產生的精油。柑橘果肉的香氣
略淡，但提供糖與酸性物質，讓它嘗起來有酸酸
甜甜的口感。

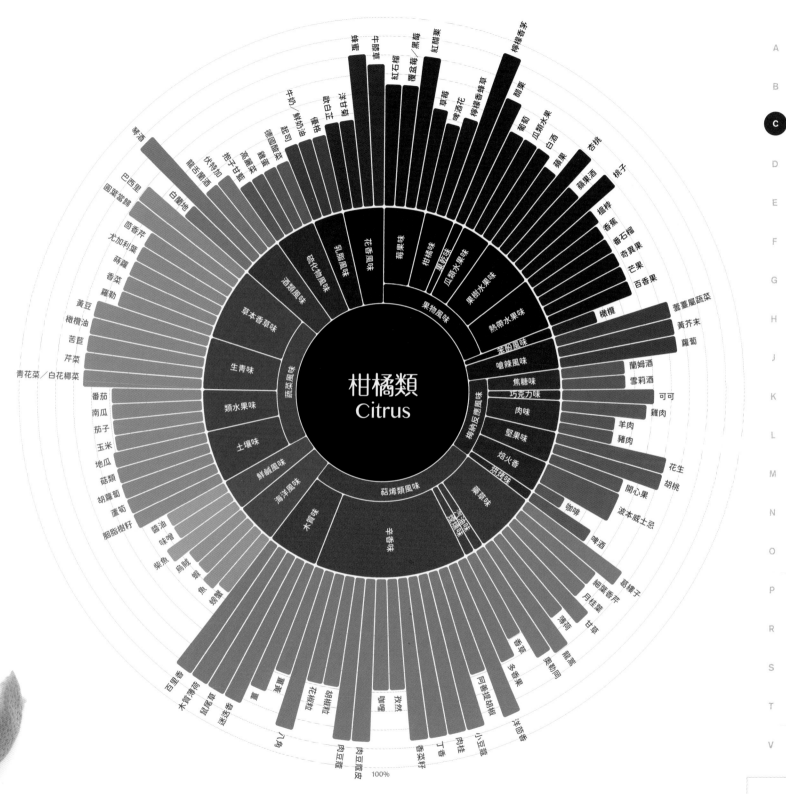

柑橘類
Citrus

果物風味
乳脂風味
乳酪風味
酒類風味
草本香草味
蔬菜風味
生青味
類水果味
土壤味
鮮鹹風味
海洋風味
木質風味

莓果味
柑橘味
異莓味
瓜類水果味
果樹水果味
熱帶水果味
繽紛風味
嗆辣風味
焦糖味
巧克力味
肉味
堅果味
焙火香
糖稀味
萜烯類風味
梅納反應風味

草蓆牛
草莓
紅石榴
覆盆莓／黑莓
紅醋栗
檸檬香茅
牛奶／鮮奶油
優格
起司
德國酸菜
糖蜜
高麗菜
柚子甘藍
伏特加
雪莉蘭地酒
白蘭地
等酒
巴西里
圓葉當歸
回奇芹
尤加利葉
蒔蘿
香菜
羅勒
黃豆
橄欖油
苦苣
芹菜
青花菜／白花椰菜
番茄
南瓜
茄子
玉米
地瓜
菇類
胡蘿蔔
蘆筍
胭脂樹籽
醬油
味噌
柴魚
烏賊
蝦
蚌蟹
魚
百里香
木質薄荷
鼠尾草
迷迭香
薑
薑黃
八角
花椒粒
胡椒粒
咖哩
孜然
肉荳蔻皮
肉荳蔻
丁香
香菜籽
小荳蔻
肉桂
洋茴香
阿魏裡胡椒
多香果
香草
葛縷籽
蒔蘿
續隨子
月桂葉
甘草
薄荷
羅勒

草莓
啤酒花
檸檬香蜂草
葡萄
瓜類水果
白酒
蘋果
蘋果酒
檸檬
香蕉
番石榴
奇異果
芒果
百香果
橄欖
蔓薈屬蔬菜
黃芥末
蘿蔔
蘭姆酒
雪莉酒
可可
雞肉
羊肉
豬肉
花生
胡桃
開心果
波本威士忌
咖啡
啤酒

100%

鼠尾草辣漬柑橘
Preserved Citrus with Sage and Chile

將柑橘類果皮儲存在鹽和糖中能保留住強烈的風味。隨著時間的流逝，果肉分解，使醃製的果皮漂浮在刺激性強的鹽水中。醃製的柑橘皮可用在肉類和海鮮、沙拉或雞尾酒中，爲料理加入一絲風味。

2 顆蜜柑
2 顆檸檬
2 顆萊姆
2 小匙香菜籽
1 小匙洋茴香
4 支新鮮鼠尾草
3 根乾辣椒（比如墨西哥阿波辣椒或泰國辣椒）或 1 小匙
　　辣紅椒片
5 大匙猶太鹽
7 大匙糖

用溫水將蜜柑、檸檬、萊姆洗乾淨，再切成 ¼ 的塊狀，稍微去籽。將切好的水果塊放到碗中，加入香菜籽、洋茴香、鼠尾草、辣椒、鹽、糖，仔細拌勻後，放入乾淨的玻璃罐或者大密封袋。如果使用玻璃罐，盡可能地填滿；如使用密封袋，則將多餘的空氣擠壓出來。完成後密封。

放置於陰涼室溫處（低於 21°C），或者放在冰箱，醃漬時間爲三週。如存放在冰箱則需要多一點時間。時常搖晃玻璃罐或密封袋好讓醃漬物稍微移動位置。使用前，用水沖一下外皮。果肉也可以使用，但要斟酌份量，因爲果肉的鹹度可能會太高。

完成品約爲 1 公升

可可豆成長於可可樹的豆莢當中，原產於南美洲。可可豆的外部包覆著一層薄薄的果肉，帶有溫和的熱帶水果風味，果肉成熟時也可以生吃。新鮮剛採收的可可豆味道苦澀難以入口，不過，經過 5 到 14 天的乾燥發酵後，就會產生可可特有的風味——約有 600 種芳香化合物一起開始作用。接下來得要等到烘豆完成，可可的複雜風味才能真正展現。當進一步將可可製作轉變成巧克力時，會因為成分物質的多寡差異而呈現出不同的風味：黑巧克力呈現出典型的可可特色，像是深度焙火味、苦味與澀味；牛奶巧克力擁有額外的乳脂可形成內脂，讓它嘗起來有著果物香氣，風味也比較溫潤；白巧克力只含有可可脂，而可可脂來自風味較淡、乳脂更豐富的可可果仁。可可脂也是無味的，這讓白巧克力的風味幾乎全來自添加的牛奶與香草，而非來自可可果仁。

* 譯註：將蔬菜烘烤至碳化後磨成灰。蔬菜灰（或稻草灰）一般用於起司製作，灑在表面預防黴菌，也可酌量應用在料理當中，以增添特殊的煙燻苦味。

最佳配對：

咖啡、焦糖、堅果、威士忌、菇類、白花椰菜、紅酒、果乾

驚喜配對：

甜菜根、酪梨、白花椰菜、蘆筍、魚

可替換食材：

不同形式的可可／巧克力彼此間可替換、烤堅果、果泥、蔬菜灰（vegetable ash）*

可可
Cocoa

70%

100%

乳脂風味
硫化物風味
酒類風味
草本香氣味
生青味
類水果味
土壤味
鮮鹹風味
海洋風味
木質味
辛香味
煙燻味
汽油味
藥草味
烘烤味
焙火香
梅納反應風味
肉味
堅果味
焦糖味
苯酚風味
果物風味
熱帶水果味
果樹水果味
瓜類水果味
果乾水果味
柑橘味
莓果味
花香風味
蔬菜風味

牛奶／鮮奶油
起司
奶油
雞蛋
蕈屬蔬菜
高麗菜
日本清酒
利口酒
白蘭地
高湯汁
尤加利葉
香菜
羅勒
黃豆
水芹
青花菜／白花椰菜
番茄
大黃
茄子
玉米
椒類
酪梨
菇類
胡蘿蔔
甜菜根
豆類
蘆筍
朝鮮薊
味噌
柴魚
羅望子
蝦
魚
蟹蝦蟳蛤
菖蒲
薑黃
八角
胡椒粒
咖哩
孜然
肉豆蔻
丁香
肉桂
小豆蔻
洋茴香
多香果
培根
香草
菖蒲
奧勒岡
薑餅
甘草
月桂葉
子醬橘葉
薄荷
爆米花
啤酒
烤麵包
咖啡
波本威士忌
核桃
開心果
栗子
胡桃
花生
夏威夷豆
榛果
杏仁
鹿肉
火雞肉
雞肉
牛肉
雪莉酒
蘭姆酒
楓糖
黑麥汁
焦糖
茶
紅酒
波特酒
楊桃
紅毛丹
鳳梨
百香果
木瓜
番石榴
椰子
香蕉
梨子
桃子
甜桃
壞樓桃
杏桃
蘋果
葡萄
葡萄乾
柳橙
咖哩
檸檬香蜂草
啤酒花
葡萄柚
檸檬香茅
越橘屬莓果類
草莓
覆盆莓／黑莓
紅石榴
墨角蘭
接骨木草本
洋甘菊
正日香
薰衣草
鼠尾草
鵬莓
無花果
75

巧克力慕斯佐甜菜蛋白霜
Chocolate Mousse with Crisp Beet Meringue

這道食譜在熟悉的基礎上提供了意想不到的風味。沒有什麼比奶油巧克力慕斯更令人放鬆了。
甜菜根，洋甘菊和柳橙皮爲這道經典料理增添關鍵的風味，而甜菜蛋白霜使口感更加酥脆，
呈現出戲劇性的效果。

甜菜蛋白霜
BEET MERINGUE

3 顆雞蛋蛋白
1 撮塔塔粉（可省略）
⅓ 杯砂糖
¾ 杯糖粉
¾ 杯烤甜菜泥（或用 1 杯去皮切丁甜菜根，煮到很軟之後，
　　用食物調理機或手持攪拌機打成泥狀）

巧克力慕斯
CHOCOLATE MOUSSE

¾ 杯高脂鮮奶油
1 顆柳橙的細皮絲（約 1½ 大匙）
1 大匙乾燥洋甘菊花瓣（可省略）
230 克苦甜巧克力（至少 70% 可可含量），切碎
1 大匙軟化無鹽奶油
6 顆雞蛋蛋白
2 大匙砂糖

製作甜菜蛋白霜：以 65°C～ 95°C 預熱烤箱。準備一個 13 吋 X9 吋的烤盤，上頭鋪矽膠烤墊或烘焙紙，噴上防沾料理噴霧油。

將蛋白與塔塔粉（可省略）以電動攪拌機打發至膨脹，邊打邊緩慢加入砂糖，直至乾性發泡，而蛋白霜同時也呈現絲滑明亮感。將糖粉以篩網篩進蛋白霜，然後溫柔地攪拌均勻。

將蛋白霜整坨倒到烤盤上。將甜菜泥分成 ½ 杯與 ¼ 杯，後者將使用在巧克力慕斯中。將 ½ 杯甜菜泥以湯匙挖取，交錯放置在蛋白霜上，再用攪拌匙溫柔劃圈並整理成薄薄一層。以 65°C烤 6 小時，或 95°C烤 3 小時，直到蛋白霜烤脆但尚未焦黃時，從烤箱取出置涼至室溫，再辦成小塊，放進密封盒，保存於陰涼乾燥處。

製作慕斯：將鮮奶油、柳橙皮絲、洋甘菊（可省略）放進小煎鍋，以中火煮到沸騰後關火，蓋上蓋子，靜置 10 分鐘。

將巧克力與奶油放在耐熱碗中，將剛剛的鮮奶油以細目濾網篩到巧克力上，靜置 3 分鐘，然後用打蛋器攪拌至巧克力溶化、整體滑順爲止。再拌進剛剛預留的甜菜泥。

使用電動攪拌器，將蛋白打到濕性發泡後，逐漸加入砂糖，繼續打到乾性發泡。將 ⅓ 的打發蛋白輕柔地拌入巧克力混合物，待混合均勻後才加入另 ⅓，逐次加完。完成後放入冰箱冰鎮。

準備上桌前，將慕斯分成六人份，每一份用甜菜蛋白霜碎片裝飾。

完成品爲 6 人份

最佳配對：

> 萊姆、酪梨、豆類、羅勒、番茄、熱帶水
> 果、菇類、焦糖、堅果

驚喜配對：

> 椰子、香草、蘋果、紅酒

可替換食材：

> 不同形式的玉米產物都可彼此替換（粗粒
> 玉米粉、義式玉米粉、玉米粉）、大麥、
> 豌豆類

玉米的風味來自於超過 200 種不同化合物組合而成的結果，其中最主要的角色是硫化物，不過烹煮玉米並不會出現伴隨硫化物出現的「怪味」。玉米最廣為人知的風味是甜味與口感。除了可以新鮮享用，玉米也可以乾燥後磨成粗粒玉米粉（grits）、粗細中等的義式玉米粉（polenta）或者最細的玉米粉（cornmeal）。將乾玉米粒用鹼水浸泡烹煮的步驟稱為鹼法烹製或灰化（nixtamalization），是為了促進玉米的風味與營養。如此處理過的玉米也被稱為墨西哥玉米粒（hominy），它除了直接料理，也可以磨成粉，揉製成瑪薩麵團（masa dough），然後做成墨西哥薄餅或玉米粽。在這樣的過程中，吡嗪（pyrazines，帶有烘火味的芳香味化物）於是產生。吡嗪的貢獻就是讓鹼化過的玉米有著爆米花般的獨特風味。

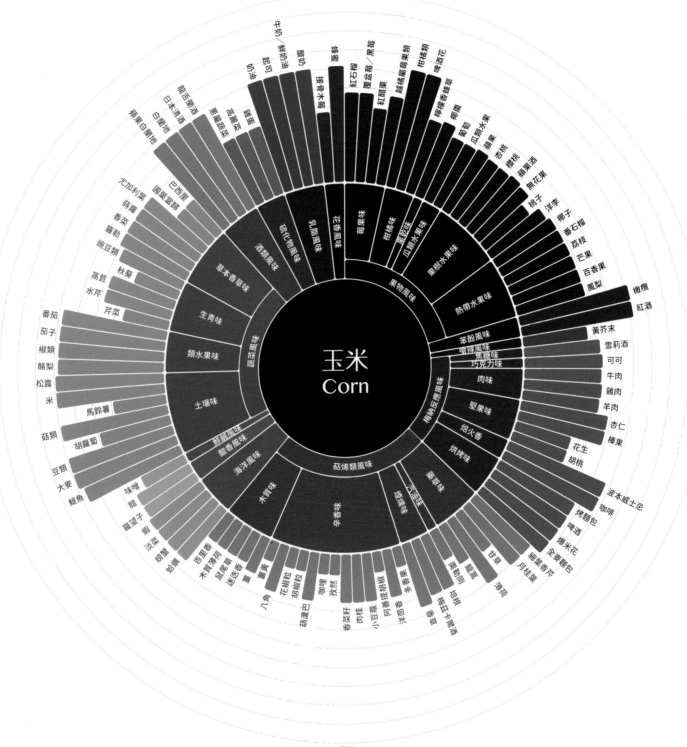

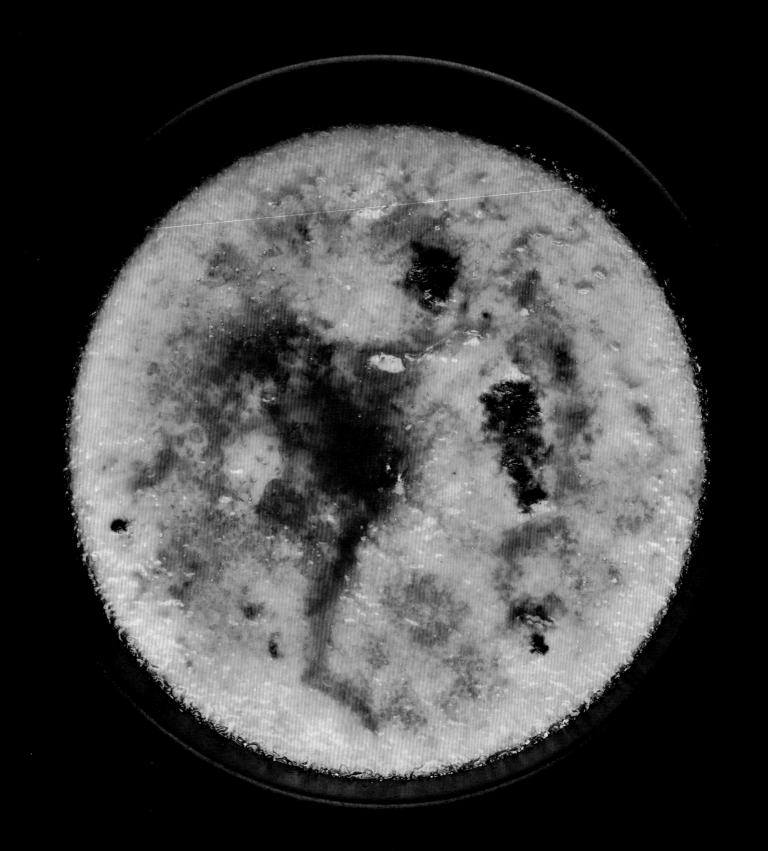

玉米椰子烤布蕾
Corn and Coconut Crème Brûlée

這道令人難忘的甜點，使用兩種不常見的玉米配對食材：椰子與香草。如果你與我們一樣，喜愛這樣的風味組合，可以試試看把這些食材應用在別的料理，比如蛋糕或者餅乾。

2 穗新鮮甜玉米，去皮去鬚
2 大匙無鹽奶油
猶太鹽
1 罐無糖椰奶（約 400 毫升）
1 杯水
½ 杯砂糖
½ 杯黃砂糖
2 杯牛奶
3 顆全蛋
3 顆蛋黃
1 小匙純香草萃取液

先以 165°C 預熱烤箱。用刀子削下玉米粒，每根玉米芯切成三塊。

用湯鍋以中火融化奶油後，拌入玉米粒與鹽。將玉米炒到變軟，大約需要 5 分鐘，注意不要讓玉米與奶油變得焦黃。加入玉米芯、椰奶與水，煮至沸騰後，調至小火，蓋上鍋蓋，繼續煮 15 分鐘。

趁爐上正在小火烹煮時，將兩種糖放入攪拌機或食物調理機打碎，均勻混合後取出備用。

將玉米芯從鍋中取出丟棄後，整鍋倒入攪拌機或食物調理機，以高速攪打至滑順，再用細目濾網將玉米醬篩到大碗裡。用矽膠刮勺反覆壓著濾網，盡可能擠出玉米仁，留在篩網上的玉米殼雜渣捨棄不用。把 ½ 杯的糖、牛奶、全蛋、蛋黃與香草倒入碗中，用打蛋器攪打至完全混合。如需要，可加鹽稍微調整味道。

準備六個烤布蕾烤皿或烤盅，將玉米奶醬倒入，高度約比烤盅邊緣低一點點，再將它們移到烤盆或有深度的烤盤當中，烤盤注水直到烤皿外圍一半高度。將烤盤上方用保鮮膜包起，小心移到烤箱中間開始烘烤，直到定型，需時約 35 分鐘。

烤好後將烤盅移離烤盤，放到冰箱直到冷卻。

在烤好的奶醬上，撒上一層薄薄的混合砂糖（也許不會全用完），再用噴槍讓表面焦糖化。或者將烤盅放在烤盤上，用已經預熱的上火燒烤烤箱進行焦糖化。焦糖完成後，立即上桌。

完成品為 6 人份

水芹（Cress）指的是帶有獨特苦味與胡椒味的多葉草本植物，包含有西洋菜（watercress）與胡椒草（garden cress）（皆屬於蔊菜屬）以及金蓮花（旱金蓮屬）。它們的風味主要來自硫化物，與辣根、黃芥末相同。硫化物呈現出萜烯風味／木質味與蔬菜味／生青味的層層風味。

主要種類：

西洋菜、金蓮花、胡椒草

最佳配對：

起司、檸檬、柳橙、莓果、穀類、培根、黃芥末、海鮮

驚喜配對：

牡蠣、草莓、荔枝

可替換食材：

芝麻葉、芥菜、蒲公英葉、義大利紫菊苣

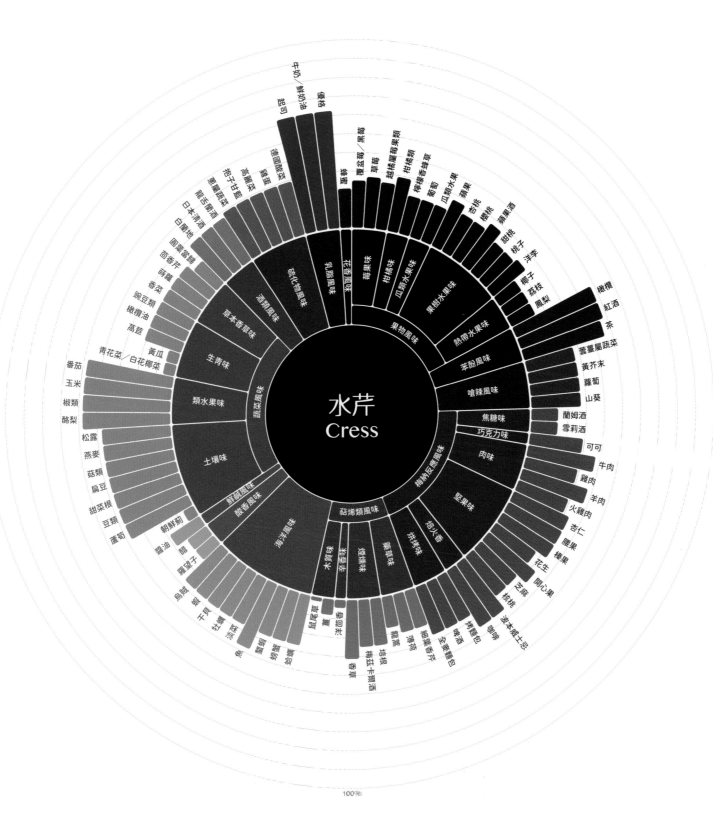

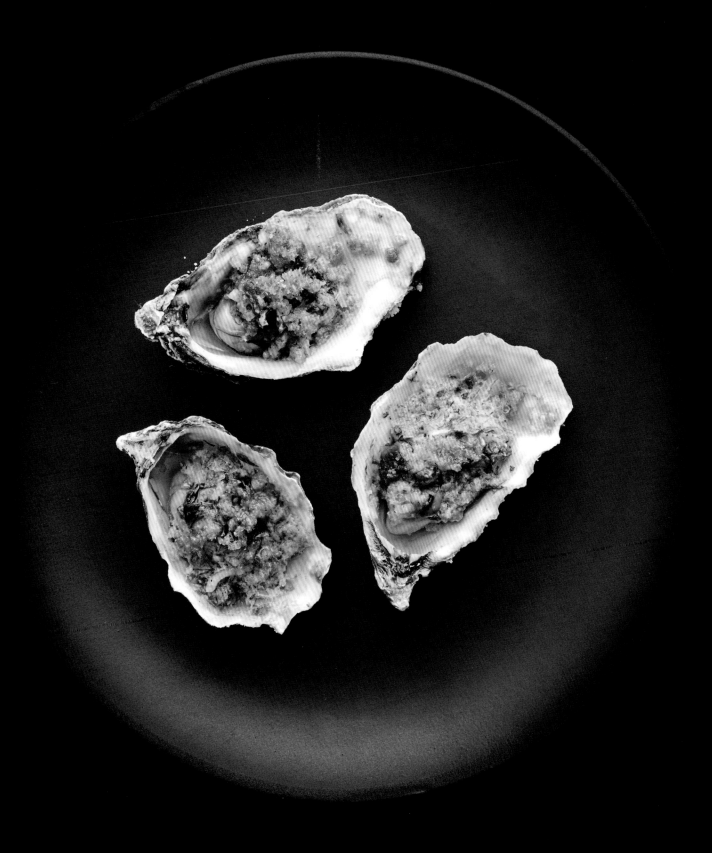

火烤牡蠣佐西洋菜培根奶油
Grilled Oysters with Watercress-Bacon Butter

西洋菜培根奶油與牡蠣是絕佳的配對組合，但不只限於牡蠣。一次準備多一點，可以凍起來備用，不管是用直火燒烤或烤箱烘烤的魚、雞肉與牛肉都非常適合。直接抹在麵包上這樣傳統簡單的吃法，也非常的美味。

6 條培根

2 杯散裝西洋菜葉

1 大匙切末的新鮮蒔蘿

1 顆檸檬，刨下皮絲並且切碎，擠汁備用

1 顆紅蔥頭，切末

227 克軟化的無鹽奶油（市售小包裝 2 條）

2 小匙第戎芥末醬

猶太鹽與新鮮研磨黑胡椒

燒烤需要的岩鹽或猶太鹽

12 枚帶殼牡蠣，外殼刷洗乾淨、去除上殼（較平那面）

½ 杯新鮮麵包丁

將培根煎到香脆，煎培根的油脂可加入奶油，也可留著下次用，或丟棄。用廚房紙巾去除培根的多餘油脂，然後切成小塊或細丁。

用刀將西洋菜切成小丁，放進小碗，再加進蒔蘿、檸檬皮絲與紅蔥頭，混合均勻。在另外一個中型碗中，將奶油、檸檬汁、黃芥末與培根油（可省略）攪打至滑順，再加入西洋菜混合物與培根丁，視個人口味以鹽與黑胡椒調味。

先將烤架燒熱。將有深度的烤盤鋪上約 0.6 公分的岩鹽或猶太鹽，將牡蠣帶殼面朝下，埋入鹽中放穩。在每顆牡蠣上放大約 1 大匙的奶油，並撒上麵包丁。蓋上烤架蓋燒烤至奶油融化並且沸騰冒泡，麵包丁也烤到稍微焦黃，大約需費時 8 分鐘。

以下方法可以保存剩下的奶油：將奶油放在保鮮膜或烘焙紙上，捲成長度約 2.5 公分〜 4 公分的棒狀，包緊後放置冰箱冷藏；如需長期保存，用鋁箔紙包裹後冷凍，可保存好幾個月。使用時再依需要切成小塊。

完成品約爲 2 杯奶油與 12 顆牡蠣

甲殼類動物包含一群超過 67,000 種的海洋生物，從料理中常見的螃蟹、蝦子與龍蝦，到不大可口的木虱與藤壺。儘管甲殼類動物的肉質在煮熟後的口感頗爲不同，總的來說風味相近，差異往往源自各自的生長環境與進食內容。甲殼類動物的風味主要來自含氮化合物（nitrogen-containing compounds），更具體來說，是從氨（ammonia）衍生出的胺類（amines），以及含有一個硫原子的噻嗪類（thiazines）。

主要種類：

螃蟹、龍蝦、蝦、螯蝦、明蝦、海螯蝦

最佳配對：

葡萄酒、鮮奶油、奶油、大蒜、堅果、麵包丁、檸檬、蘋果

驚喜配對：

羊肉、南瓜、櫻桃、胭脂樹籽

可替換食材：

軟體動物、魚

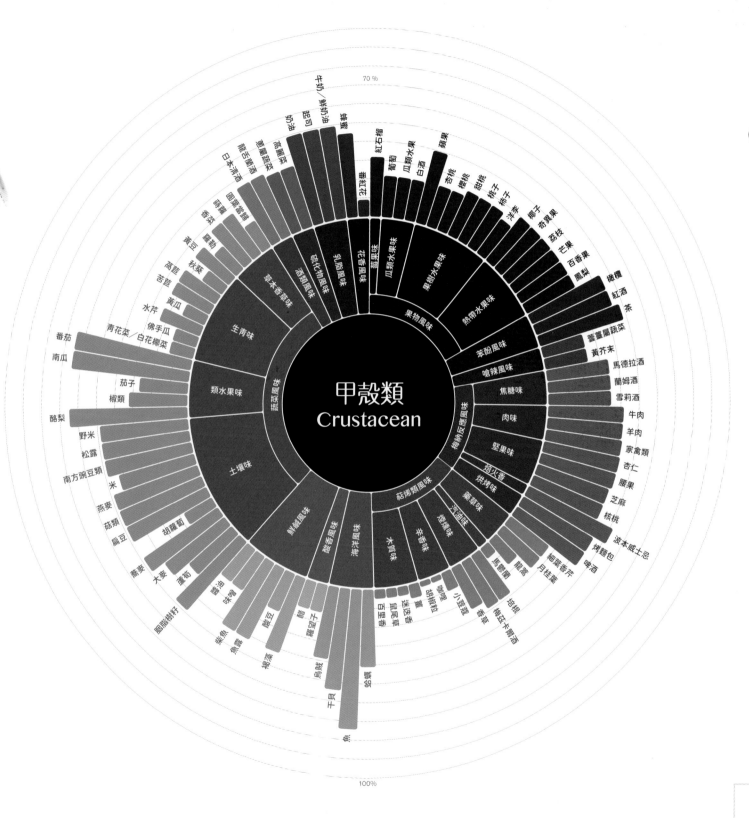

蝦子秋葵什錦濃湯
Shrimp and Lamb Gumbo

蝦子與羊肉是我遇過最令人驚喜的配對之一。一開始我會發現這個組合，是因爲我與華生主廚團隊合作開發克里奧爾（Creole）風格的鷹嘴豆水餃濃湯。當這兩樣風味食材用在比較傳統的克里奧爾料理，如這道濃郁的秋葵什錦濃湯，也許嘗起來會更美味。

2 大匙蔬菜油
454 克羊肉絞肉
1 大匙猶太鹽
2 小匙薑黃粉
2 小匙黃樟樹葉粉（filé powder）
1½ 小匙現磨黑胡椒
1 杯切丁黃洋蔥（約 1 顆中型洋蔥）
½ 杯芹菜末
½ 杯切丁青椒
½ 根墨西哥辣椒，去籽、切丁
1 大匙大蒜末（約 3 瓣蒜瓣）
1 杯瀝乾、切碎的罐頭番茄
4 杯雞高湯
猶太鹽與現磨黑胡椒
454 克秋葵，切去頭尾後切片
454 克蝦子，去殼、去腸泥、切碎
1 大匙新鮮檸檬汁
1 大匙切碎的新鮮巴西里

用大鍋以大火將油加熱，倒入羊肉、鹽、薑黃粉、黃樟樹葉粉與黑胡椒，仔細拌炒，並將羊肉以鍋鏟切分成小塊。煮到水分蒸發，羊肉變得焦香上色，大約需費時 8 到 12 分鐘。

再加進洋蔥、芹菜、青椒與墨西哥辣椒，繼續煮到蔬菜變軟，散發出香味，大概需要 6 分鐘以上。加入大蒜，繼續煮 1 分鐘後，加進番茄，直到收乾水分。

此時，加入雞高湯，並煮到沸騰，轉小火，再以鹽與胡椒提味。將秋葵放入湯中，小火沸騰煮 5 分鐘。加進蝦子，繼續煮 4 分鐘，直到蝦肉轉白、變得結實熟透。最後，加入檸檬汁與巴西里，就可以上桌了。

完成品爲 4 人份

黃瓜是葫蘆科的成員之一，與同科的南瓜、美洲南瓜與甜瓜關係緊密。它含有相當高的水分，與較低含量的芳香味化合物，所以其溫和的風味非常適合搭配其他食材。黃瓜主要擁有蔬菜味／生青味、瓜類水果味，儘管生食有著受歡迎的爽脆口感，但經過稍微烹調後，原本平淡的風味卻可以被提升加強，最好的方式便是嫩煎或快炒。

最佳配對：

柑橘類、香菜、薄荷、蒔蘿、菇類、番茄、起司、優格、海鮮

驚喜配對：

越橘屬莓果類、榛果、柿子

可替換食材：

萵苣、櫛瓜、四季豆

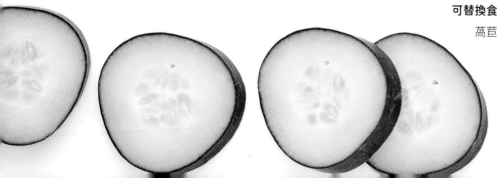

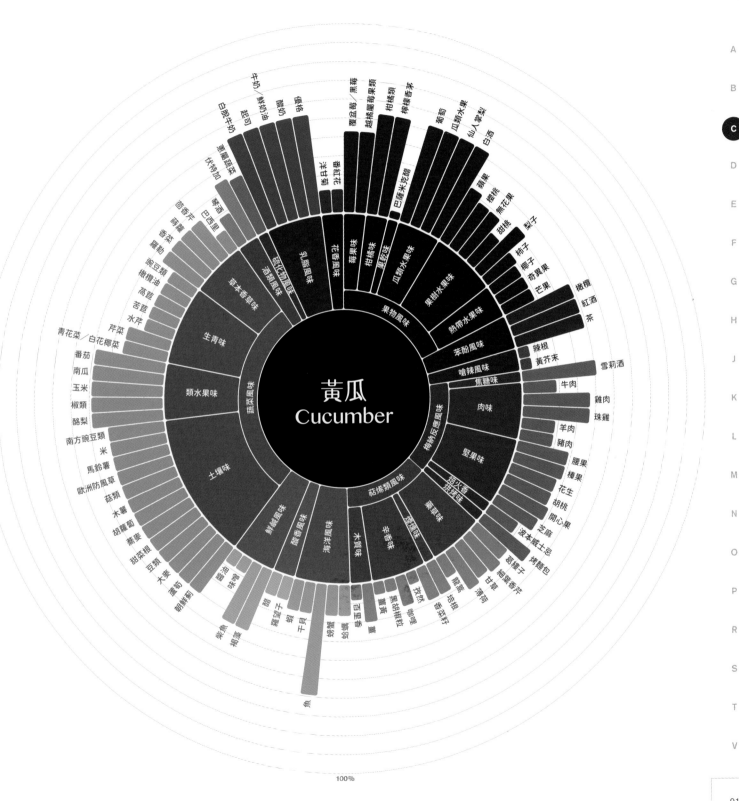

小黃瓜、莓果與開心果沙拉佐羅望子油醋醬
Cucumber, Berry and Pistachio Salad with Tamarind Vinaigrette

黃瓜與酸味特別對味，那就使用完美的羅望子油醋醬，來做這道特殊又美味的沙拉吧。

2 根英國小黃瓜（English hothouse cucumbers）
½ 根紅色墨西哥辣椒，切細絲
½ 杯切細絲的紅洋蔥
1 大匙切末的新鮮蒔蘿或薄荷葉
¼ 杯莓果乾（藍莓、蔓越莓，或者混合莓果），粗切
猶太鹽與現磨黑胡椒
¼ 杯羅望子油醋醬（做法右列）
¼ 杯切碎的烘烤開心果

用蔬果削皮刀將小黃瓜皮刨出條紋狀，然後再切成薄片。將小黃瓜、辣椒、洋蔥、蒔蘿與莓果乾放入大碗中，用鹽與胡椒稍微調味，仔細混合。完成後放進冰箱冷藏備用。

準備上桌前，將沙拉淋上油醋醬（不需要全用完），混合均勻，然後分成四份，撒上開心果裝飾。

羅望子油醋醬
TAMARIND VINAIGRETTE

1 瓣蒜瓣，切末
1 大匙去皮的薑末
1 顆萊姆汁
細海鹽
¼ 杯羅望子濃縮液
½ 杯特級冷壓橄欖油
½ 杯芥花油
現磨黑胡椒

將大蒜、薑、萊姆汁與 ½ 小匙的鹽放進小碗中攪拌均勻，靜置 10 分鐘讓味道融合。

用打蛋器將羅望子汁攪打至滑順，然後倒進橄欖油與芥花油，繼續攪打到乳化完成。以鹽與胡椒調味。完成後立即使用，或者以玻璃罐密封冷藏，可保存 3 週。使用前需搖動罐子或以打蛋器攪拌均勻。

完成品約 1½ 杯

完成品為 4 人份

決定牛奶以及其他乳製品味道的因素有好幾項，包括，提供牛奶或做成鮮奶油的動物所攝取的食物、製作方式、乳脂含量、發酵方式（如果使用的話）。從牛奶所製作成的各種產品中，都有一個共同的隱藏版風味，也就是由乳酸脂（lactic acid esters）所產生的甜味與花香，以及酸香味。酸化的乳製品（優格、酸奶、法式酸奶油與白脫牛奶）由於乳酸被高度濃縮，於是產生特有的強烈風味——原本乳酸嘗起來是沒有味道的，並無風味可言，除非質量夠高才能讓人有所感覺。而乳製品的第二大風味來自一種叫「雙乙醯」（diacetyl）的芳香味化合物，是由發酵作用所產生的副產品，風味濃郁，也是人工奶油香料的主要成分。

主要種類：

牛奶、鮮奶油、起司、優格、白脫牛奶、酸奶、法式酸奶油、奶油

最佳配對：

熱帶水果、烤肉、果乾、蜂蜜、烤堅果、海鮮

驚喜配對：

椰棗、羅望子、薯片

可替換食材：

椰奶、杏仁奶、克非爾菌發酵乳（kefir）、豆漿

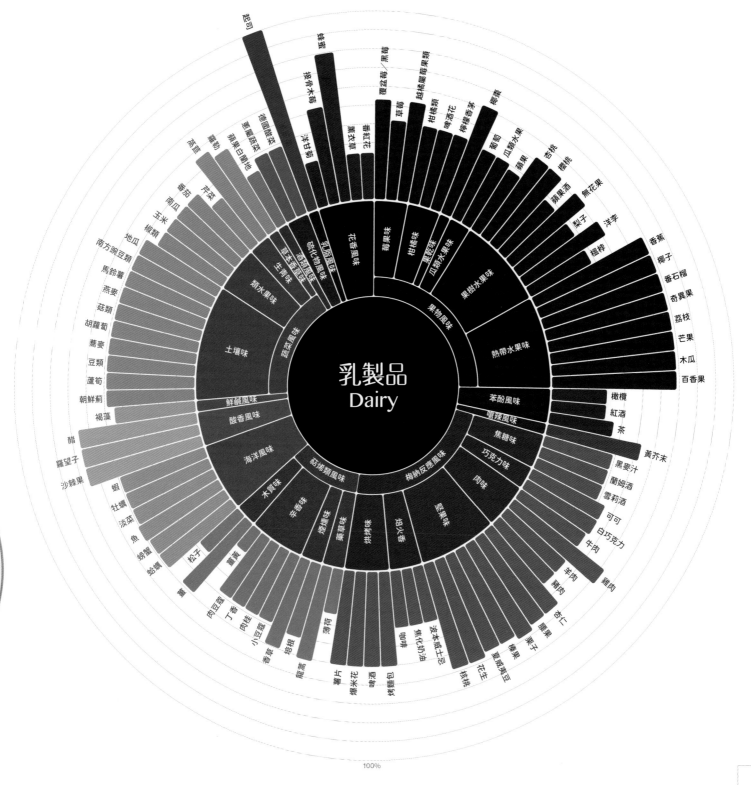

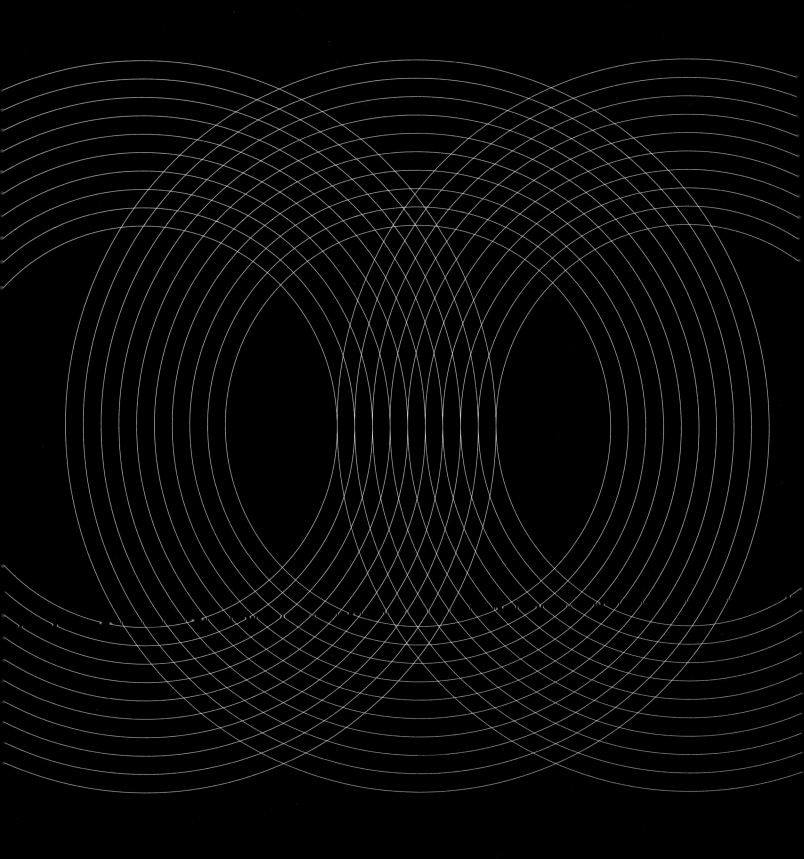

核桃香料優格沾醬
Walnut and Spiced Yogurt "Hummus"

在這份創意版傳統鷹嘴豆泥醬（hummus）食譜裡，以核桃與扎實的希臘優格取代鷹嘴豆，結果成爲我們嘗過最濃郁滑順、最鮮美的沾醬之一。也可以試著把烤蝦放在這個沾醬上，加入冷拼盤菜色裡，或者做成非常誘人的口袋餅三明治。

¼ 杯特級冷壓橄欖油
6 瓣蒜瓣，切碎
2 杯烘烤過的核桃粒
1 顆檸檬的細皮絲與檸檬汁
1 小匙薑黃粉
1 撮孜然粉
1 大匙白味噌（可省略）
½ 杯原味希臘優格
猶太鹽與現磨黑胡椒

將橄欖油與大蒜放到小煎鍋裡，以中火炒到大蒜發出滋滋聲並飄出甜味，約需 3 到 5 分鐘。在大蒜開始變得焦黃前離火，置涼至室溫。

把鍋中的大蒜與橄欖油，加上核桃、檸檬皮絲放到食物處理機裡，以間歇按停的方式將材料混合一起。然後加進檸檬汁、薑黃、孜然與味噌（可省略），繼續打到變得滑順，倒到大碗中，拌入優格，再用鹽與胡椒稍微調味。完成後可立即上桌，或者盛裝到密封罐裡，冷藏可保存 10 天。

完成品爲 2 杯

最佳配對：

柑橘類、鮮奶油、起司、菇類、松露、牛肉、雞肉、烤肉／煙燻肉、海鮮、蘆筍

驚喜配對：

香草、胡蘿蔔、大黃

可替換食材：

美乃滋、蔬菜泥、鮮奶油、奶油；
烘焙時：蘋果醬

蛋白裡有 90% 的水、10% 的蛋白質與微量的脂肪與營養素，而蛋黃則含有多種不飽和與飽和脂肪酸，以及許多維他命與礦物質。蛋黃的色調由葉黃素含量決定，葉黃素是一種類胡蘿蔔素，多寡取決於母雞所攝食的食物種類。蛋殼的顏色則與母雞品種有關。生雞蛋幾乎沒什麼風味，但經過烹煮後，雞蛋會釋放出硫化物，出現我們熟悉的蛋味。一旦煮得越久，硫化物氣味就會更強烈，這就是為什麼煮過熟的雞蛋（通常是高溫久煮）會有一股強烈的硫磺味。

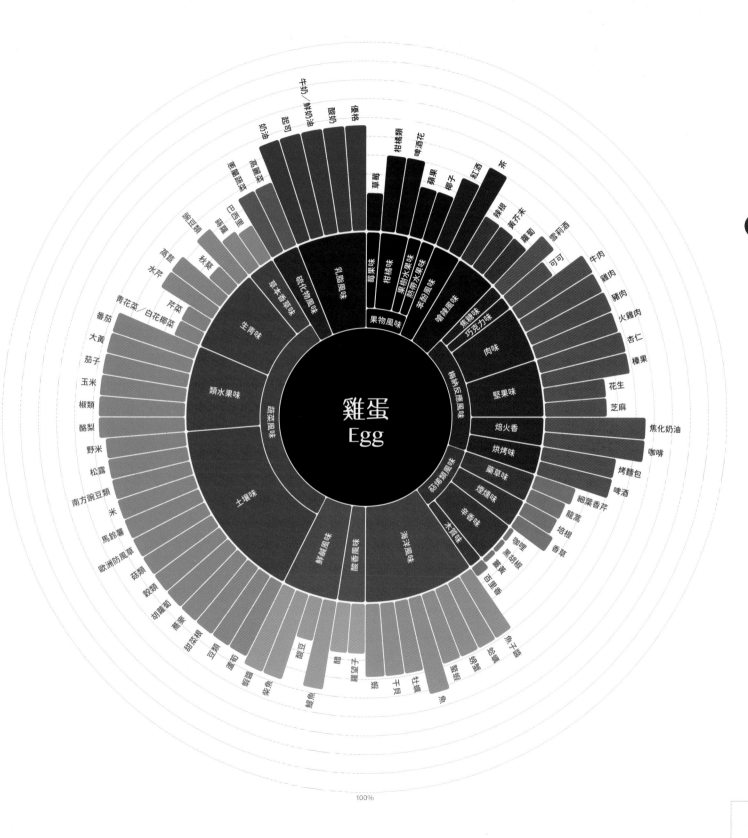

醃蛋黃
Cured Egg Yolks

醃蛋黃可以說是爲料理增添雞蛋風味最萬無一失的完美食材。可以試著將醃蛋黃當作起司般，磨成粉灑在義大利麵或沙拉上。或者爲料理好的肉類做最後調味；牛肝菌風味的醃蛋黃（請見本食譜的變化版）搭配烤牛肉特別美味可口。

2 杯猶太鹽
1 杯糖
6 顆大蛋黃

先用小碗將鹽與糖攪拌均勻。將一半的糖鹽混合醃料平鋪在淺型塑膠保鮮盒或玻璃烤盤中，用大拇指壓出 6 個淺凹槽，再小心地把蛋黃放進凹槽中。用剩下的醃料灑在蛋黃上面，蓋上蓋子，放進冰箱冷藏 3 天。

準備一個裝有室溫開水的小碗、一個鋪著廚房紙巾的盤子，另外在烤盤中放上置涼架。小心地將蛋黃從醃料中撈起，一次只處理一顆，用開水洗去多餘的醃料，再放到紙巾上，輕輕拍乾水分，然後放到置涼架上，以室溫風乾 2 個小時。

最後將醃蛋黃放進密封容器，放在冰箱冷藏可保存 2 週。

變化版

柑橘風味：增添 2 大匙柑橘類果皮皮絲

牛肝菌風味：增添 1 大匙牛肝菌粉

辣味：增添 1 大匙現磨黑胡椒、1 小匙香菜籽粉、1 大匙洋茴香、1 大匙辣椒片

鮮味：增添 1 小匙牛肝菌粉、¼ 杯柴魚片

完成品爲 6 顆

早期的歐洲茄子栽培種小而橢圓，顏色爲白色，就像雞蛋一樣，所以英文叫做「Eggplant」。茄子是茄科（學名爲 Solanaceae）的一員，其他成員還有番茄與馬鈴薯，因爲茄子與番茄的成長條件相似，因此兩者常常一起出現在食譜當中。茄子的香味很低，也不宜生吃；就像其他煮熟蔬菜一樣，經過烹煮就會出現梅納反應風味與土壤氣息。一般普遍認爲，先將茄子抹鹽再料理，可以減低茄肉的苦味，其實不然。事實上，烹煮前所預加的鹽分，會幫助破壞茄子的細胞壁，減弱它如吸水海綿般的結構，以至於在烹調時不會吸收過多的湯水油分。所以，如果是要火烤或烘烤茄子，沒有必要事前預先抹鹽；抹鹽的動作應該留在鍋炒或嫩煎的時候，這樣茄子才不會吸油。

最佳配對：

番茄、菇類、起司、優格、橄欖、葡萄酒、檸檬、柳橙、青花菜、羅勒

驚喜配對：

核桃、紅石榴、接骨木莓、瓜類水果

可替換食材：

櫛瓜／夏南瓜、波特菇

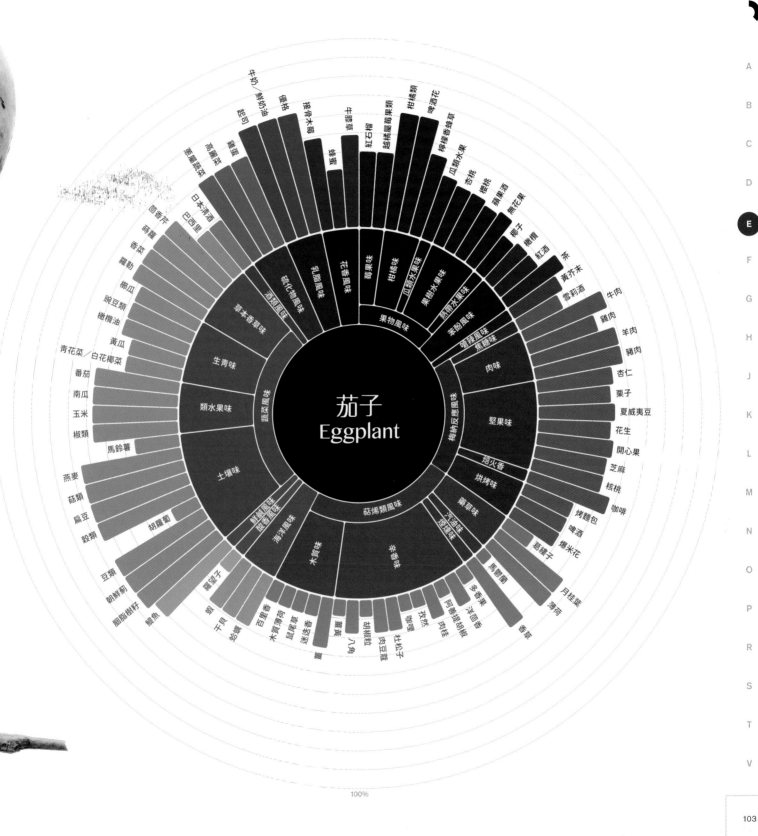

茄子
Eggplant

100%

炸茄子佐阿勒坡辣核桃醬
Fried Eggplant with Muhammara

我們發現茄子與紅石榴的配法非常誘人且帶有異國風味，儘管這組搭配在波斯料理中挺常見的。在這道源自敍利亞阿勒坡的紅甜椒核桃沾醬裡，我們用紅石榴糖漿取代新鮮紅石榴。烤茄子切片配上一匙沾醬，就是一道很棒的開胃小點，或者做成焗烤千層茄子：將茄子片與阿勒坡醬交錯堆疊，最上層撒上鹹味羊奶起司，像是佩科里諾乾酪（pecorino）或是費塔乾酪（feta），然後送進烤箱烘烤。

炸茄子
FRIED EGGPLANT

900 克茄子（義大利種或日本種），去頭尾、切
　　成約 1 公分的薄片
猶太鹽與現磨黑胡椒
2 杯中筋麵粉
2 顆雞蛋
3 杯乾麵包丁
芥花油或植物油，油炸用
大約 ½ 杯阿勒坡醬（做法請見右列）
¼ 杯新鮮羅勒葉，裝飾用
佩科里諾乾酪或是帕瑪善乾酪削片，裝飾用

將茄子片放在鋪有廚房紙巾的烤盤上，用鹽與胡椒調味，靜置至少 10 分鐘。

準備三個碗或小烤盤，第一個碗放麵粉，第二個碗打入雞蛋，放入 ¼ 杯水與一撮鹽，完全攪散打成蛋液，第三個碗放麵包丁。另外準備一個乾淨的烤盤，放在麵包丁旁邊。

將所有的茄子片用紙巾輕輕按乾，接下來一次處理一片，裹麵粉、拍去多餘麵粉，沾裹蛋液、讓多餘蛋液滴到碗中，最後將麵包丁按壓黏住茄子片，再翻面重複一次，放到烤盤上，接續準備下一片。

在爐子旁邊準備一個烤盤，上面放置涼架。將煎鍋注滿由，高度約 1.5 公分，開中火，加熱到 175℃（用溫度計測量），或者試炸幾顆麵包丁，如果一放進油鍋便滋滋作響就可以了。一次可放入多一點茄子片，只要不會彼此碰撞即可。炸到底面變得金黃，約需 2 分鐘，翻面繼續炸到兩面都成色，移到置涼架上瀝油，接續炸下一批。

完成所有炸茄子片並瀝乾油份後，盛盤，用湯匙舀幾匙阿勒坡醬放在茄子片上，再用羅勒與起司裝飾，即可上桌。

阿勒坡辣核桃醬
MUHAMMARA

454 克紅甜椒
1 杯烘烤碎核桃粒
1 大匙紅石榴糖漿
2 大匙特級冷壓橄欖油
1 小匙孜然粉
猶太鹽
1 小匙阿勒坡辣椒粉或是拉差辣椒醬（sriracha），
　　或視口味酌量增減

用你喜歡的方法來烤甜椒，烤完置涼至室溫，然後去除梗、皮與籽，大致粗切，然後放入食物處理機，加入核桃、紅石榴糖漿、橄欖油與孜然，一起打到滑順。用鹽與阿勒坡辣椒粉依個人口味調味後，可馬上使用，也可改裝在玻璃罐或塑膠保鮮盒，密封冷藏，可存放 10 天。

完成品約 2 杯

完成品爲 4 人份

茴香芹與胡蘿蔔、芹菜、巴西里屬於同一個植物科別。與胡蘿蔔、芹菜一樣，茴香芹生吃熟食都可以，整株從根莖到像羽毛般的葉子都是可食用的。茴香芹的籽、花、甚至是花粉，常見於全世界各地的料理當中。茴香芹擁有的茴香腦（anethole）化合物讓它有著類似八角或甘草的特殊風味。同樣也是柑橘類最主要化合物的檸檬烯（limonene），則是茴香芹風味的第二幫手。

最佳配對：
　　柑橘類、羅勒、蒔蘿、香菜、薑、檸檬香茅

驚喜配對：
　　越橘屬莓果類、鼠尾草、迷迭香

可替換食材：
　　芹菜、圓葉當歸、葛縷子、墨西哥胡椒葉（hoja santa）、洋茴香

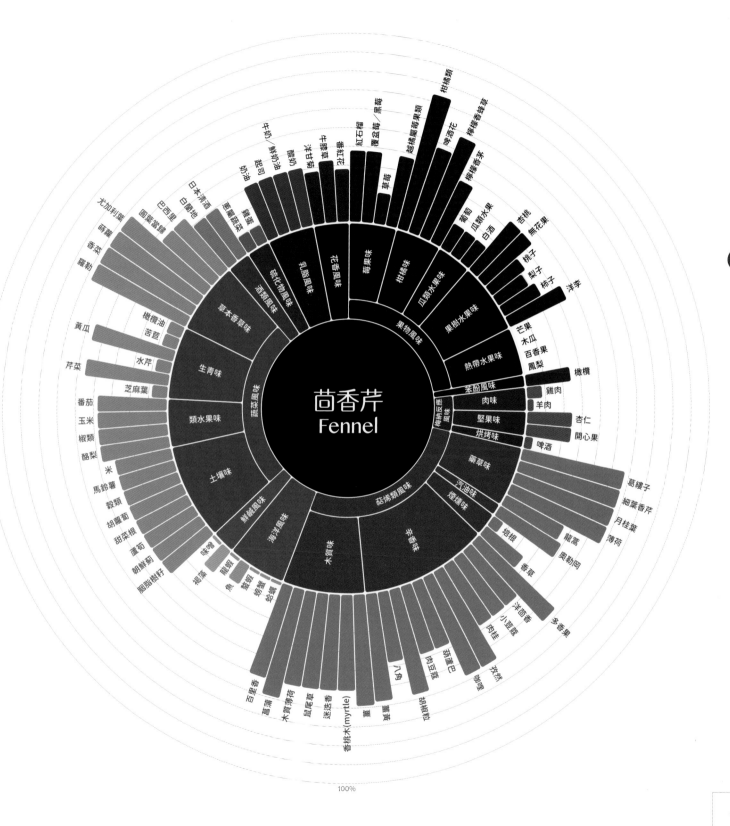

咖啡冰淇淋佐酒香茴香芹與洋李
Bourbon-Roasted Fennel and Plums with Coffee Ice Cream

茴香芹通常很難融入甜點世界裡，但當它與洋李的甜配在一起，然後向波本威士忌與咖啡借一點焙火香與烘培味時，這個另類脫俗的組合就讓充滿香氣的蔬菜，搖身一變成爲任何佳餚最完美的甜蜜句點。

473 毫升咖啡冰淇淋
2 大匙無鹽奶油
2 大匙黃砂糖
2 顆洋李，切對半、去籽
1 杯切細絲的茴香芹球莖
¼ 杯波本威士忌
½ 小匙猶太鹽
羅勒嫩葉，裝飾用（可省略）
烤胡桃，裝飾用（可省略）

以冰淇淋挖勺挖取四球咖啡冰淇淋，分別放在四個碗，先凍在冷凍庫備用。

將奶油放到煎鍋，以中火融化，煮到冒泡並開始變成淺咖啡色時，加入糖，攪拌至糖融化。將洋李放進煎鍋，切面朝下，煎 3 分鐘，直到稍微焦黃。將茴香芹絲撒在洋李上，拌炒到全部茴香芹都沾滿焦糖醬。繼續煮 3 分鐘，偶爾攪拌一下。直到茴香芹變軟時，整鍋離火，再倒入波本威士忌與鹽，攪拌均勻。移到另一個乾淨的碗，置涼 5 分鐘。以湯匙舀起茴香芹與洋李放在冰淇淋上。你也可以用羅勒葉或胡桃（或者兩者都用）裝飾再上桌。

完成品爲 4 人份

最佳配對：

檸檬、柳橙、莓果類、烤肉或煙燻肉、葡萄酒、茶

驚喜配對：

酪梨、蛤蠣、番茄、椒類

可替換食材：

杏桃、椰棗、櫻桃、哈密瓜

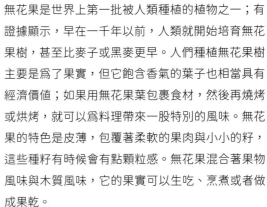

無花果是世界上第一批被人類種植的植物之一；有證據顯示，早在一千年以前，人類就開始培育無花果樹，甚至比麥子或黑麥更早。人們種植無花果樹主要是爲了果實，但它飽含香氣的葉子也相當具有經濟價值；如果用無花果葉包裹食材，然後再燒烤或烘烤，就可以爲料理帶來一股特別的風味。無花果的特色是皮薄，包覆著柔軟的果肉與小小的籽，這些種籽有時候會有點顆粒感。無花果混合著果物風味與木質風味，它的果實可以生吃、烹煮或者做成果乾。

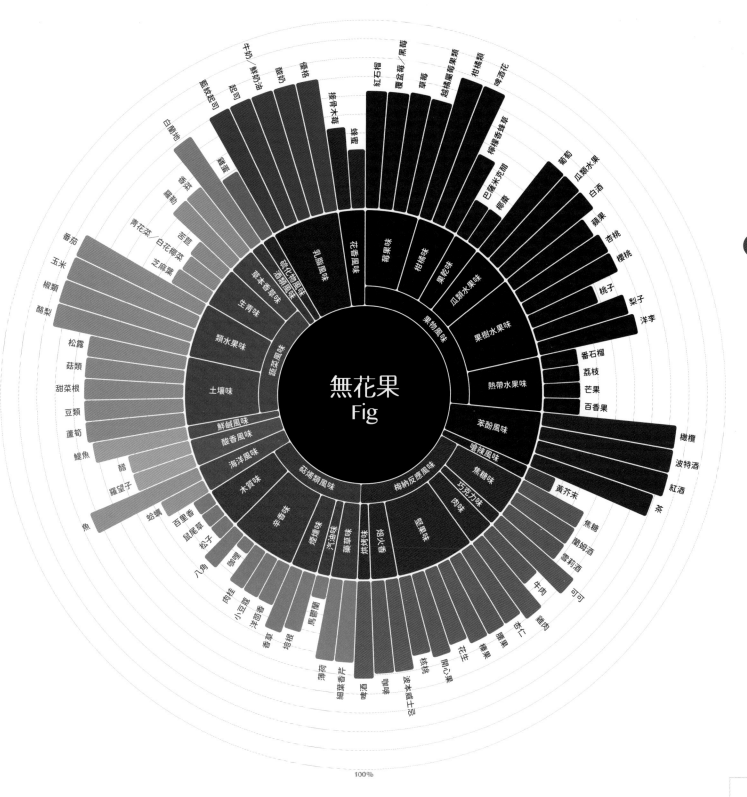

無花果
Fig

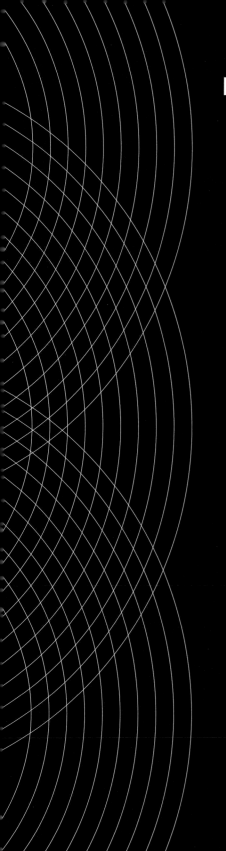

無花果橄欖核桃調味醬
Fig, Olive, and Walnut Relish

這道調味醬很適合起司與熟食冷肉盤，配上烤雞或烤魚也很
美味，或者酪梨抹醬土司，甚至是很簡單的烤白花椰菜牛排，
加上它都好吃。

½ 杯尼斯橄欖（niçoise olives），切半、去籽
1 顆檸檬的細皮絲與檸檬汁
½ 小匙新鮮百里香葉
1 撮糖
2 大匙特級冷壓橄欖油
¼ 杯烘烤過切碎核桃
1 杯新鮮美國黑無花果（Black Mission）或者棕色土耳其
　　無花果（Brown Turkey）
猶太鹽與現磨黑胡椒

將橄欖、檸檬皮絲、檸檬汁、百里香、糖與橄欖油
放到碗裡，仔細攪拌。再加入核桃與無花果，溫和
地拌勻，再以鹽與胡椒調味，即可使用，也可以放
到玻璃罐或塑膠保鮮盒，密封冷藏，可以保存 10 天。

完成品爲 1¾ 杯

最佳配對：

　　檸檬、柳橙、椰子、瓜類水果、烤堅果、
　　麵包丁、橄欖、酸豆、鮮奶油

驚喜配對：

　　瓜類水果、花生、咖啡

可替換食材：

　　不同種類的魚可彼此替換

就像甲殼類，魚類的風味主要是氮類化合物與硫化合物，而不同魚種有著同樣的隱藏風味，因此可以依循同樣的規則與其他食材配對，這兩點也跟甲殼類很類似。以料理來說，用幾個簡單的方式來區分魚類是蠻有幫助的。首先，魚不是來自淡水就是海水。在海水生活的魚類，會產生更多的甘胺酸（glycine）與麩胺酸鹽（glutamate，也就是呈現鮮味的胺基酸），好抵消環境中的鹽分。因此，一般來說，比起淡水魚親戚，海水魚的口感會比較豐富飽滿。第二，魚可以從油脂多寡來分類。魚的風味大多來自魚肉中所含的天然油脂。低脂魚嘗起來味道較溫和，而較肥美的魚則風味較強烈、比較有魚味。新鮮度對高脂魚來說很重要，因為天然油脂（脂肪酸）很容易分解發餿，讓魚失去原有的風味。最後，魚可以用活動力高低來分類。就像許多動物一樣，越有活動力的魚，越會使用肌肉，就更擁有強烈的風味。活動力高的魚如鬼頭刀、鮭魚、鯖魚、海鱺與鮪魚，比起低活動力的魚如黑線鱈、明太鱈與鱈魚，前者的風味較強。而鱸魚、真鯛、石斑魚與馬頭魚則是屬於中度活動力的魚類。

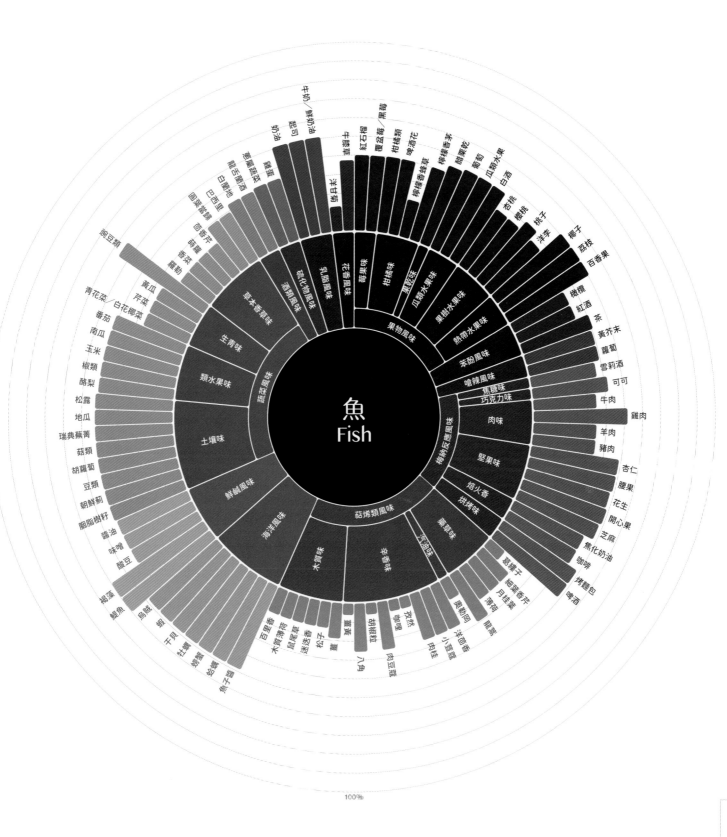

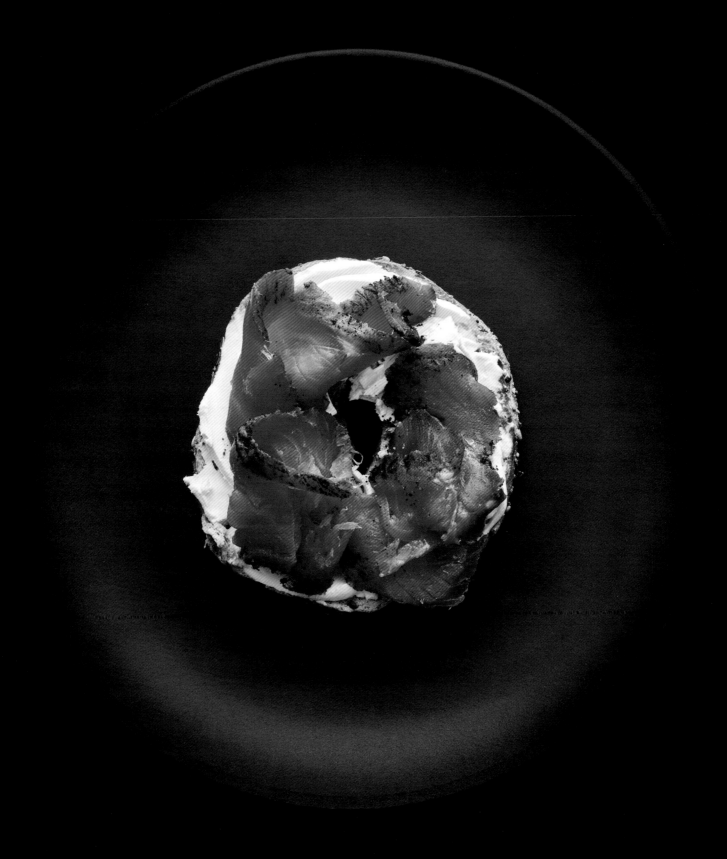

咖啡醃漬鮭魚
Coffee-Cured Salmon

用這道手工醃漬魚可以做出最厲害的週末早午餐：醃鮭魚貝果。畢竟，誰不想用咖啡來配早上最愛的魚類呢？你可以把這道醃鮭魚搭配起司乳酪做成夾餡貝果；也可以搭配薄荷、橄欖、紅石榴籽與烤芝麻，做成開胃菜。

約 3 大匙研磨咖啡粉
454 克去皮鮭魚排
1 杯猶太鹽
½ 杯糖
1 顆檸檬的細皮絲
橄欖油

先將鮭魚排兩面按壓沾取大量的咖啡粉，靜置一旁，開始準備其他的醃料。

將鹽、糖與檸檬皮絲放到小碗裡，混合均勻。在工作檯上鋪上約 45 公分長的保鮮膜，將剛剛的混合醃料倒在保鮮膜中央，堆成小山，然後用手壓成長方形，稍微比鮭魚排大一點。將鮭魚排放到醃料上，多出來的醃料則放在鮭魚排上。將保鮮膜包緊鮭魚排，然後放在淺烤盤裡，置於冰箱 8 到 12 小時冷藏乾燥。

將魚排從保鮮膜拿出來，用冷水快速洗去醃料，用廚房紙巾拍去水分。準備一個烤盤或盤子，上面放置涼架，將魚排放在置涼架上，不需包覆，直接放冰箱 8 到 12 小時冷藏乾燥。然後用保鮮膜或保鮮袋包緊鮭魚排，暫時保存待用。

準備上桌前，將鮭魚排切成 0.5 公分的鮭魚片，然後稍微在鮭魚片上刷過橄欖油，再放在兩片保鮮膜之間，輕輕敲成 0.3 公分的薄片，即可使用。如有剩餘的鮭魚片，用保鮮膜好好包緊，放在冰箱可以保存 2 週。

完成品為 8 人份

在過去，為了打獵比賽或營養補給而狩獵的動物，被歸類為「野味」，而如今這些動物都已經像其他牲口一樣被固定馴養了。鹿肉、麋鹿肉與山豬肉產生的風味，會因為牠們生活的野地環境差異而有所不同。而在農場飼養長大的，風味則比較溫和與一致。現在流行將不同的野生食用肉動物馴養在一起，則讓這些肉類嘗起來更相似。鹿肉擁有深紅色色澤，油脂很少，有著強烈的肉味，相對來說，是野味中較為溫和的肉類。麋鹿雖然與鹿是不同的品種，但麋鹿肉嘗起來與鹿肉很相似。山豬肉通常色澤比較紅，肉質也低脂，風味也比豬肉來得強烈，同時也擁有較高成分的必需胺基酸。被圈養的野豬比起牠的家豬親戚，成長比較緩慢，也比較不長肉；然而，大家普遍認為野豬肉的營養價值較高。另外，造成野味肉類帶有那股特殊風味的化合物，其實本身不特別讓人有食慾；當把這些化合物分離出來單獨觀察時，它們有著刺鼻、像排泄物及溶劑的氣味。不過，一旦這些化合物與肉味及油脂味結合時，如牛肉與羊肉的經典風味，整體香氣就會變得誘人，成為受歡迎的野味滋味。

主要種類：
　　鹿肉、麋鹿肉、山豬肉

最佳配對：
　　菇類、歐洲防風草、冬南瓜、波本威士忌、咖啡、迷迭香、杜松子、紅酒

驚喜配對：
　　尤加利葉、香菜、椰子、鳳梨

可替換食材：
　　任何野味肉類都可彼此替換；
　　另外：羊肉、牛肉

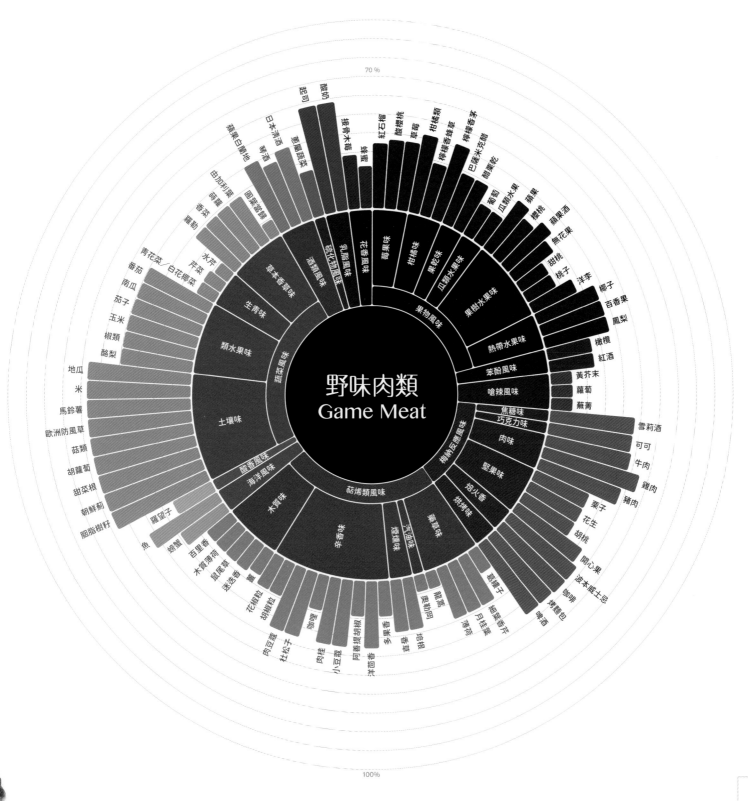

野味肉類
Game Meat

野味醃肉香料
Game Meat Seasoning

這道醃料裡畫龍點睛的柑橘味與辣味，完美調和了鹿肉、麋鹿肉與山豬肉等野味。
只需要在烹調前，預先將醃料充分地抹在你準備的野味肉類上。拿這醃料來搭配多
肉魚，像是鮪魚或旗魚，也非常可口。

2 大匙黑胡椒粒
2 大匙杜松子
1 大匙香菜籽
1 大匙乾燥迷迭香
2 小匙乾燥柑橘皮絲
3 大匙猶太鹽
1 大匙糖

將胡椒粒、杜松子、香菜籽、迷迭香、柑橘皮絲放
進研缽，用杵敲碎材料，但不需研磨到粉狀。或者
使用香料研磨機也可以。將香料混合物放到小碗，
再拌入鹽與糖。完成的香料醃料用密封容器裝起來，
放在陰涼的地方，可保存 3 週。

完成品約爲 ½ 杯

薑屬於薑科植物，其他同科的嗆辣植物還有薑黃、小豆蔻與南薑。既然屬於同科，彼此就會比較相配，所以這些材料常常會一起出現在同一道料理中。薑的結瘤根有著嗆辣風味，並帶有木質或松木香氣以及辛辣味。讓生薑帶有辣味的化合物為薑醇（gingerol），與辣椒裡濃郁的化合物辣椒素，屬於同一類化合物。加熱烹煮會讓薑醇轉化成薑酮（zingerone），這是一種較不辛辣的化合物，帶有強烈的松木香氣。

最佳配對：
蔥屬蔬菜、柑橘類、松子、奧勒岡、胡椒粒、羅勒、香菜、巴西里

驚喜配對：
孜然、開心果、南瓜

可替換食材：
檸檬香茅、迷迭香、南薑、花椒粒

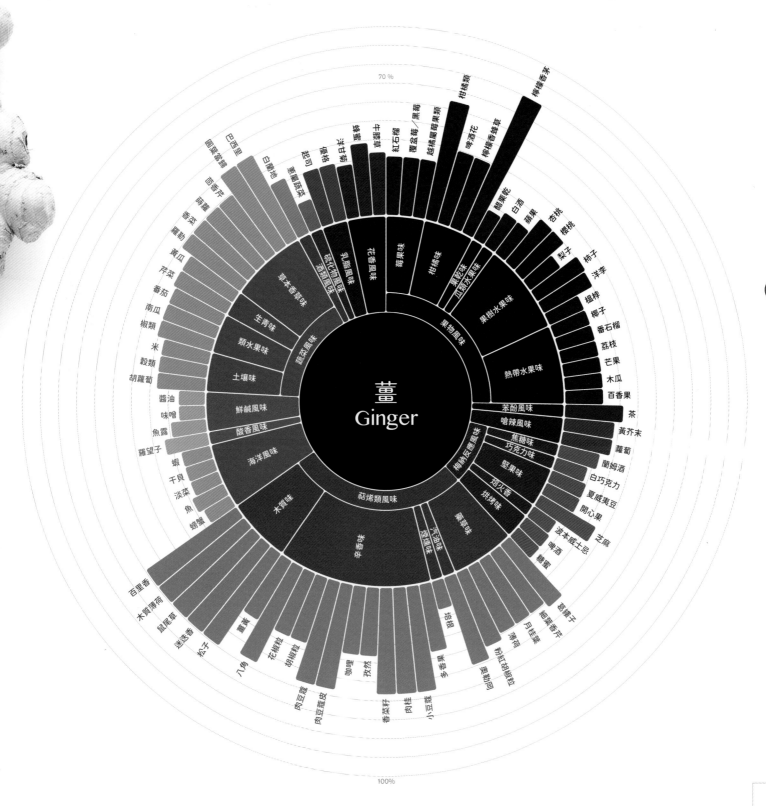

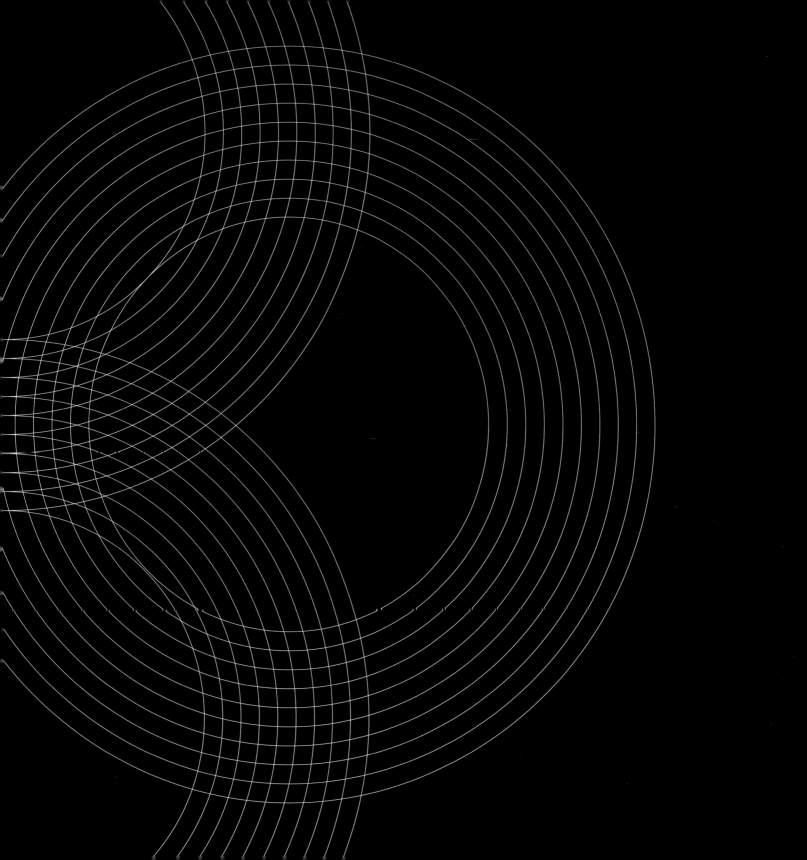

開心果伏特加風味薑汁驢子
Ginger Mule with Pistachio Vodka

薑與開心果的配對組合意外令人驚喜。開心果的樹脂風味與薑的松木風味，迸出不可思議的效果。這份酒譜所使用的是自製開心果伏特加，很容易製作，只需等待一段時間讓它入味即可，而你會知道等待是值得的。

6 片新鮮薄荷葉
¼ 杯薑味糖漿（做法請見右列）
¼ 杯新鮮萊姆汁
¾ 杯開心果伏特加（做法請見右列）
大約 ½ 杯薑汁啤酒

將薄荷葉、薑味糖漿與萊姆汁放到調酒雪克杯裡，用搗棒擠壓薄荷葉。加入伏特加，並裝滿冰塊，蓋上蓋子後搖晃到杯體冷卻，再濾到裝有 3、4 個大冰塊的威士忌杯裡，最後在上方倒入一些薑汁啤酒就完成了。

薑味糖漿
GINGER SYRUP

約 10 公分長的新鮮薑塊，去皮，切薄片（大約 ½ 杯）
2 杯水
1 杯糖

將所有材料放進中型煎鍋，以中火加熱至沸騰。將火調小，保持小滾，繼續煮 5 分鐘，偶爾攪拌一下，等到糖完全溶解時，離火，蓋上蓋子，放涼至室溫。然後將糖水過濾到乾淨的玻璃杯或玻璃罐，密封冷藏，可保存 4 週。

完成品為 2 杯

開心果伏特加
PISTACHIO VODKA

2 杯切碎、烤過的開心果
3 杯伏特加

將開心果碎粒與伏特加放在玻璃罐或玻璃瓶裡。蓋上蓋子密封後，用力搖晃 30 秒。然後存放在涼爽陰暗的地方 1 週，每天都用力搖晃一次。

1 週後，將開心果粒濾掉，伏特加裝到乾淨玻璃罐，放在涼爽陰暗處可保存 3 個月。

完成品為 3 杯

完成品為 4 杯

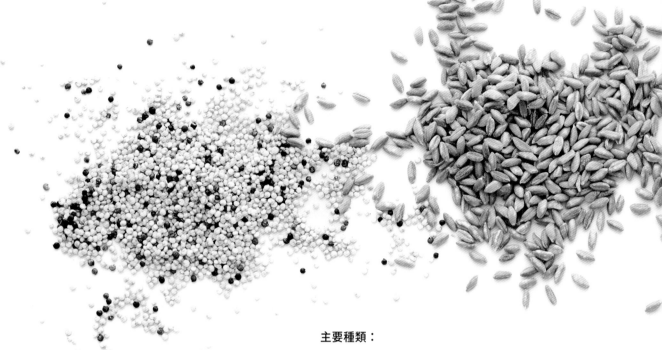

主要種類：

　　小麥、大麥、燕麥、法羅麥（farro）、藜
　　麥

最佳配對：

　　蜂蜜、柑橘類、烤肉、奶油、起司、海鮮、
　　烤堅果

驚喜配對：

　　椰子、百香果、蛤蠣

可替換食材：

　　不同穀類可彼此替換；
　　另外：扁豆、乾豌豆仁、乾雜豆

穀類是指可食用草屬植物的種籽，人類栽種穀類當
作食物來源已經近 9,000 年。穀類由三個部分組成：
麩皮，即可食用的種子外皮；胚乳，即儲藏澱粉的
穀類主體；胚芽，就像雞蛋裡的蛋黃，是種子的胚
胎，內含豐富的油脂與營養成分。創造穀類風味的
芳香味化合物，主要來自麩皮與胚芽，這就是為什
麼精緻過的穀類製品，像是白麵粉，幾乎沒有風味，
除非經過烹煮，產生梅納反應。麩皮裡的化合物經
過加熱，會產生焙火香與烘烤味（香氣像是堅果與
可可），而胚芽則會出現油脂香氣，聞起來還會有
點魚味。（技術上來說，稻米也是一種穀類，但因
為稻米帶有獨一無二的香氣特質，讓它與其他穀類
有所不同。關於稻米的風味模組，請見本書第 210
頁。）

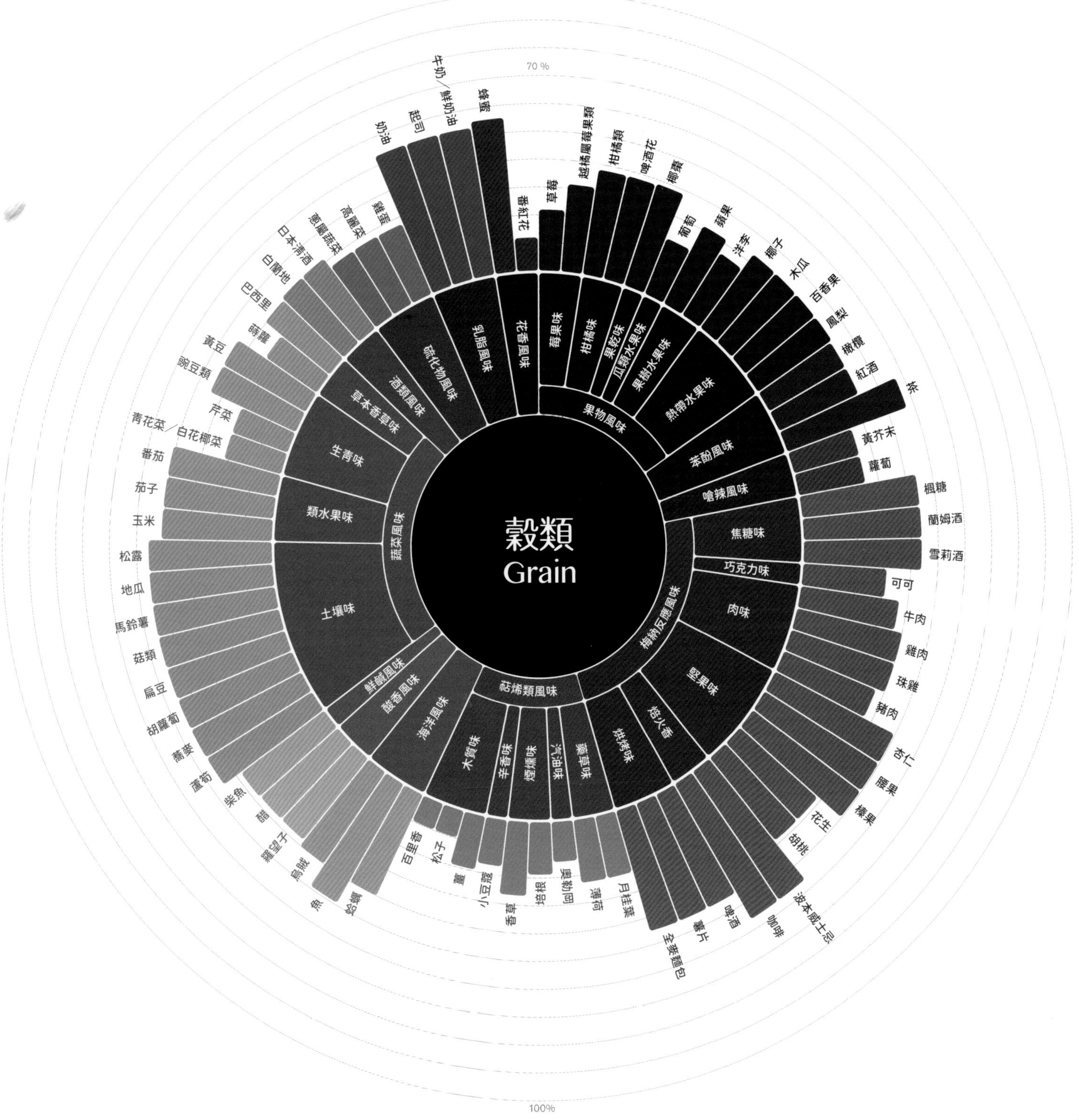

70 %

100%

**穀類
Grain**

莓果味　柑橘味　果乾味　瓜類水果味　果核水果味　熱帶水果味

果物風味

苯酚風味

嗆辣風味

焦糖味

巧克力味

肉味

堅果味

梅納反應風味

萜烯類風味

海洋風味

酸香風味

鮮味風味

土壤味

蔬菜風味

類水果味

生青味

草本香草風味

酒類風味

花香風味

硫化物風味

乳間風味

牛奶　起司　奶油/奶精　蛋類　草莓紅花　草莓　越橘蔓莓果類　柑橘類　啤酒花　柳橙　葡萄　蘋果　洋李　椰子　木瓜　百香果　鳳梨　橄欖　紅酒　茶　黃芥末　蘿蔔　楓糖　蘭姆酒　雪莉酒　可可　牛肉　雞肉　珠雞　豬肉　杏仁　腰果　榛果　胡桃　花生　波本威士忌　咖啡　啤酒

雞蛋　高麗菜　蔥屬蔬菜　日本清酒　白蘭地　巴西里　荷蘭　黃豆　豌豆類　芹菜　青花菜/白花椰菜　番茄　茄子　玉米　松露　地瓜　馬鈴薯　菇類　扁豆　胡蘿蔔　藜麥　蘆筍　柴魚　羅望子　烏賊　魚　蛤蠣　百里香　松子　薑　小豆蔻　香草　培根

辣味鮮蝦椰奶燕麥粥
Creamy Coconut Oats with Shrimp and Jalapeños

椰子與燕麥聽起來像是早餐桌上的最佳組合，做成甜點也很適合，但我們覺得，可以大膽嘗試將這組配對做成鹹味料理。於是，滑順的燕麥粥有了墨西哥辣椒的驚喜辣味，再配上蝦子與烤過的芝麻，簡直就是美國南方經典料理「鮮蝦玉米粥」的 21 世紀創意版本。這道料理的風味完全由穀類的天然香氣堆疊而成。

2 大匙無鹽奶油

4 根青蔥（含蔥白），切細

2 瓣蒜瓣，切碎

1 小匙切碎的墨西哥辣椒

1 杯燕麥

2 杯無糖椰奶，或是 1 罐 400 毫升椰奶兌 ⅓ 杯水

16 尾中型蝦，去皮、去腸泥，烤熟或煎熟

新鮮全株香菜（裝飾用）

烤芝麻（裝飾用）

用煎鍋以中火將奶油融化，再加進蔥、大蒜與辣椒，炒到變軟且充滿香氣，大約需 3 分鐘。再加進燕麥與椰奶，煮到小滾。保持小火沸騰，直到燕麥粥變軟且滑順，中途不時攪拌，大約需 15 分鐘。如果燕麥粥變得太稠，可以加水，再煮到喜歡的濃稠度。

將燕麥粥分到四個淺盤，放上蝦子。最後用香菜與芝麻裝飾，即可上桌。

完成品爲 4 人份

最佳配對：

　　芝麻葉／水芹、核桃、黃芥末、醋、蜂蜜、
　　硬核水果、香菜、花椒粒

驚喜配對：

　　南瓜、椒類、甜菜根

可替換食材：

　　瓜類水果、無花果、鵝莓、草莓

儘管有許多葡萄品種都是拿來作爲葡萄酒原料，或者曬乾做成葡萄乾，還是有很多葡萄被運往商店或市場，做爲水果或者烹煮成餐桌上的佳餚。這一類的葡萄被培育成特定的大小、形狀或顏色，儘管品種不同，但都共享特定的風味。讓葡萄吃起來充滿葡萄風味的化合物是己醇（hexanol），它同時也是紅石榴與某些綠色蔬菜，如四季豆與萵苣的主要風味化合物。葡萄風味中的其他香氣還有莓果味與柑橘味。葡萄與酸味特別合拍，像是帶有柑橘味的香料（如香菜與花椒），它與類水果的蔬菜也很對味（如甜椒、南瓜、番茄）。

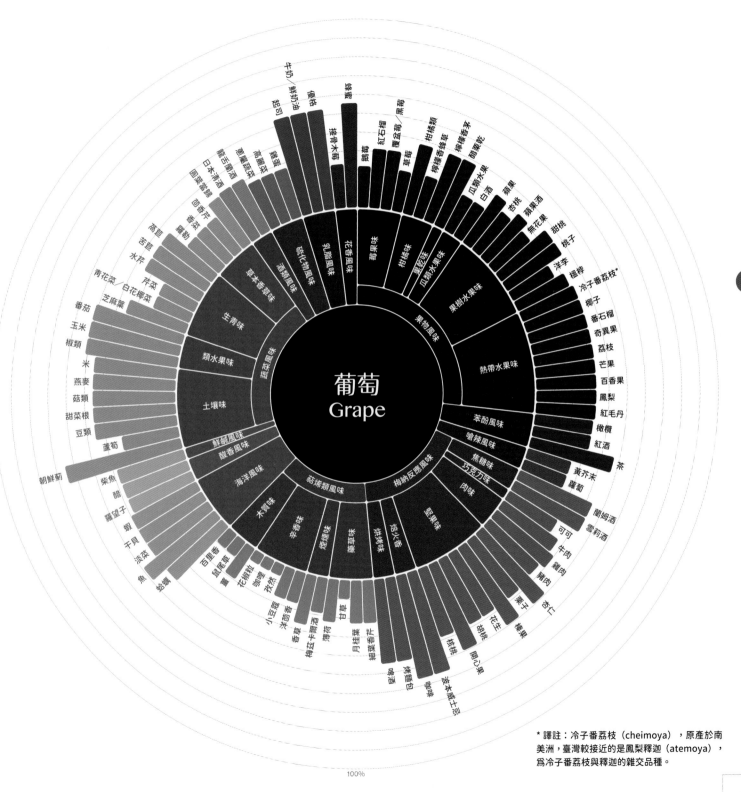

* 譯註：冷子番荔枝（cheimoya），原產於南美洲，臺灣較接近的是鳳梨釋迦（atemoya），為冷子番荔枝與釋迦的雜交品種。

香料烤葡萄
Spice-Roasted Grapes

這份食譜裡的香草類植物與香料大大提升了葡萄裡較隱藏的風味（柑橘味與木質味），而醋則降低了葡萄的水果糖分，讓它稍微帶著鹹味。這道香料烤葡萄可搭配許多料理一起享用，如煎魚、起司盤、沙拉、烤蔬菜（比如南瓜、甜菜根或白花椰菜），或者烤肉。

2 大匙特級冷壓橄欖油
1 顆紅蔥頭，切細絲
1 小匙洋茴香
1 小匙香菜籽
3 顆小豆蔻
1 根乾辣椒（阿勒波辣椒或泰國辣椒）或 ½ 小匙紅辣椒片
6 至 8 根新鮮百里香
3 杯紅葡萄或綠葡萄，切對半
猶太鹽、現磨黑胡椒或者花椒粉
¼ 杯紅酒醋或白酒醋

先將烤箱以 220°C預熱。

準備一支可以進烤箱的煎鍋，以中火加熱橄欖油。油熱時，加入紅蔥頭炒 1 分鐘，直到軟化。接下來加入洋茴香、香菜籽、小豆蔻、辣椒與百里香，再炒 30 秒，直到冒出香氣。加入葡萄，用鹽與胡椒仔細調味並翻炒後，整鍋放入烤箱烤 5 分鐘。

從烤箱拿出來後，放回爐子上，以中火加熱。再倒進醋，煮到汁液稍微收乾有如糖漿一般。最後仔細翻動拌勻，趁溫熱上桌。

完成品爲 3 杯

四季豆的品種超過 130 個，與它的英文「green beans」（直譯為「綠色的豆子」）相反，這些品種有著黃色、紫色、紅色與雜色等不同顏色。（烹煮時，紅色與紫色四季豆會轉變成較深的綠色）。四季豆依照生長方式可分為兩種：矮生性四季豆的植株較矮，較接近地面；蔓性四季豆則能長得較高，具攀附性，需要棚架或其他可支撐物。一個品種的四季豆可能擁有上述兩種生長方式。四季豆展現了典型的蔬菜味／生青味，來源是己醇（alcohol hexanol），同時它也擁有較淡的水果風味，來自與醛（aldehyde）相近的化合物——己醛（hexanal）。

最佳配對：

　　茴香芹、菇類、烤堅果、蔥屬蔬菜、葡萄酒、起司、奶油

驚喜配對：

　　香草、鳳梨、茶

可替換食材：

　　青豌豆仁、毛豆、蠶豆、蘆筍、仙人掌

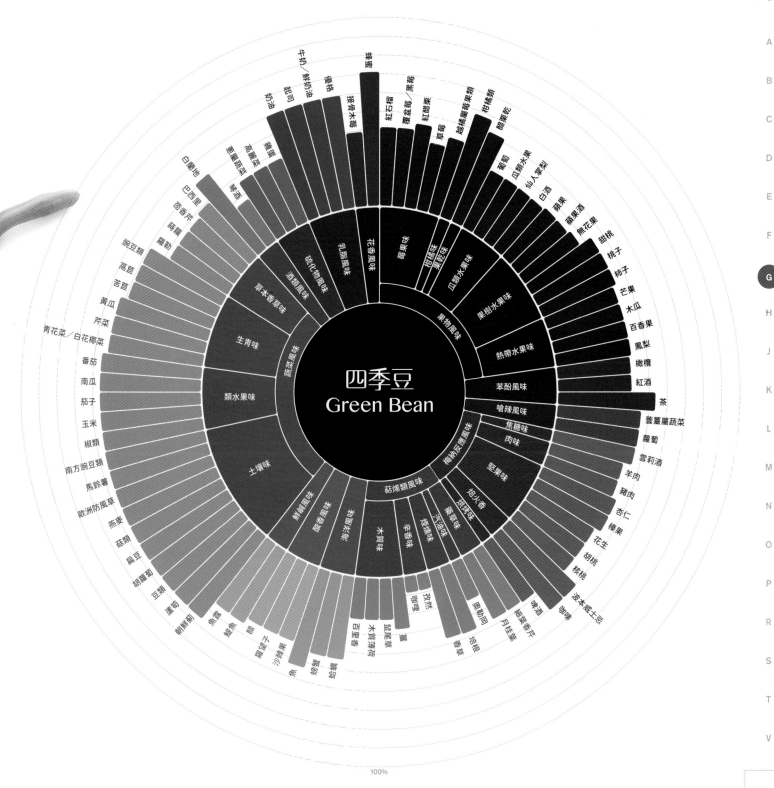

四季豆
Green Bean

100%

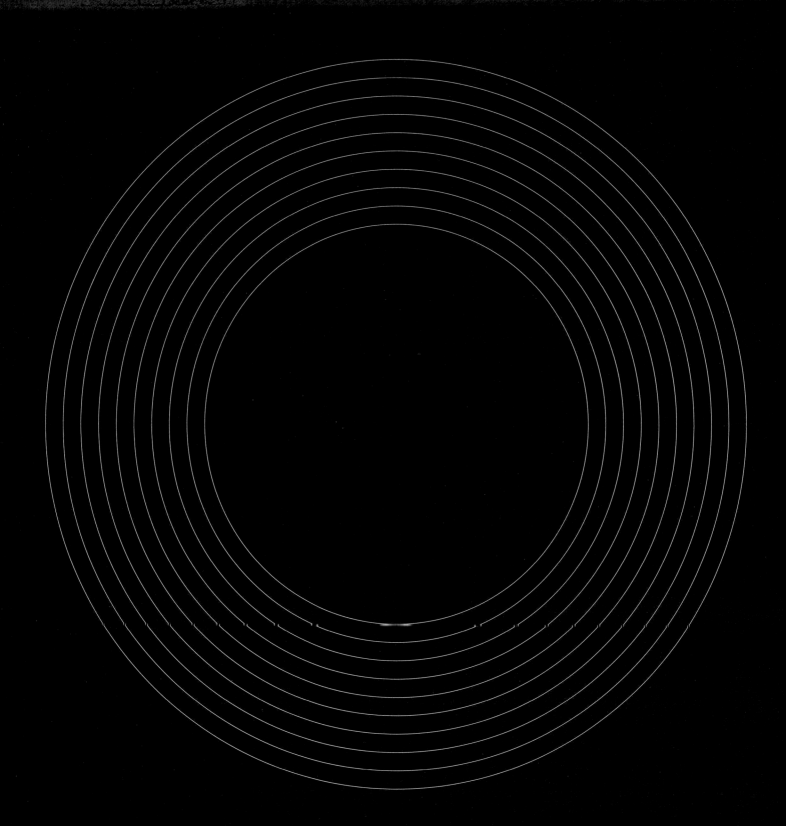

四季豆堅果脆粒
Crunchy Green Bean "Granola"

可以與四季豆配對的食材中，香草是很美味的選擇。威尼斯流傳的古老配方中，就有結合四季豆、番茄與香草的做法。在這份食譜裡，四季豆不僅提供甜味，它的口感也讓糖裹堅果更加酥脆，加進鹹食料理或甜點中，都非常適合。如果想要凸顯四季豆與香草這個配對特色，可以將這道四季豆酥脆堅果粒用來點綴南瓜泥或南瓜湯。

2 公升的水
2 大匙猶太鹽
1 大匙糖
454 公克的四季豆，切去頭尾
植物油或防沾料理噴霧油
2 大匙無鹽奶油
1 杯去皮榛果
¼ 杯原味椰子絲
2 大匙白芝麻
¼ 杯蜂蜜
1 小匙純香草萃取液

預熱烤箱，溫度設定在你烤箱的最低溫，大約是介於 65°C 到 95°C 度之間，或者使用食物乾燥機，溫度爲 55°C。

用一個中型煎鍋，將水、鹽與糖煮到滾，然後加進四季豆，煮約 1 分鐘，直到四季豆稍微變軟，瀝乾，並甩掉多餘水分。將四季豆分開平鋪在烤盤或者乾燥機托盤上，乾燥置涼。

將四季豆刷上或噴上薄薄一層油，然後放進烤箱或乾燥機，如用 95°C，大約需要 3 小時，如是 65°C 是 6 小時，55°C 則需 10 小時。

當四季豆完全乾燥後，稍微粗切，然後用密封保鮮盒裝起來備用。

將烤箱以 120°C 預熱。準備一個有框烤盤，鋪上烘焙紙，然後刷上或噴上一層油。

用小鍋將奶油以中火融化。放進榛果、椰絲與芝麻，均勻攪拌，當每一樣食材都裹上奶油並發出香味時，拌進蜂蜜。繼續煮到蜂蜜開始小小沸騰，然後再煮 1 分鐘就可關火。此時拌入香草萃取液，然後快速倒到預先準備的烤盤上，用矽膠攪拌匙將它壓平成薄片。放進烤箱烤 30 分鐘，直到金黃酥脆。

從烤箱拿出來徹底置涼後，大致粗切一下，再拌入乾燥四季豆，就可上桌。如放在密封保鮮盒，於室溫中可存放 3 週。

完成品爲 2 杯

不管是帶有香料風味的三葉草蜂蜜，或者是柑橘風味的橙花蜂蜜，蜂蜜有著豐富多樣的風味，取決於花蜜的採集來源。許多大量生產販售的蜂蜜都透過混合不同花源蜂蜜而製成。儘管蜂蜜各有風味，但總的來說他們都擁有共同特色。舉例來說，每種蜂蜜都帶有梅納反應風味，是從呋喃酮（furanones）這種化合物而來，具有強烈的抗菌特性。在所有的蜂蜜風味中，花香與蔬菜味的蜂蜜具有比較持久的香氣。蜂蜜是一種百搭的甜味劑，幾乎所有食材都能與它搭配在一起，不過，就像是其他食物一樣，還是會有某些食材跟蜂蜜特別對味。

最佳配對：
　　柑橘類、果乾、葡萄酒、黃芥末、茶、萵苣／綠色蔬菜、醋、酒類

驚喜配對：
　　橄欖、鼠尾草、椒類

可替換食材：
　　楓糖、糖蜜、庶糖漿、淺糖蜜

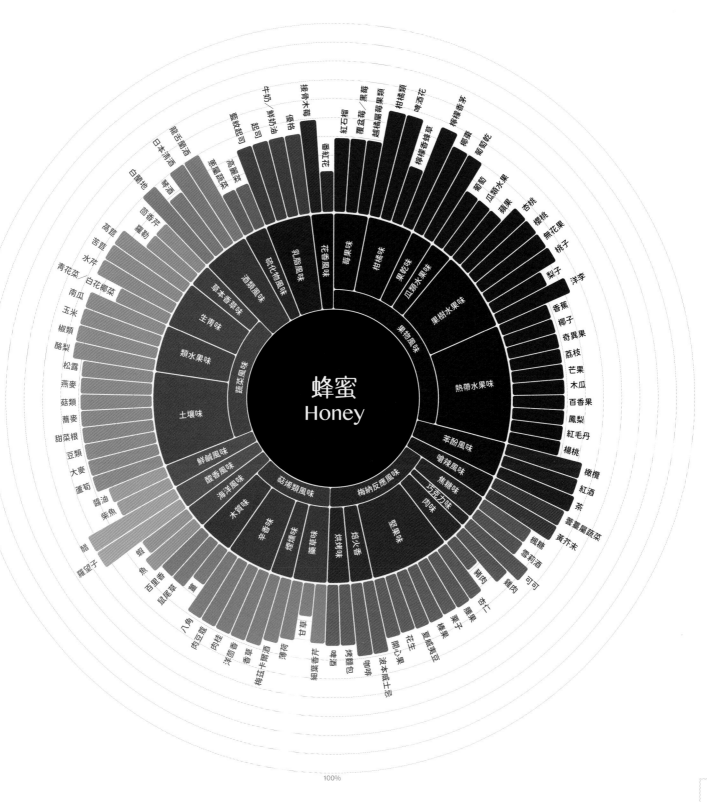

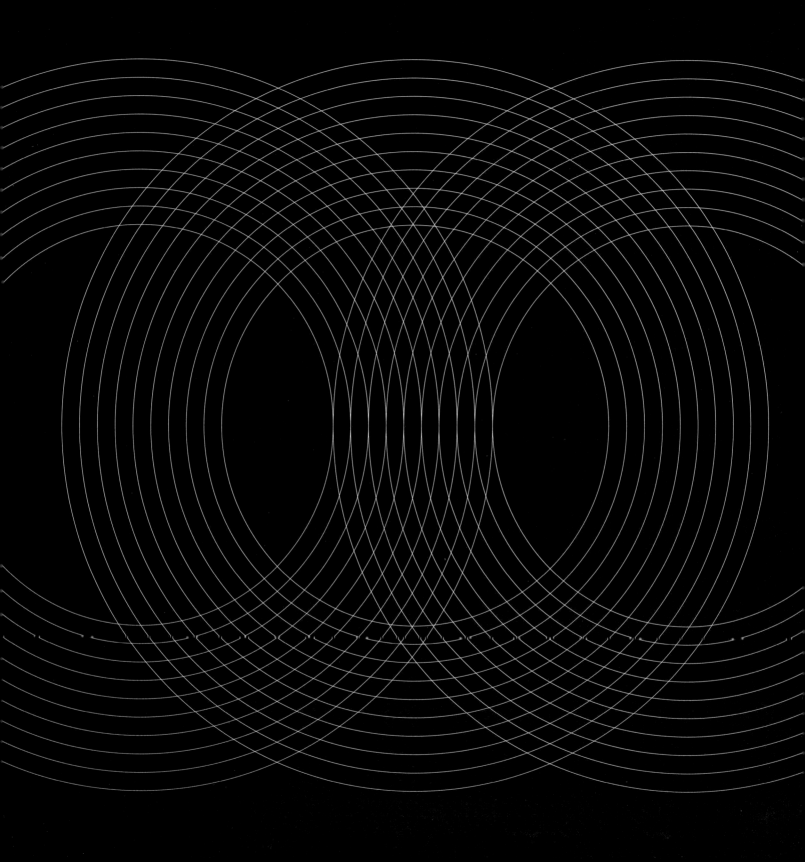

辣味蜂蜜糖漿
Spicy Honey Syrup

蜂蜜與酒非常投緣，因此蜂蜜很適合拿來作爲雞尾酒的甜味劑，並增加風味。這款辣味蜂蜜糖漿加在龍舌蘭酒、琴酒與伏特加酒裡，特別好喝。如果是非酒性性飲料，可把這款糖漿加在檸檬汁裡。

1 杯蜂蜜

1 杯水

1 根墨西哥辣椒或聖納羅辣椒（serrano），或者任何一種
　　辣椒，切細絲

1 顆萊姆的細皮絲

4 根新鮮百里香

1 小匙黑胡椒粒或花椒粒

1 顆八角

將所有的材料都放在小煎鍋裡，加熱到小滾，持續煮 5 分鐘。離火後，整鍋徹底放涼。將糖漿過濾到乾淨的玻璃罐裡，密封冷藏，可保存 1 個月。

完成品爲 2 杯

最佳配對：

　　檸檬、柳橙、菇類、烤肉、蔥屬蔬菜、鮮
　　奶油、奶油

驚喜配對：

　　櫻桃、琴酒、螃蟹、香草、茴香芹、蒔蘿、
　　香菜

可替換食材：

　　甘露子（crosnes）、豆薯、荸薺、馬鈴薯

菊芋（Jerusalem artichokes）又稱為菊薑（sun chokes），是向日葵屬植物充滿澱粉的塊根。菊芋的風味被形容如煮熟後的朝鮮薊（其英文名稱的由來），如今培育的品種擁有較為豐富的風味，帶有堅果味，還有木質味、松木香與烤堅果的氣味。菊芋在料理上的應用很廣泛，經常取代食譜中所需要的馬鈴薯，甚至讓人覺得更有風味。在料理或食用菊芋前，不需要削皮，但需要好好刷洗乾淨，去掉泥沙。如果將生菊芋切成薄片，加進沙拉裡，會增添堅果般爽脆的美味口感。

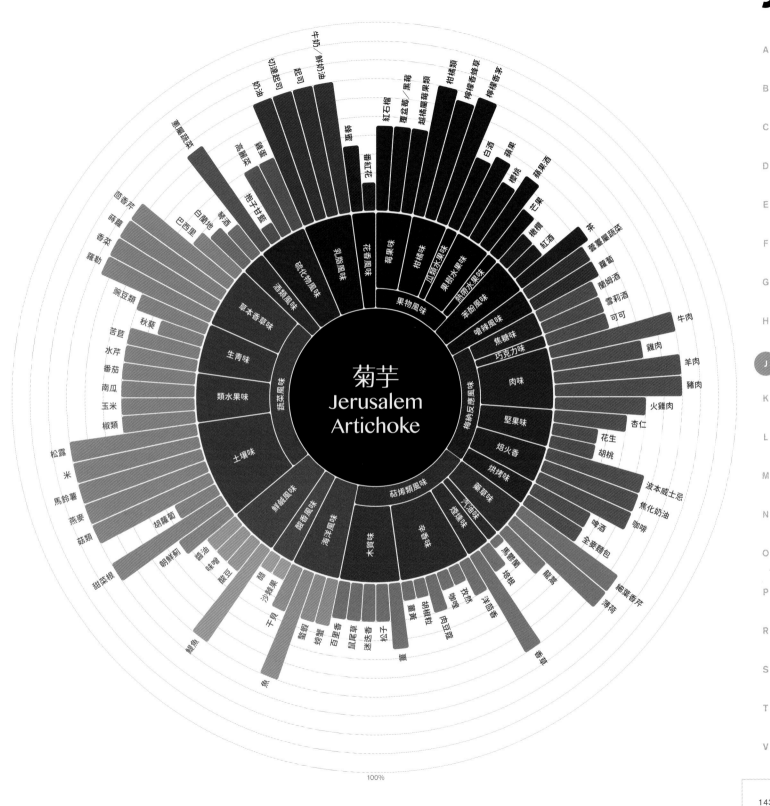

琴酒風味焦化奶油醬
Gin and Brown Butter Emulsion

這道醬汁結合了琴酒的杜松子與植物香氣，以及焦化奶油經梅納反應後產生的豐富滋味，淋在烤菊芋上，是美味的絕佳組合。不過，這種醬汁也很適合其他主餐。讓它成為你餐桌上的常客，不管是配烤肉、烤馬鈴薯、烤魚或其他烤根莖類蔬菜，都會讓人大快朵頤。

227 克（兩小條）無鹽奶油
4 瓣蒜瓣，去皮、壓碎
4 至 6 根新鮮木質香料（如鼠尾草、百里香、迷迭香或奧勒岡）
¼ 杯切末紅蔥頭
½ 杯琴酒
2 大匙高脂鮮奶油
猶太鹽與現磨黑胡椒
新鮮檸檬汁

用小型醬汁鍋以中火將奶油融化，煮到小滾，直到奶油中的固體物質在鍋底沉澱，所有水分都蒸發（此時會停止冒泡），奶油變得澄清。繼續將奶油煮到變成深咖啡色，散發堅果香氣與焙火香。這大概要花上 15 分鐘以上的時間。將鍋子離火，再小心地將大蒜與香料植物放進奶油裡，然後置涼讓它們香氣融合。

舀滿滿一大匙的焦化奶油到小煎鍋裡，加進紅蔥頭，用中火炒到變軟並聞到甜甜的香氣。將煎鍋移到一旁，再加入琴酒，然後小心放回爐上，繼續加熱到沸騰，直到收乾剩一半的程度。將高脂鮮奶油倒到鍋裡攪拌，繼續煮到收乾剩一半，離火。

準備一支細目濾網，在上頭鋪一塊沾濕的棉布，用此將稍早完成的奶油濾到尖嘴的容器，如耐熱玻璃量杯。

將濃縮的琴酒混合液倒進調理機中，以低速轉動機器。慢慢且均速地將濾過的焦化奶油倒進轉動中的調理機。當所有奶油倒完時，醬汁應該已經乳化完成，並且變得濃厚。最後以鹽、黑胡椒與檸檬汁調味，即可使用。

完成品約 1¼ 杯，供 8 人份使用

雖然一提到奇異果，大家會馬上聯想到紐西蘭，但實際上奇異果原產於中國，這也是為什麼在歐洲，奇異果一度被稱為「中國鵝莓」。正如其名，奇異果嚴格來說，是一種莓果。奇異果有著柔軟的綠色或黃色果肉，擁有一股特有的風味，混合著生青味與水果香氣（如蘋果、鳳梨、莓果）。奇異果含有奇異果鹼（actinidin），這是一種天然酵素，可以軟化肉質。任何你想要料理的肉品，都可以將奇異果切開後抹在上面；此時，奇異果果肉裡的奇異果鹼，就馬上開始分解肉裡的結締組織。（這個小技巧最適用於快速醃漬，因為奇異果鹼在 24 小時之後，會把肉變得過於軟爛）

最佳配對：
柳橙、萊姆、越橘屬莓果類、草莓、葡萄酒、白蘭地

驚喜配對：
羅勒、香菜、墨西哥辣椒、蔥屬蔬菜

可替換食材：
蜜香瓜、無花果、葡萄

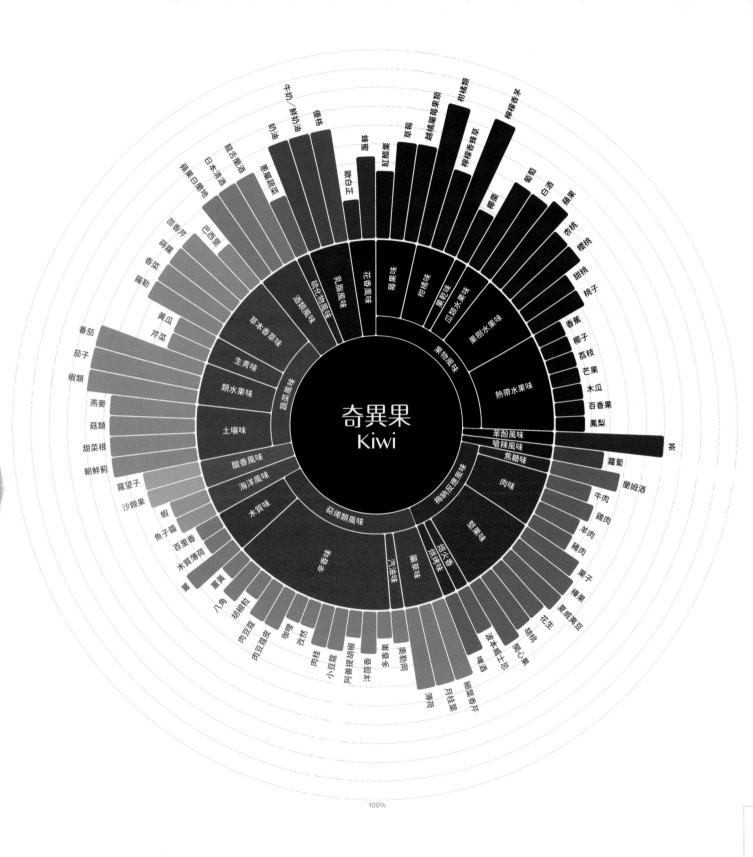

奇異果
Kiwi

牛奶/優格
奶油
焦糖爆米花
早日啤

草莓
越橘屬莓果類
檸檬香蜂草
柑橘類
檸檬香茅

紅醋栗
葡萄
白酒
蘋果
杏桃
櫻桃
甜桃
桃子
香蕉
椰子
荔枝
芒果
木瓜
百香果
鳳梨

龍舌蘭酒
日本清酒
蘋果白蘭地
茴香芹
蒔蘿
羅勒
黃瓜
芹菜
番茄
茄子
椒類
燕麥
菇類
甜菜根
朝鮮薊
羅望子
沙梨果
蝦
魚子醬
百里香
木質薄荷
薑
繁縷
八角
胡椒粒
肉豆蔻
肉豆蔻皮
咖哩
孜然
肉桂
小豆蔻
阿魏提胡椒
洋茴香
多香果
甜茴香芹
月桂葉

芭西里
酒類風味
硫化物風味
花香風味
莓果味
柑橘味
果乾味
瓜類水果味
果樹水果味
熱帶水果味
苯酚風味
嗆辣風味
焦糖味
肉味
梅納反應風味
堅果味
炮火香
烘烤味
藥草味
咖啡
辛香味
萜烯類風味
木質味
海洋風味
酸香風味
土壤味
類水果味
生青味
草本香草味
蔬菜風味

物風味

茶
蘿蔔
蘭姆酒
牛肉
雞肉
羊肉
豬肉
栗子
榛果
夏威夷豆
開心果
花生
胡桃
波本威士忌
咖啡
可可
甜辣椒

100%

黃金奇異果蔓越莓調味醬
SunGold Kiwi and Cranberry Relish

蔓越莓與奇異果的產期幾乎錯開，不過，感謝老天，還是稍微有重疊到。這兩種食材的風味融合在一起非常美味，會創造出非常獨特的、混合著水果、香料與單寧的滋味。香菜與墨西哥辣椒增添了額外的誘人之處，使得整體風味更加完美協調。大多數奇異果是綠肉、外皮多毛的黑沃德（Hayward）品種，而這份食譜用的是黃色、光滑外皮的黃金奇異果栽培種，它的顏色更加襯托出又紅又亮的蔓越莓。這款調味醬適合與任何烤肉搭配。

1 杯糖
2 杯水
1 顆柳橙，用削皮刀削出條狀橙皮
1 塊 5 公分長的薑塊，去皮、切細絲
3 杯新鮮或冷凍蔓越莓
1 杯去皮切丁的黃金奇異果（約 4 顆）
½ 根墨西哥辣椒，切末
1 大匙切末的新鮮香菜
猶太鹽與現磨黑胡椒

把糖、水、橙皮與薑放到小煎鍋，煮到沸騰後，轉小火繼續煮 2 分鐘，直到糖完全融化。加入蔓越莓，煮到裂開，但不到完全碎裂的程度，需約 4 到 5 分鐘。

將蔓越莓濾起來備用，湯汁可以留著做其他用途（比如雞尾酒！）。把薑絲與橙皮挑出來丟棄。

把蔓越莓放到碗裡，冷卻至室溫。降溫完成後，再將奇異果、辣椒與香菜拌進去。用鹽與胡椒調味，即可使用，或將碗密封，冷藏可保存 3 天。

完成品為 2 杯

最佳配對：

烤麵包丁、檸檬、柳橙、黃芥末、草本香草、奶油、茶

驚喜配對：

蝦、草莓、芒果、德國酸菜

可替換食材：

牛肉、野味肉類

羔羊肉與它較年長的親戚，成熟羊肉，是來自於馴化的綿羊肉。羔羊肉是足一歲就宰殺的綿羊肉，而成熟羊肉則是兩歲以上。相較之下，羔羊肉比成熟羊肉來得較柔軟，肉的色澤也比較淡，並且擁有較細緻的風味。兩種羊肉都是紅肉，看起來與牛肉非常相似，只是羊肉擁有一種特殊的風味，來自於綿羊天然生成的支鏈脂肪酸（branched-chain fatty acids）。這種脂肪酸呈現出一種強烈的氣味，通常被形容成汗味、穀倉味、油脂味或酸味，並非人人喜歡。因為這些化合物會隨著動物成長而變得更加濃烈，所以大部分的消費者會偏好羔羊肉多於成熟羊肉。如果你有點害怕羊肉味，以下有個小提醒：由於羊肉風味大多來自脂肪，可挑選瘦肉比例較多的羊肋排，風味會較為溫和。

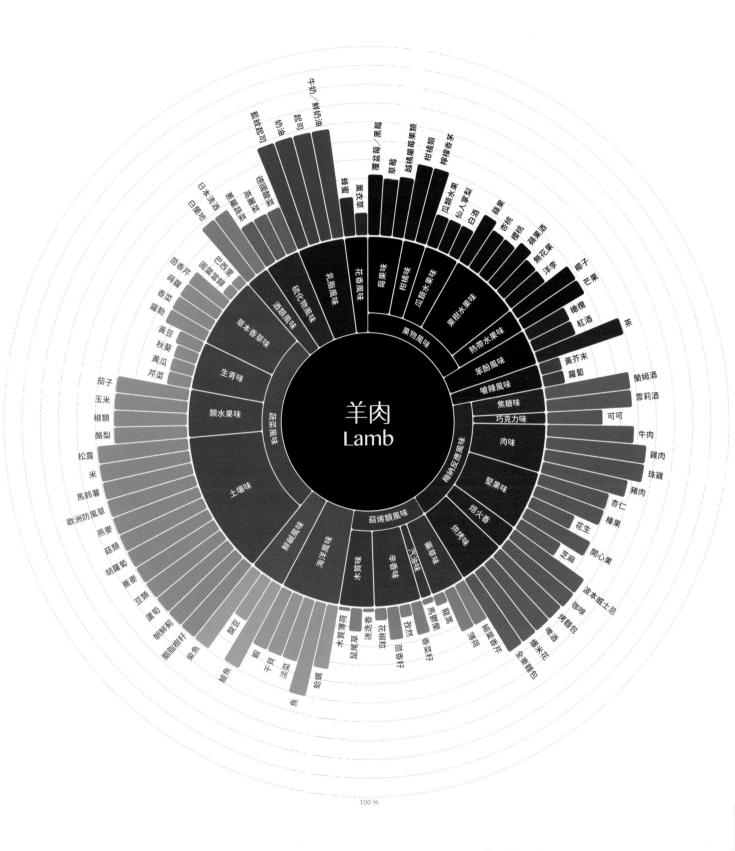

羊肉
Lamb

100 %

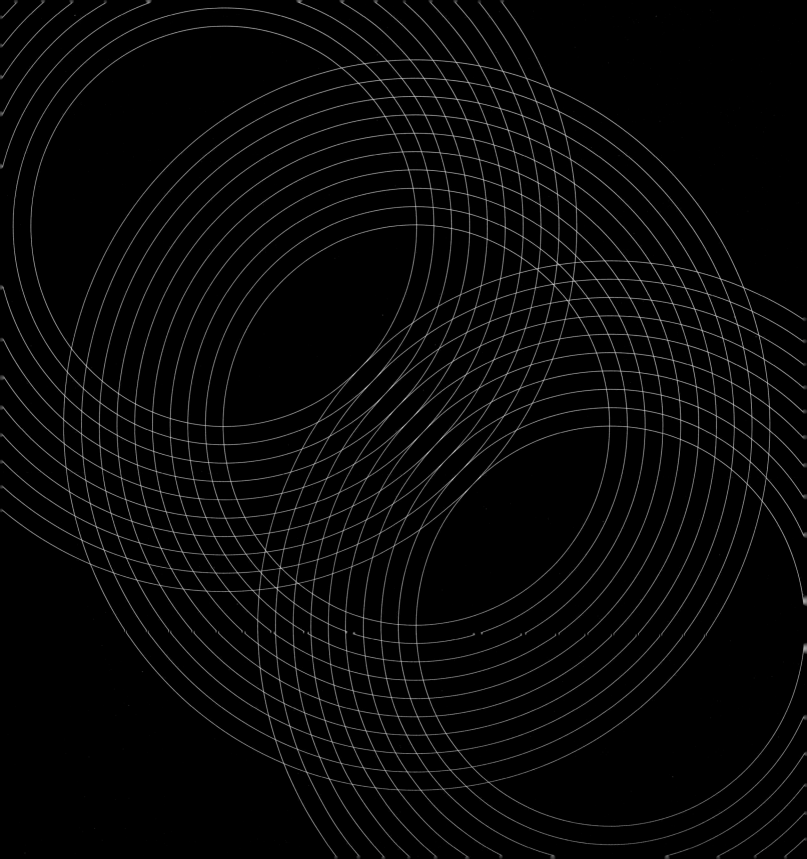

羊肉調味醃料
Lamb Seasoning Rub

羊肉最適合與梅納反應風味與土壤味配對,因此,這份食譜裡的咖啡與蘑菇粉大大加強了這種效果。茴香與薄荷是經典的羊肉搭擋,在此讓整體風味更加完整。在火烤、烘烤或使用舒肥機料理羊肉前,可以先抹上這份調味醃料。

2 大匙研磨咖啡粉
1 小匙茴香籽
1 小匙乾燥洋蔥片
1 顆檸檬的細皮絲
1 大匙乾燥薄荷,打碎
1 小匙蘑菇粉
¼ 杯猶太鹽
2 小匙現磨黑胡椒

將咖啡、茴香籽、洋蔥與檸檬皮絲放到研缽中,用杵混合材料,但不需研磨到粉狀;或者使用香料研磨機混合所有材料。加進薄荷、蘑菇粉、鹽與黑胡椒,攪拌均勻。以玻璃罐或塑膠容器盛裝,密封存放在陰涼處,可保存 1 個月。

完成品約爲 ½ 杯

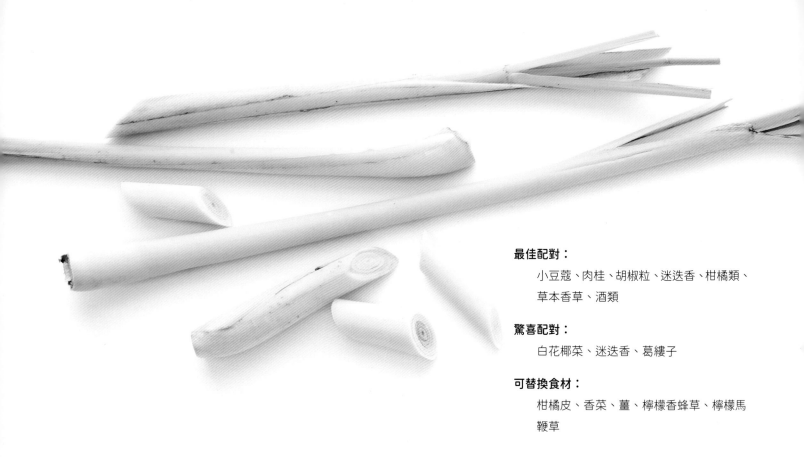

最佳配對：
　　小豆蔻、肉桂、胡椒粒、迷迭香、柑橘類、
　　草本香草、酒類

驚喜配對：
　　白花椰菜、迷迭香、葛縷子

可替換食材：
　　柑橘皮、香菜、薑、檸檬香蜂草、檸檬馬
　　鞭草

檸檬香茅為南亞、印度料理提供一種獨特的風味。
新鮮的檸檬香茅有著一股明亮的檸檬味與水果味，
經常與辣椒、椰子與萊姆搭配使用，這些都與檸檬
香茅的柑橘氣息非常相襯。檸檬香茅所擁有的風味
還有木質香與辛香味。在料理上使用檸檬香茅時，
請記住它所貢獻的是香氣，而不是口感，因為它的
莖很堅韌，而且沒有味道。使用前將檸檬香茅切片
或者切末，可以比較容易煮軟。或者切成長段，用
刀背劃幾道，然後與其他食材一起煮，上桌前再挑
出來丟掉即可。

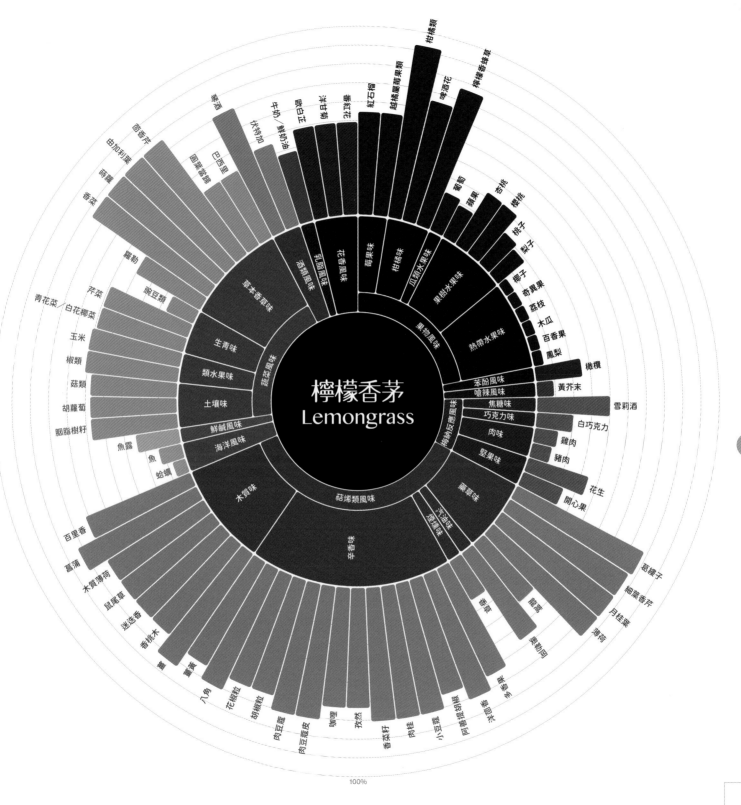

檸檬香茅
Lemongrass

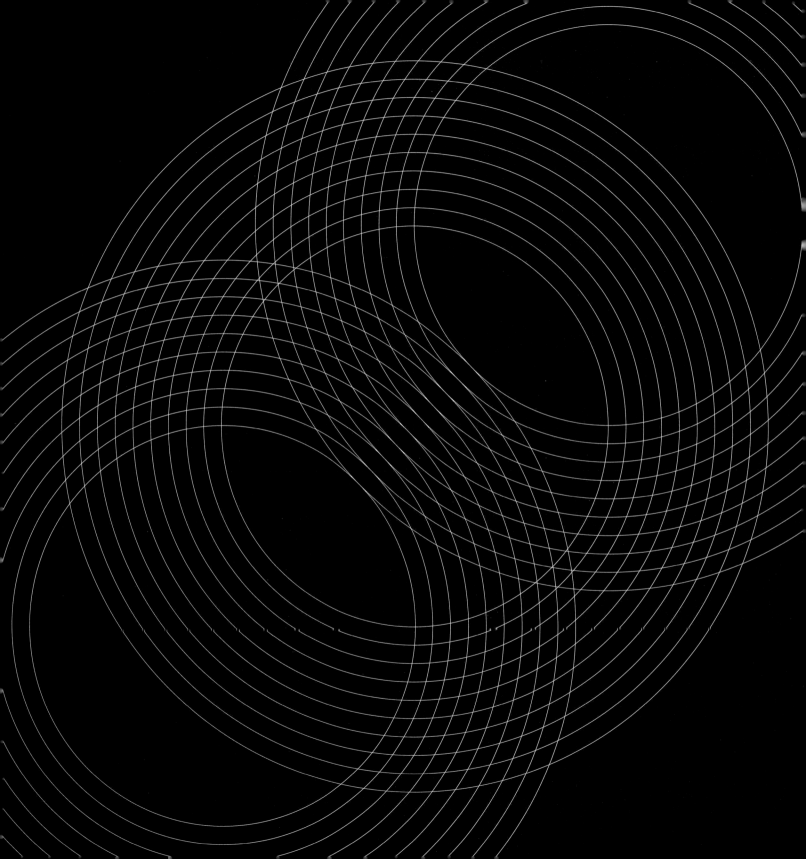

檸檬香茅苦精
Lemongrass Bitters

將檸檬香茅苦精加在雞尾酒裡可口宜人，但你也可以用在烘焙當中：任何使用香草萃取液的食譜，都可以額外添加檸檬香茅苦精，或者直接拿來取代香草。如果用在巧克力甜點或餅乾中，會特別好吃。

1 根檸檬香茅
8 顆小豆蔻
1 根肉桂棒，敲碎
1 大匙香菜籽
4 根新鮮迷迭香
1 杯穀物酒或者高酒精濃度的伏特加

將檸檬香茅的根部尾端切除不用。從根部算起的白色莖部，切下一段約 8 公分的長度，然後斜切成薄片，越薄越好（其餘的檸檬香茅可以保存起來，另作他用）。把檸檬香茅薄片、小豆蔻、肉桂、香菜籽與迷迭香放到罐子裡，加入酒，密封，然後用力上下搖晃 30 秒，再放在陰涼處存放 3 週，每幾天就搖晃一下，幫助味道融合。

3 週後，苦精就完成了，用棉布將苦精濾到乾淨的玻璃罐或瓶子，密封存放於陰涼處。苦精可以永久保存不腐壞。

完成品約爲 1 杯

最早開始種植萵苣作爲食物來源的是古埃及人。儘管萵苣可以增進料理的顏色、口感與份量，但萵苣其實沒有什麼風味。大多數的萵苣僅含有 20 種芳香味化合物（草莓擁有 400 多種）。經過烹煮，萵苣的風味可以被提升，像是烤蘿蔓萵苣，或炒萵苣葉、奶油萵苣。熱會讓萵苣萎黃，這意味著，當你想要增進萵苣的風味時，可能就得犧牲它的口感。

最佳配對：
    越橘屬莓果類、蘋果、菇類、薄荷、白脫牛奶、優格、魚

驚喜配對：
    羅望子、咖啡、茶、大黃

可替換食材：
    黃瓜、綠色蔬菜、水芹、蕓薹屬蔬菜

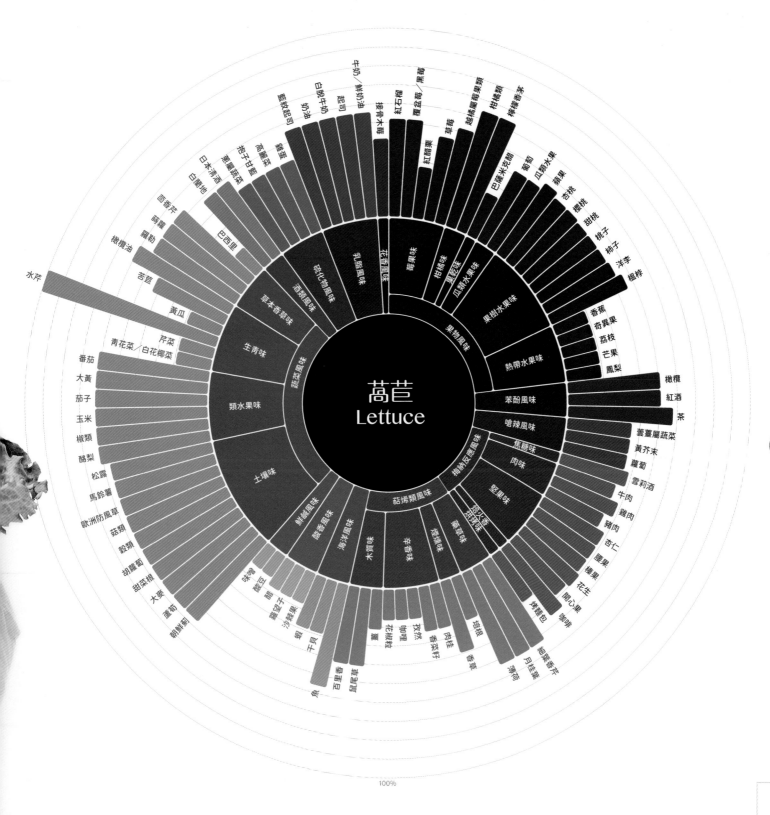

羅望子醬烤楔形萵苣沙拉佐新鮮香草醬
Tamarind-Glazed Wedge Salad with Creamy Herb Dressing

這道藉由稍微烹煮萵苣的做法，大大提升了它的風味——但真正讓這道沙拉味道風味絕倫的是：
在烤萵苣前，先塗上又辣又酸又甜的羅望子醬，以及最後淋上冰冰涼涼的香草沙拉醬。

1 顆結球萵苣，切成 4 等份，或 2 株蘿蔓生菜，對半縱切
猶太鹽
¼ 杯羅望子濃縮液
¼ 米醋
2 大匙黃砂糖
½ 根墨西哥辣椒，切末
2 瓣蒜瓣，切碎
1 大匙薑末
香草沙拉醬（做法見右列）

裝飾食材

脆培根丁
番茄丁
剝碎的藍紋起司或費塔起司

先將烤爐以最高溫預熱。把萵苣放在烤盤上，切面朝上。在每塊萵苣上稍微撒點鹽，放在一邊備用。

接下來準備烤醬。將羅望子濃縮液、醋、糖、辣椒、大蒜與薑，放到食物處理機中打碎，直至滑順。

以廚房紙巾將萵苣表面拍乾，然後好好刷上一層羅望子烤醬。將整盤上了烤醬的萵苣放在烤爐中間的烤架上，烤 1 至 2 分鐘。

將萵苣從烤爐中拿出來，再刷上第二層烤醬，放回

烤爐再考 1 分鐘，直到烤醬變得濃厚且焦黃。

用四個盤子分裝烤好的萵苣，淋上香草沙拉醬，點綴裝飾食材，立即上菜。

香草沙拉醬

1 杯白脫牛奶，或 1 杯全脂牛奶加進 1 小匙蒸餾白醋 *
½ 杯酸奶
1 大匙切末的新鮮蝦夷蔥
1 大匙切末的新鮮羅勒
1 大匙切末的新鮮蒔蘿
1 瓣蒜瓣，切末
1 小匙猶太鹽
1 撮孜然粉
1 顆檸檬搾汁
伍斯特醬（Worcestershire sauce）
塔巴斯科辣椒醬（Tabasco sauce）

將白脫牛奶、酸奶、蝦夷蔥、羅勒、蒔蘿、大蒜、鹽、孜然與檸檬汁放進小碗中，仔細攪拌均勻。依照個人口味，以伍斯特醬與塔拉斯科辣椒醬調味。密封冷藏可保存 10 天。

* 譯註：蒸餾白醋又稱為西式白醋，不同於台灣白醋，蒸餾白醋氣味較淡，透明無色。

完成品約 2 杯

瓜類水果與夏南瓜、冬南瓜、南瓜、櫛瓜、黃瓜都
屬於葫蘆科。人類最常食用的瓜類水果，像是西
瓜、哈密瓜與蜜香瓜，有著各式各樣的品種，大小、
形狀、顏色都有些微差異。瓜類水果以氣味作爲最
明顯的風味來源，一顆熟成的哈密瓜可以從外皮直
接聞到香氣。挑選哈密瓜與蜜香瓜時，可以按按整
顆瓜，從指尖感受到的彈性可以用來判斷瓜肉成熟
程度。另一方面，拍打西瓜時，如出現空心的聲音，
並且果皮貼地處呈現淡黃色，就是顆成熟的西瓜。
瓜類水果的產季從春末到整個夏天。儘管瓜類水果
嘗起來味道不盡相同，但都可被定義爲水果味。

主要種類：

　　西瓜、哈密瓜、蜜香瓜

最佳配對：

　　菇類、香草、烤堅果、黃芥末、火腿／培
　　根，葡萄酒

驚喜配對：

　　蛤蠣、橄欖、玉米、黃芥末

可替換食材：

　　杏桃、葡萄、莓果

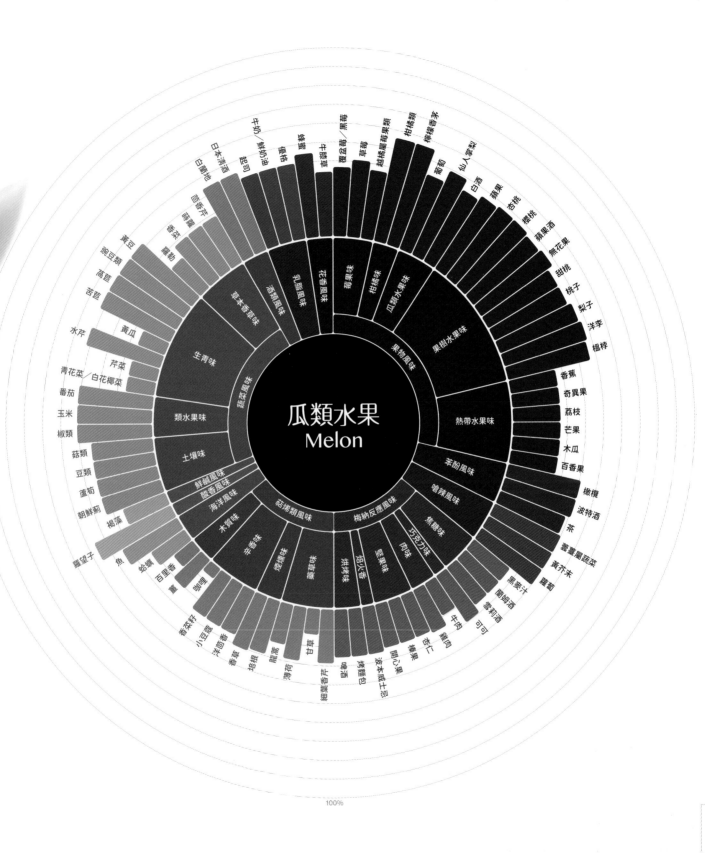

瓜類水果
Melon

義式烤麵包片佐培根橄欖醬與哈密瓜薄片
Bacon Tapenade and Melon Bruschetta

任何把培根放在義式烤麵包片上的料理，幾乎保證好吃。使用充滿肉香味與煙燻味的橄欖醬，搭配甜瓜與薄脆酸麵包片，則將這樣的配對推到美味的極致。不過，這道橄欖醬也可以是你不可或缺的三明治夾餡，或者成為精緻起司拼盤上的主角。如果你偏好無麩質飲食，那就跳過麵包，直接將橄欖醬放在切塊的西瓜上。

8 條厚切培根
2 杯去籽尼斯橄欖
1 條鯷魚魚肉，洗淨
1 瓣蒜瓣，去皮
3 大匙濾乾的酸豆，切碎
2 顆全熟的水煮蛋，磨碎
1 大匙切碎的新鮮巴西里
特級冷壓橄欖油
新鮮檸檬汁
現磨黑胡椒
12 片酸麵包
蜜香瓜或者哈密瓜，去皮、去籽、切薄片，或用削刀削成
　　長條薄片

將培根煎到香脆，用廚房紙巾吸取多餘油份。把剩下的煎培根的油留做他用，或者丟掉。將培根切成碎塊。

把橄欖、鯷魚與大蒜放到食物調理機裡，以間歇按停的方式將食材打到沒有粗粒為止，不需打成泥。再倒到碗中，拌進酸豆、蛋與巴西里，然後倒進約 2 大匙的橄欖油，攪拌均勻，直到容易被塗抹但仍然濃稠。以檸檬汁與黑胡椒調味後，溫和地拌進碎培根丁。

將烤架的火點開，或者以 230°C 預熱烤箱。把麵包片鋪在烤盤上，不要重疊，一面刷上橄欖油或者培根油。可以直接把麵包片放在烤架上烤到稍微焦黃上色，或者使用烤箱，烤至金黃酥脆。

將每一片麵包片抹上橄欖醬，再堆疊甜瓜片，即可上桌。

完成品為 6 人份

主要種類：

蝸牛、淡菜、牡蠣、鳥蛤（cockle）、干
貝、蛤蠣、章魚、烏賊

最佳配對：

菇類、穀類、堅果、麵包丁、鮮奶油、奶
油、甜菜根、蘆筍

驚喜配對：

香草、瑞典蕪菁、茄子

可替換食材：

軟體動物可彼此替換；
甲殼類動物，如蝦子與螃蟹

目前已知的軟體動物品種，從蛤蠣到章魚，約有
50,000 種，儘管牠們外表差異非常的大，實際上
卻有許多共同點。就像大部分的動物一樣，每一種
軟體動物都受到其生存環境的影響，產生各自的特
殊風味。對牡蠣、淡菜、干貝這類的濾食性軟體動
物來說，生存環境非常的重要，因爲牠們的進食方
式是藉由身體吸水，過濾出浮游生物與藻類。大致
上來說，軟體動物含有較少的氮、硫化合物，以至
於牠們不像魚類一樣充滿魚味；牠們的風味大多來
自土壤味與梅納反應香氣，這使得土壤味、蔬菜
味、焙火香成爲最佳的風味搭配對象。所以，當在
抉擇使用哪種軟體動物來烹煮時，留意牠們的味道
與口感也是很重要的，食材本身原本是偏鹹還是偏
甜？是柔軟還是有嚼勁？有著鮮甜口感的干貝很適
合搭配帶有煙燻味的香草，但如果是自帶鹹味的牡
蠣則不需要加太多。

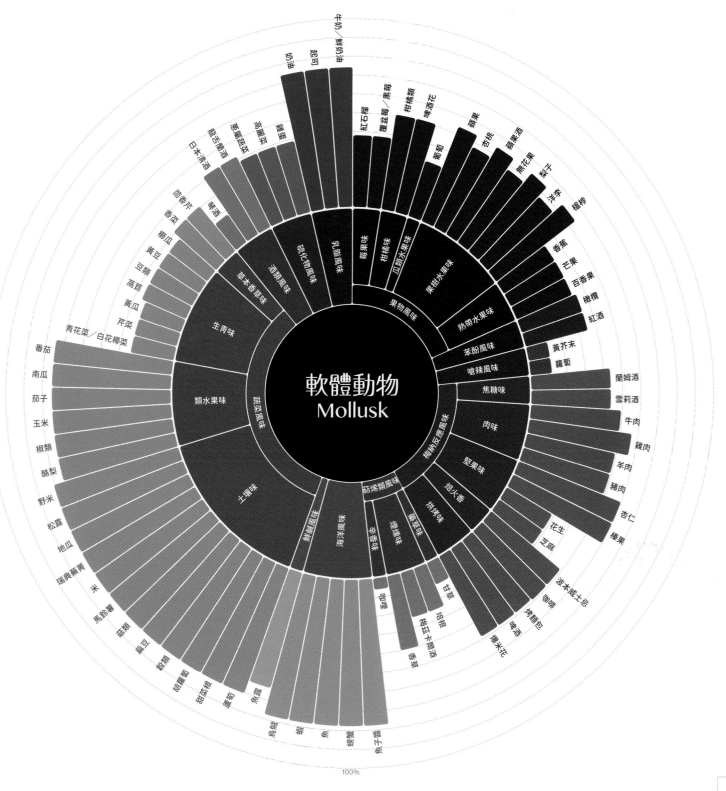

大麥白花椰菜燉飯
Barley and Cauliflower "Risotto"

這道「無米燉飯」有著鯷魚、孜然與大蒜的濃郁香氣，是非常美味的基底料理，可襯托搭配鍋炒、火烤的各式軟體動物食材，從蛤蠣到干貝、章魚都不拘。除此之外，變化版的「烤燉飯酥」，還可以作爲未來取代麵包丁的無麩質選項。在烘烤或火烤軟體動物食材前，如加上一匙烤燉飯酥，會是最棒的吃法。

2 杯去殼大麥
8 杯水
1 大匙猶太鹽
1 大匙無鹽奶油
1 大匙特級冷壓橄欖油
2 瓣蒜瓣，切末
2 片鯷魚肉，切碎
½ 小匙葛縷子粉或孜然粉
1 顆白花椰菜（大約 680 克），花與梗打碎
½ 杯不甜白酒
猶太鹽與現磨黑胡椒
2 大匙切末的新鮮巴西里
½ 顆檸檬的細皮絲

將大麥、水與鹽放在鍋子裡，以中火煮到沸騰後，轉小火，蓋上鍋蓋，繼續煮到大麥變軟，大約需要 30 至 40 分鐘。煮好後，準備一個碗，用濾勺將大麥瀝乾，煮大麥的水瀝到碗裡，備用。

在另一個鍋子裡，以中火融化奶油與橄欖油。再加進大蒜、鯷魚與葛縷子，煮到大蒜發出滋滋聲音並傳出香氣。

將白花椰菜倒進鍋裡，攪拌均勻，再把火開到最大。邊煮邊翻動，直到整鍋又開始滋滋作響。加進白酒，繼續煮到收乾，需約 2 分鐘。此時白花椰菜應該已經煮軟，如果還沒，再加點煮大麥的湯水，以小火沸騰方式將白花椰菜煮軟。

當白花椰菜已經變得柔軟，拌入大麥，以鹽與黑胡椒調味。加一點煮大麥的湯水，將整鍋拌成滑順的燉飯質地。如果需要的話，可以用小火稍微加熱，並適時攪拌。上桌前，將燉飯分成四份，以淺盤盛裝，上面裝飾巴西里與檸檬皮絲。

變化版「烤燉飯酥」：

在上述最後步驟中，當大麥加入白花椰菜後，先不加額外的水份，而是將它鋪在烤盤上，置涼風乾。此時，拌入切碎的新鮮香草植物，如巴西里或百里香，以及起司粉，即可拿來爲貝殼類海鮮填餡。另外準備雙殼類海鮮（如蛤蠣、牡蠣或淡菜），把殼撬開，舀一匙起司燉飯填入，淋上一些橄欖油，然後烤到酥脆。剩餘的「烤燉飯酥」可裝在密封保鮮盒，冷藏保存 10 天。

完成品爲 4 人份

最佳配對：

蔥屬蔬菜、巴西里、奧勒岡、百里香、薰衣草、果乾與新鮮水果

驚喜配對：

草莓、椰子、羅望子、可可

可替換食材：

大部分的菇類可彼此替換；
茄子、櫛瓜／夏南瓜、豆腐、味噌、魚露、醬油

可食用的菇類可分為兩大類：栽培種與野生種。栽培菇類生長快速，全年都可採收，風味雖穩定但比起野生菇種較為平淡、較無個性。野生菇類必須手工採集或搜尋，由於數量稀少，加上其狂野風味令人嚮往，使得野生蕈菇通常奇貨可居，價格不菲。這兩類的風味都來自於一種叫「3-辛醇」（3-octanol）的化合物，擁有強烈的谷鮮味與土壤味，帶著一抹柑橘香與堅果香。雖然不是非常明顯，但菇類也帶有一股水果味的酯香，這使得它與其他食材的配對變得非常有趣。菇類幾乎沒有什麼味道，除非把鮮味算進去，而它也是天然鮮味含量最高的來源之一。

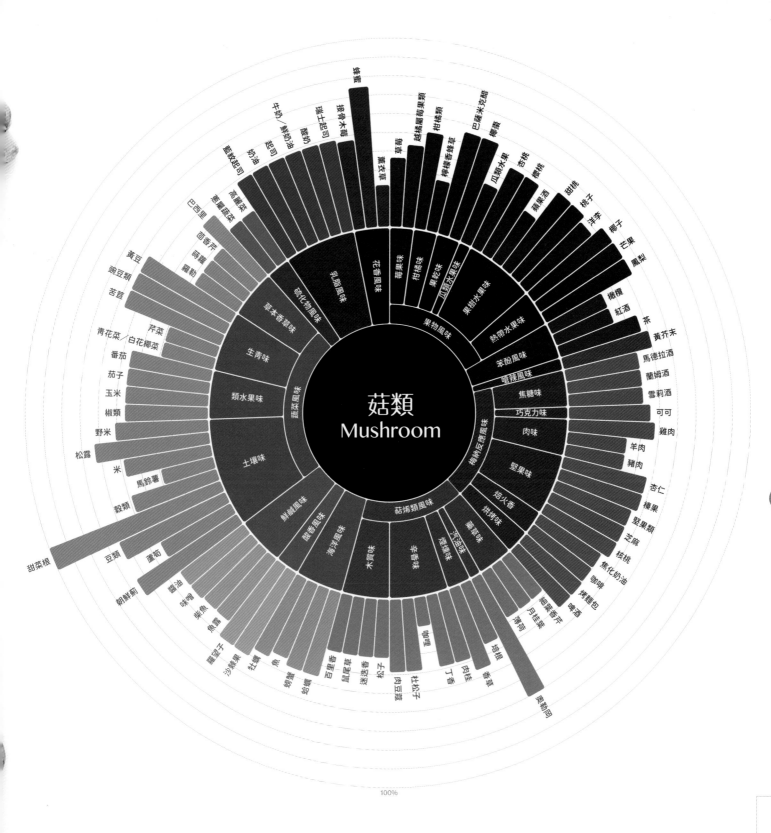

菇類
Mushroom

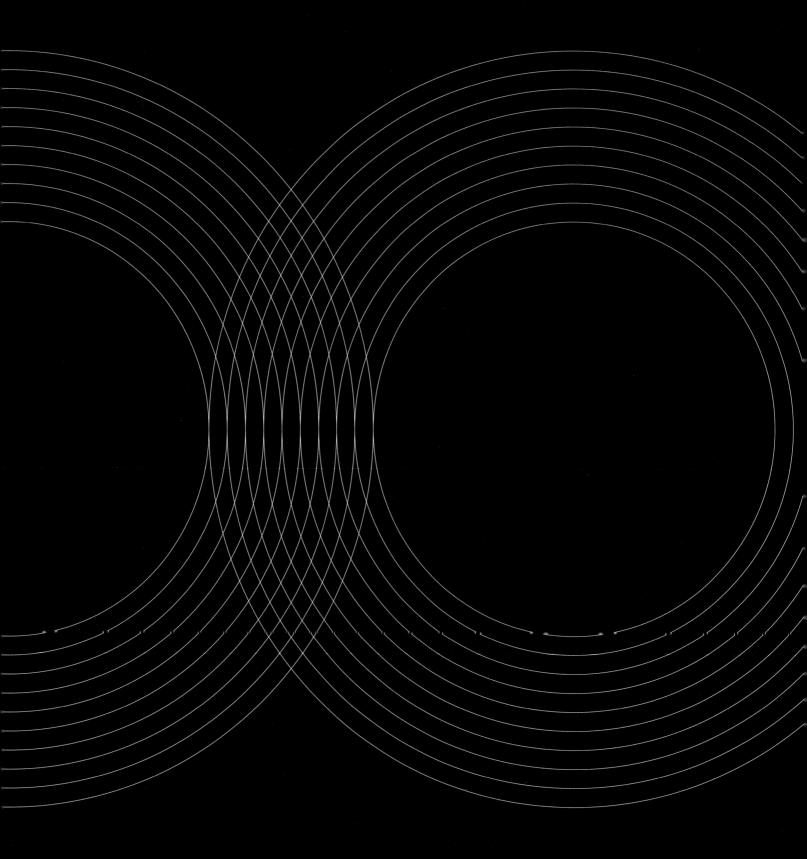

牛肝菌榛果巧克力蛋糕
Porcini, Hazelnut, and Chocolate Torte

這道蛋糕基本上就是無麩質布朗尼，還迸出不可思議的鮮味。菇類與榛果在化學方面來說非常相配，儘管前者不比後者經常出現在甜品裡，將這樣的組合用在甜點上顯得巧妙。牛肝菌菇粉不僅增添鮮味，更幫助加重巧克力榛果醬的土壤氣息。

3 顆雞蛋
1 杯巧克力榛果醬
一撮鹽
¾ 杯杏仁粉
2 小匙牛肝菌菇粉
糖粉，裝飾用

將烤箱以 180°C 預熱。將 8 吋蛋糕模抹上一層奶油，並在底部鋪上一片圓形烘焙紙。

準備一個中型碗，將蛋打散。加入巧克力醬、鹽、杏仁粉與牛肝菌菇粉，攪拌至滑順。將麵糊倒進蛋糕模裡，烤 30 至 35 分鐘，直到蛋糕中心凝固，此時用牙籤插入蛋糕中心測試，牙籤拉出時應該只有一點點潮濕。

將蛋糕從烤箱中拿出，帶模置涼幾分鐘。然後將蛋糕翻轉，放到預備上桌的盤子裡，將蛋糕脫膜，撕去蛋糕上的烘焙紙。當蛋糕冷卻下來後，撒上糖粉，即可享用。沒有吃完的蛋糕，用保鮮膜包好，可冷藏保存 3 天。

完成品為 6 至 8 人份

主要種類：

杏仁、腰果、榛果、花生、胡桃、松子、
開心果、核桃

最佳配對：

熱帶水果、蜂蜜、巧克力、烤肉、焦糖、
爆米花、醋

驚喜配對：

柑橘類、蝦、芒果、鳳梨、番茄

可替換食材：

不同堅果可彼此替換

以植物學來說，大部分我們認為是堅果的食物，像
是杏仁、腰果、胡桃、花生、松子、開心果與核
桃，其實是種籽。不管是種籽或堅果，都需要經過
烘烤以提升風味；大部分堅果的風味藏在它們天然
的油脂裡；一旦被加熱，這些油脂變得容易揮發，
因此也散發出更多香氣。烘烤也創造出梅納反應，
這是堅果風味最大的來源。如果沒有好好保存，堅
果裡的油脂會開始敗壞並產生油耗餿味，因此，堅
果應該存放在陰涼、沒有日照的地方，以減低氧化
作用。

堅果
Nut

内圈風味分類：
果物風味、莓果味、柑橘味、瓜類水果味、果樹水果味、熱帶水果味、苯酚風味、嗆辣風味、焦糖味、巧克力味、肉味、堅果味、梅納反應風味、萜烯類風味、乾草藥、乾料調、煙燻風味、辛香味、木質味、海洋風味、酸香風味、鮮鹹風味、土壤味、蔬菜風味、類水果味、生青味、酒類飲品味、碳代物風味、脂肪類風味、乾酪風味、奶油/奶味

外圈項目：
草亞麻、覆盆莓/黑莓、草莓、越橘屬莓果類、柑橘類、啤酒花、檸檬香蜂草、葡萄、瓜類水果、蘋果、杏桃、櫻桃、無花果、桃子、梨子、荔枝、芒果、鳳梨、橄欖、紅酒、茶、黃芥末、焦糖、黑麥汁、楓糖、蘭姆酒、雪莉酒、可可、白巧克力、雞肉、珠雞、豬肉、杏仁、栗子、腰果、夏威夷果、花生、胡桃、芝麻、開心果、波本威士忌、焦化奶油、咖啡、烘烤、北美檫樹、培根、洋蔥、香草、小豆蔻、肉桂、咖哩、胡椒粒、松子、鼠尾草、哈蜜、蛤蜊、螃蟹、魚、千貝、蝦、醋、羅望子、褐藻、蝦醬、大麥、蘆筍、豆類、甜菜根、胡蘿蔔、扁豆、菇類、野米、酪梨、椒類、玉米、南瓜、番茄、青花菜/白花椰菜、苦苣、菠菜、蒜味、羅勒、香菜、茴香芹、白蘭地、龍舌蘭酒、起司醬、葛縷籽、蔥/蒜、奶油/牛奶、蜂蜜

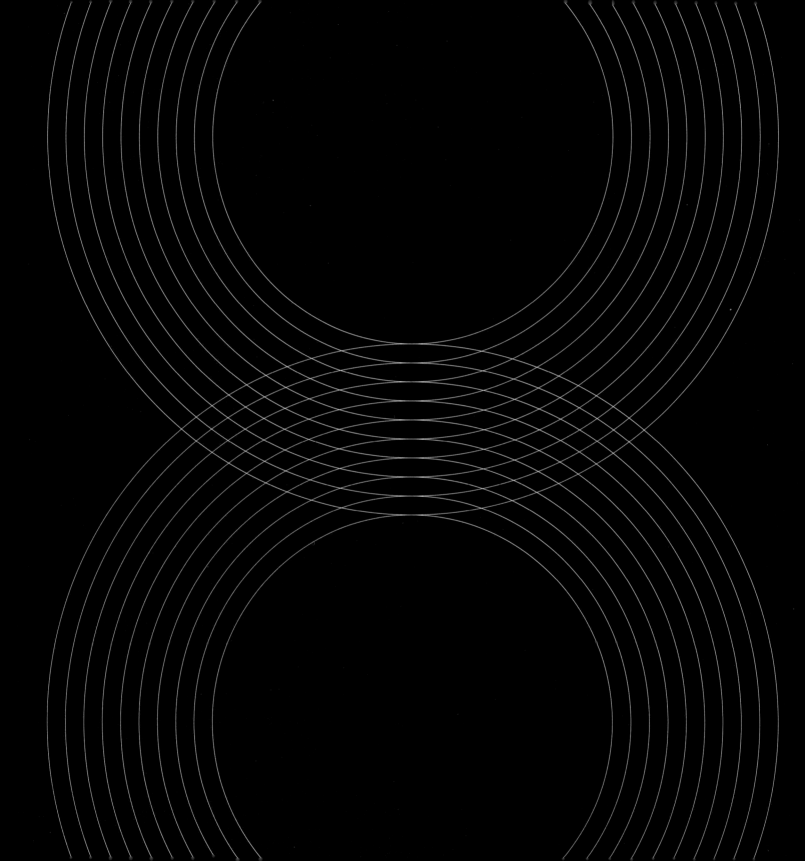

花生萊姆馬卡龍夾餡焦糖牛奶醬
Peanut and Lime Macarons with Dulce de Leche

萊姆與花生是東南亞料理中常見的組合，如做成餅乾還加上焦糖牛奶醬，就是一個美味的驚喜了。而且，這還不是一般的餅乾，是賞心悅目又精緻迷人的馬卡龍。好好地請出你的磅秤，確實將每項食材的份量秤準秤滿吧。（還有，如果第一次做出來的馬卡龍不夠理想，別氣餒！完美的馬卡龍是需要練習的。）

315 克（11 盎司）糖粉
165 克（6 盎司）細花生粉
1 撮鹽
1 克（½ 小匙）現磨黑胡椒
1 克（½ 小匙）萊姆細皮絲
115 克（4 盎司）蛋白
大約 ½ 杯焦糖牛奶醬（dulce de leche）

將烤箱以 150℃ 預熱。準備兩個鋪有矽膠烤墊的烤盤。

把一半的糖粉與花生粉、鹽、黑胡椒與檸檬皮絲放進食物調理機，攪打 5 分鐘，倒到碗中。

使用電動攪拌機，以低速打發蛋白與一些糖粉，直到呈現濕式打發，再加入剩下的糖粉，轉高速打 1 分鐘，直到出現乾式打發。

將部分乾粉材料過篩到蛋白霜上，用攪拌匙拌勻，分數次完成。在擠花袋裡先放入中型普通擠花嘴，再將混合好的蛋白霜糊裝入擠花袋，在準備好的烤盤上，每隔 5 公分擠出 40 個小圓型蛋白霜糊。用曲柄抹刀將每個蛋白霜糊的表面輕輕抹平，然後放置 15 分鐘到 1 小時，直到表面結皮不沾黏。

放進烤箱烤 15 分鐘，直到它隆起，並感覺輕盈蓬鬆。從烤箱取出後，整盤置涼至室溫。

開始組裝馬卡龍。取 1½ 小匙的焦糖牛奶醬抹到一片馬卡龍餅乾上（平的那面），再放上第二片，施加一點壓力讓兩片得以黏住不滑動，完成卽可享用。其餘未組合的馬卡龍餅乾可以用密封盒裝起來，冷藏可保存 2 天。

完成品爲 20 顆馬卡龍

橄欖樹與茉莉花、紫丁香在植物學的分類上同屬木
樨科。橄欖樹的果實有著強烈苦味，需要經過一連
串仔細的洗淨、醃漬、發酵，才能去除令人難以
下嚥的酚類化合物（phenolic compounds）。不
同的橄欖醃漬發酵方式，大大影響它最後呈現的風
味。鹽水醃製橄欖的風味比較溫和、圓潤；而乾醃
油漬橄欖則擁有較強烈、濃縮的風味。橄欖最受人
歡迎的地方是它帶鹹味、充滿油脂的味道，但實際
上它的風味來自強烈的花香（橄欖與薰衣草擁有
69% 相同的化合物成分），以及果香（橄欖與甜
桃有 72% 的相同化合物）。橄欖搭配水果的組合，
是鹹鹹甜甜的雙重享受。

最佳配對：

　　柑橘類、桃子、洋李、杏仁、蜂蜜、烤肉、
　　優格、鮮奶油

驚喜配對：

　　巧克力、八角、桃子、甜桃、檸檬香茅

可替換食材：

　　黑蒜頭、醃漬黑豆、醃檸檬、酸豆

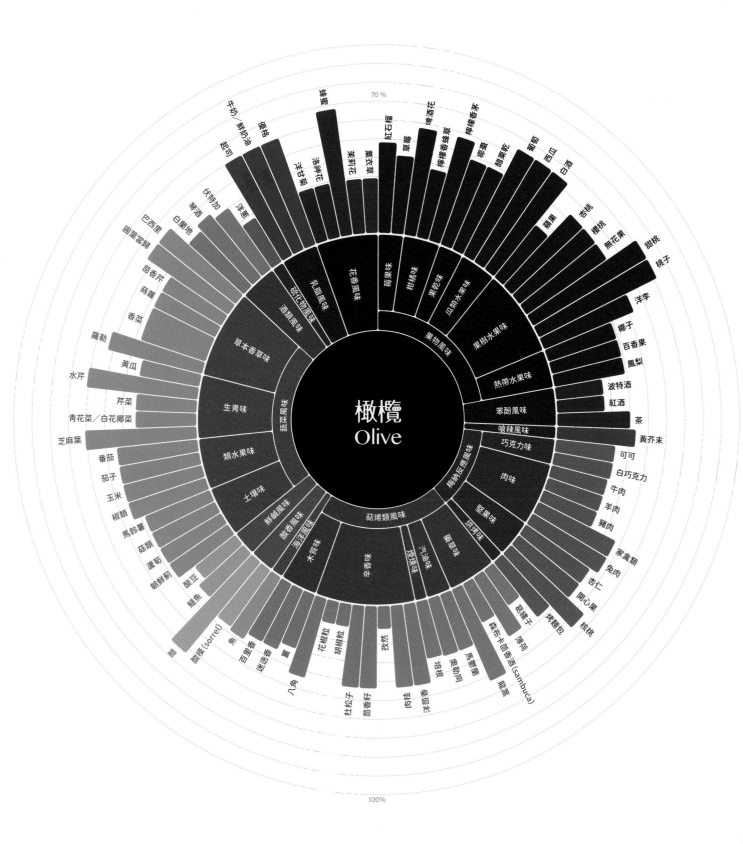

檸檬凝乳佐脆烤橄欖
Lemon Curd with Crunch Olives

橄欖與柑橘類有著 60% 相同的芳香味化合物，所以經常會看到它們出雙入對地出現在帶鹹味的餐點裡，如馬丁尼、開胃前菜與橄欖醬。我們相信這種組合也可以有煥然一新的出場方式：甜點。在這道食譜裡，橄欖因蜂蜜而增加甜味，然後再送進烤箱烘烤，於是風味變得更濃郁，並且呈現酥脆的質地。在脆烤橄欖底下的是傳統經典的檸檬凝乳，不過這道凝乳的做法是使用特級冷壓橄欖油來取代奶油，這樣更能加倍凸顯橄欖的風味。

2 小匙蜂蜜
1 小匙鹽漬橄欖的鹽水
1 杯去籽尼斯橄欖
4 顆蛋黃
2 小匙玉米粉
2 顆檸檬的細皮絲
½ 杯檸檬汁
¾ 杯糖
¼ 杯特級冷壓橄欖油

裝飾食材（可省略）

切碎的烤杏仁
蘇格蘭奶油酥餅

將烤箱預熱到 100℃。準備一個有框烤盤，鋪上烘焙紙或鋁箔紙。

將蜂蜜與醃橄欖鹽水放在小碗中混合均勻，再加進橄欖攪拌，讓每顆橄欖都裹上一層鹹蜂蜜醬，然後鋪在烤盤上，不要重疊。放進烤箱，烤到酥脆，大約需時 50 分鐘。出爐後，整盤置涼至室溫。以密封盒裝盛，室溫下可保存 5 天。

準備一個中型醬汁鍋，放進蛋黃、玉米粉、檸檬皮絲、檸檬汁與糖，以打蛋器打勻。當混合物變得滑順時，整鍋移到爐上，開中火。不停以木匙攪拌，並刮過鍋底，避免黏鍋。煮到整鍋變稠，並且周圍開始沸騰冒泡，立即離火，快速攪打散熱。

再倒進另一個碗，用電動攪拌器打到溫度降至室溫（可以另外在碗底下準備一大碗冰塊，好加速降溫）。當凝乳溫度降下後，一邊用低速攪打一邊倒入橄欖油，直到變得滑順。將完成的凝乳倒入小型容器，用保鮮膜貼合凝乳表面包好，避免結皮，然後放進冰箱冷藏，隨時可用，保存期限為 1 週。

上桌前，將檸檬凝乳分成四盤，然後擺上脆烤橄欖。另外，也可以再搭配烤杏仁與蘇格蘭奶油酥餅。

豌豆，就是我們熟知的豆類植物，包含小小圓圓的青豌豆仁，以及甜豆、荷蘭豆、以及普通豌豆仁（南方豌豆的一種）。青豌豆仁與普通豌豆仁的豆莢充滿纖維，通常不吃，只吃鮮嫩的豆仁，而甜豆與荷蘭豆則會連豆莢一起食用。豆子的風味主要是生青味，帶著油脂與堅果香氣。青豌豆仁是少數冷凍風味較佳的食材，因為新鮮青豌豆仁的產期很短，只有春末到夏天，採收後的最佳賞味時間僅有幾天。豌豆在採收後，會開始將儲存的醣轉化成澱粉，這意味著，原本水嫩帶甜的豌豆仁在採收後幾天，就會開始脫水，嘗起來有澱粉感。這就是為什麼豌豆得要一採收就馬上冷凍，好保有它鮮甜滋味。

主要種類：

　　青豌豆仁、荷蘭豆、甜豆、普通豌豆仁

最佳配對：

　　烤堅果、薄荷、蔥屬蔬菜、魚、菇類、莓果、瓜類水果

驚喜配對：

　　草莓、椰子、咖啡、蘋果

可替換食材：

　　四季豆、蠶豆、毛豆

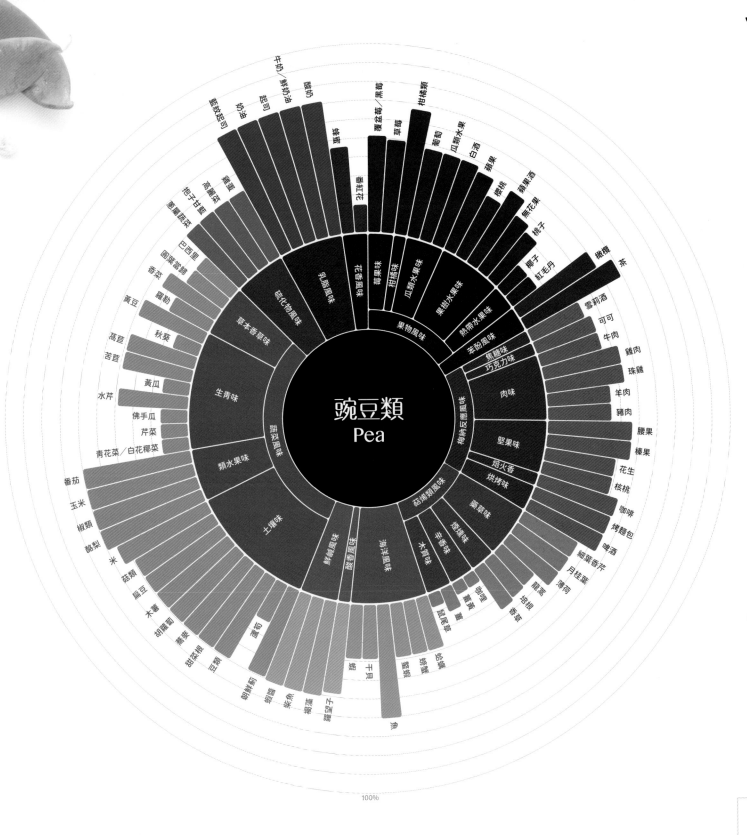

豌豆類
Pea

甜豌豆泥、烤豬肉與椰子參巴醬墨西哥餅
Sweet Pea, Pork, and Coconut Tacos

這道料理的靈感來自豌豆、豬肉與椰子的風味配對——這組合實在有趣到很難忽視。更加分的是，做成墨西哥塔可餅！首先，先是明亮的豌豆泥，點綴著椰子參巴醬（斯里蘭卡常見的調味料，適合所有料理），最後是多汁的大蒜風味烤豬肉片。

烤豬肉

6 大匙醬油
¼ 杯壓實的黃砂糖
半顆大蒜，橫切
5 公分長新鮮薑塊，切薄片
900 克豬五花肉或梅花肉

甜豌豆泥

2 大匙無鹽奶油
6 根青蔥，切薄片
½ 杯無糖椰奶
2½ 杯青豌豆仁（新鮮或解凍）
1 大匙切末的新鮮薄荷

墨西哥餅

12 片玉米餅
椰子參巴醬（做法請見右列）
¼ 杯切碎墨西哥白乳酪（questo fresco）

醃漬豬肉：將醬油、糖、大蒜與薑放到碗裡，再加進一杯熱水，攪拌至糖溶解。加入兩顆冰塊降溫。把豬肉放進厚實的夾鏈保鮮袋，倒入醃料，封好冷藏一晚。

將烤箱加熱至 200°C。把豬肉從醃料中拿出來，並且拍乾。將豬肉放到附帶烤架的烤盤上，用鋁箔紙緊緊包住。進烤箱烤 2.5 個小時，直到肉質變軟。此時，用叉子應該可以輕鬆叉起豬肉絲。

從烤箱中拿出烤盤，先不掀開鋁箔紙，置涼 30 分鐘。如果沒有立即上桌，可以包緊整塊豬肉，冷藏存放 7 天。

製作豌豆泥：用小煎鍋以中火融化奶油。加進蔥，炒到變軟。如果怕焦黑，可加入一、兩大匙的水。拌入椰奶，收乾至湯汁剩一半。把豌豆、青蔥椰奶與薄荷放到攪拌機打成泥。上桌前，繼續保持溫熱。

椰子參巴醬

1 根墨西哥辣椒，去籽、切碎
½ 杯粗切的新鮮香菜
1 小匙薑黃粉
1 顆萊姆汁
½ 小匙黃砂糖
1 杯磨碎的新鮮椰肉，或解凍、瀝乾的冷凍椰肉

將所有的材料都放到食物調理機，間歇按壓啟動鍵，攪打成細顆粒，即可使用。新鮮食用最好，或密封冷藏，可保存 5 天。

完成品為 1½ 杯

完成品為 4 人份

植物學上來說，蘋果、梨子與榲桲都是仁果類水果，這類水果都有可食用的果肉，包覆著帶有硬殼的核心，內藏有種籽。此類水果的拉丁文原本是梨亞科（Pomoideae），現改爲蘋果亞科（Maloideae），是薔薇科底下的亞科，無怪乎這些水果都帶有花香風味。除了花香，蔬菜／生青味以及其他水果香氣也組成了蘋果、梨子與榲桲的整體風味。蘋果因著特色與用途等不同需求，而被培育出各種品種，目前已經超過 7,500 種，可以生吃、烹煮、搾汁或者做成蘋果酒。梨子成熟時的果肉比蘋果來的柔軟，但它同時擁有石細胞，會讓果肉嘗起來沙沙的，這些石細胞是梨子及榲桲果肉細胞內的木質素逐漸老化的結果。木質素幫助樹木形成結實的結構與樹幹，很少存在食物當中。榲桲不像蘋果及梨子，很少直接生食，因爲它大部分的品種都有著又硬又澀的果肉。榲桲擁有一股強烈的香氣，可以被加進蘋果或梨子料理當中，能更加凸顯這些主食材的香味。榲桲的天然果膠含量也非常高，所以很適合拿來做成果凍及果醬。

主要種類：
　　蘋果、梨子、榲桲

最佳配對：
　　柑橘類、海鮮、葡萄酒、白蘭地、波本威士忌、醋、橄欖、橄欖油、辛香料、乳脂類、堅果類

驚喜配對：
　　羅勒、螃蟹、鼠尾草、橄欖、豌豆類

可替換食材：
　　蘋果與梨子可以彼此替換；
　　綠番茄、柿子或者榲桲（煮熟）

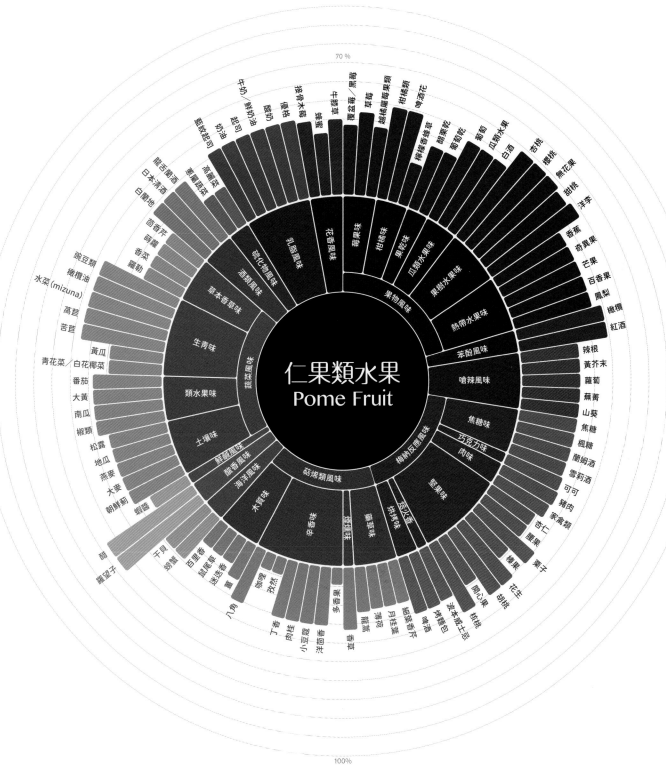

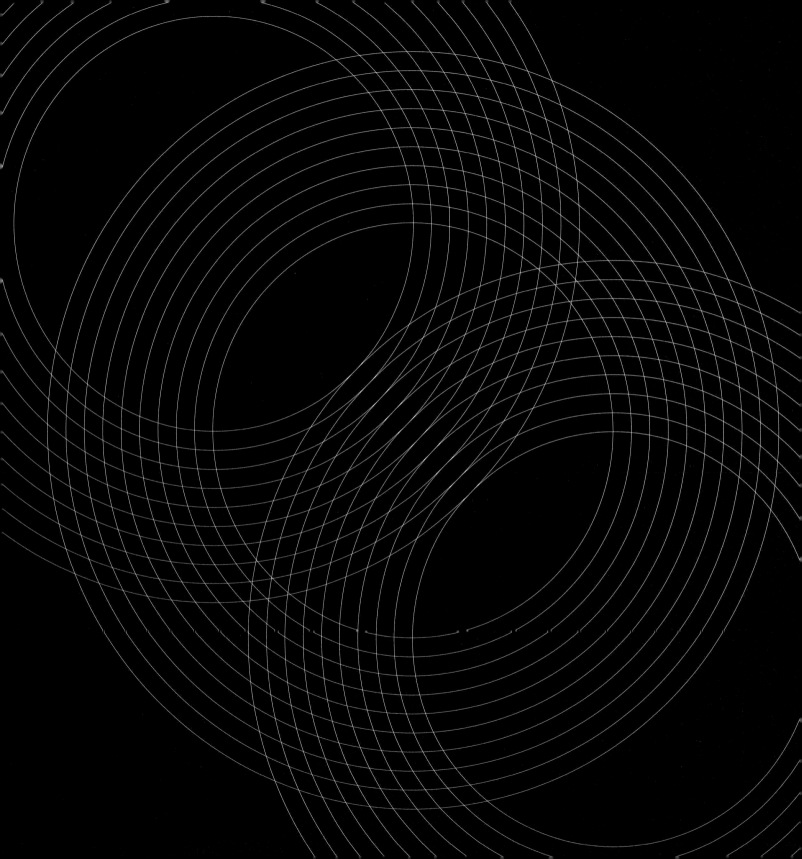

青蘋果、羅勒與草莓莎莎醬
Green Apple, Basil, and Strawberry Salsa

你可能在水果沙拉裡享受過蘋果與草莓的組合了，但你有見過羅勒與番茄一起共襄盛舉嗎？又或，你有嘗過綜合以上這些風味來搭配烤魚或烤家禽嗎？蘋果配羅勒已經是個絕妙組合，但如果放在魚肉上，這些食材的風味將會轉化成獨特的驚豔美味。這道莎莎醬不僅可以與烤魚，或烤雞、烤鴨等家禽類料理一起上桌，也可以放在烤麵包上做成義式香烤麵包片，再撒上山羊乳酪、帕瑪善乳酪或佩克里諾羊奶奶酪（pecorino）。

1 顆青蘋果（例如澳洲青蘋），去核、切丁
1 杯小番茄，每顆切成 4 等份
1 杯去蒂、每顆切成 4 等份的草莓塊
猶太鹽與現磨黑胡椒
1 大匙檸檬汁或蘋果酒醋、龍蒿醋、葡萄酒醋
3 大匙特級冷壓橄欖油
1 大匙切末的新鮮羅勒

將蘋果、番茄與草莓放到碗中，以鹽與黑胡椒調味，輕輕拌勻。再加進檸檬汁、橄欖油與羅勒，好好攪拌，完成後即可上桌。這道莎莎醬不易保存，最好新鮮享用。

完成品約爲 3 杯

紅石榴是一種古老的水果，食用的部位是種籽與汁液，人們也會用慢火將它熬成濃稠糖漿狀的糖蜜。紅石榴的種籽與汁液含有丹寧，嘗起來帶有苦味，尤其是當果實尚未成熟，尚未產生天然糖分的時候，但紅石榴糖蜜則有強烈的酸甜滋味。紅石榴的風味主要是結合柑橘味、瓜類水果味與果樹水果味的水果風味，同時較強烈的茴香味與薄荷味也形塑了紅石榴的風味特色。

最佳配對：

柑橘類、瓜類水果、羅勒、茶、檸檬香茅、辣椒、酪梨

驚喜配對：

菇類、羅勒

可替換食材：

蔓越莓、覆盆莓、血橙

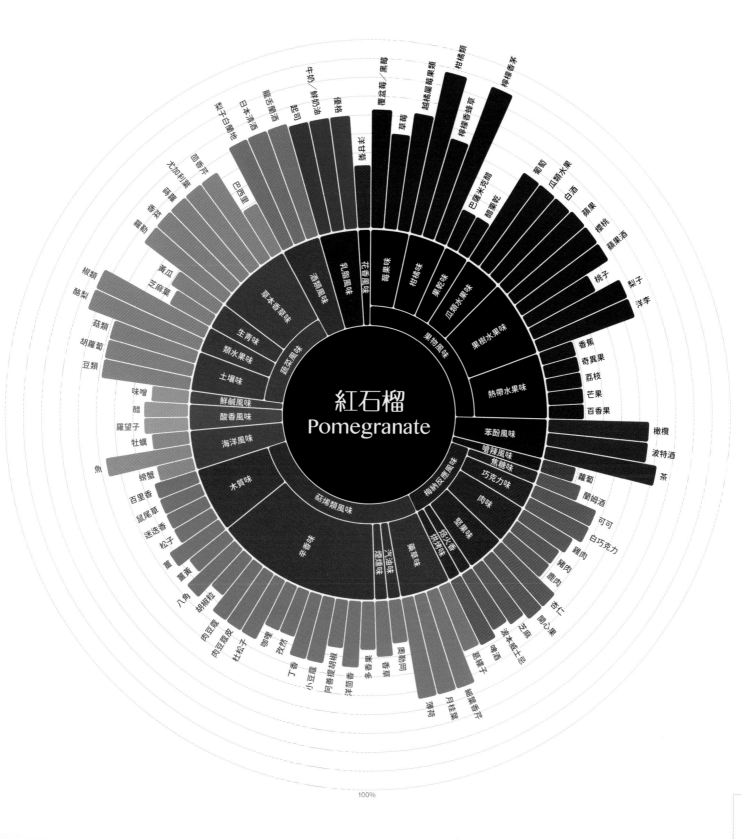

檸檬香茅辣優格醃漬烤雞綴紅石榴籽
Spicy Yogurt and Lemongrass-Marinated Chicken with Pomegranate

這道料理不僅看起來美麗，嘗起來也非常的有層次感。紅石榴、優格與香草植物一起釋放出各自隱藏的花香，同時，雞肉含有的內酯風味也與紅石榴的水果內酯與酯類完美結合。如果想有更大膽的嘗試，可以將雞肉換成鴨胸肉或者去骨鵪鶉。

1 大匙大蒜末
1 顆萊姆的細皮絲與萊姆汁
½ 杯原味優格
2 大匙切末的新鮮香菜梗
1 大匙切碎的新鮮薄荷
1 根墨西哥辣椒，切末
1 根 7~10 公分長的檸檬香茅，切薄片；或幾滴「檸檬香茅苦精」（見第 157 頁）
猶太鹽
1362 克去皮、去骨雞腿肉
橄欖油

裝飾食材

切片酪梨
新鮮香菜葉
新鮮薄荷葉
紅石榴籽

準備一個大碗，放進大蒜、萊姆皮絲、萊姆汁、優格、香菜梗、薄荷、墨西哥辣椒與檸檬香茅，混合均勻，以鹽調味。先將取出 ¼ 杯份量，留待最後使用。

將剩下的 ¾ 杯優格醬均勻塗抹在雞肉上，包好冷藏，至少醃製 2 小時後再使用，最久不超過 24 小時。

開啓烤爐的中火，並爲烤架上油。另外準備一個烤盤與置涼架，放在烤爐旁備用。將雞肉從優格醬中拿起來，擦掉多餘的優格醬，這些抹除的優格醬需丟棄不再使用。幫雞肉抹上薄薄一層的橄欖油，稍微用鹽調味。將雞肉放到烤爐，每面烤約 12 分鐘，翻面一次即可，直到探針溫度計偵測到雞肉最厚部位的溫度到達 70℃，或者使用遠紅外線溫度計也可以。將雞肉移到置涼架，放置 3 到 5 分鐘後再上桌，此時雞肉內部應可達 75℃左右。

上桌前，以預留的優格醬、酪梨、香菜、薄荷與紅石榴籽裝飾雞肉。

完成品爲 4 人份

全世界被食用最多的肉品是豬肉，也就是家豬的肉。除了新鮮供應作為料理外，豬肉也被加工做成許多不同的醃製品，像是培根、火腿、香腸、肉凍與醃肉，以上這些通通是熟食冷肉的一種。豬肉的風味大多決定於豬隻的品種以及其生長的環境。在 1950 年代中期開始，大眾對於豬瘦肉的需求逐漸增加，但低脂意味著風味較低。而近幾年，豬油以及能產生較多油脂的豬種又強勢回歸了。儘管傳統品種豬的價格比一般品種豬來得高，但前者的油脂比例較高，因此較具有風味，肉質色澤更為紅潤飽滿。放養的豬隻如同草飼牛，能夠生成較多的 Omega-3 脂肪酸與亞麻油酸（linoleic acid）。與豬肉最對味的是梅納反應風味，特別是較深邃的焦糖味與焙火香；另外，豬肉也與水果味非常合拍，像是熱帶水果、辣椒與番茄。

最佳配對：

波本威士忌、焦化奶油、菊芋、地瓜

驚喜配對：

蛤蠣、咖啡、爆米花

可替換食材：

家禽類、野味肉類

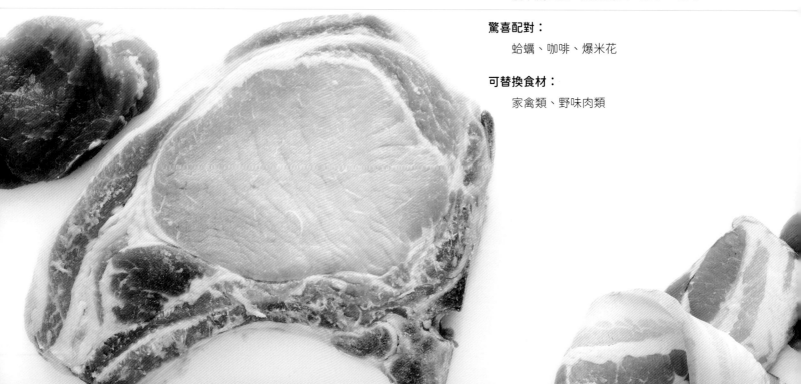

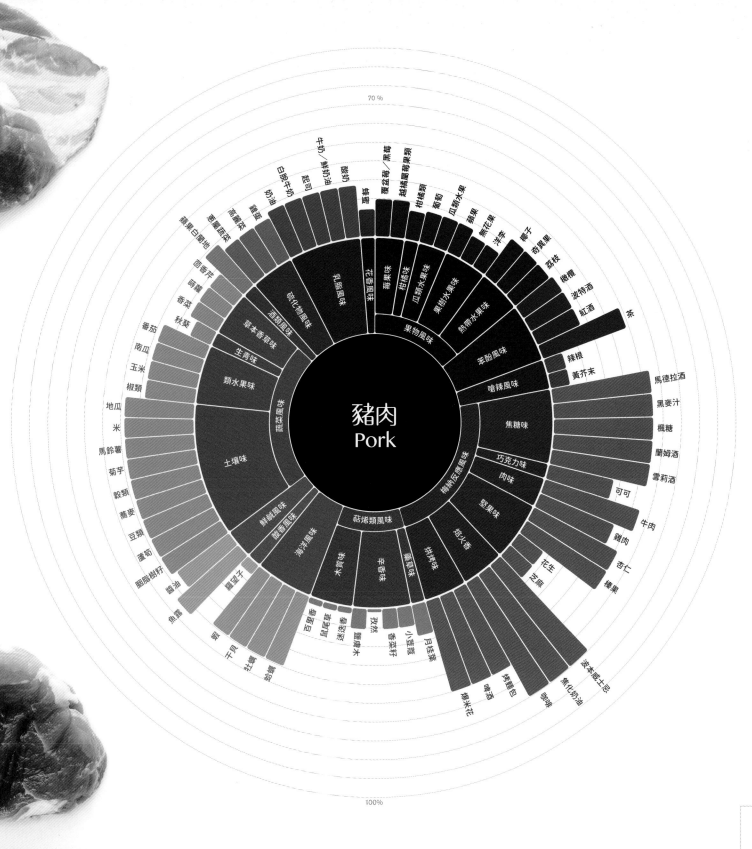

藍莓辣根醬
Blueberry and Horseradish Jam

最初會做這道食譜的原因，是因為我們想要挖掘這些食材更深層的連結。我們是這樣想的：豬肉與水果味非常對味，因為豬肉風味主要來自充滿果香的內酯（lactones）。有一種特別的水果，藍莓，擁有潛在的木質香與松香，於是我們依著松香找到了辣根，然後把上面這三種風味特性結合在果醬裡，並加上一點辣味與鹹味。這個醬塗抹在吐司再搭配培根，絕對是美味的早餐；如果是配上烤豬肉三明治或者是簡單的豬里肌，效果也會非常好。

1 杯藍莓乾

1 小匙猶太鹽

½ 小匙現磨黑胡椒

2 杯蘋果汁

4 顆小豆蔻

1 顆檸檬，用削皮刀削出長條狀果皮

1 顆柳橙，用削皮刀削出長條狀果皮

454 克藍莓，新鮮或冷凍皆可（約 2½ 杯）

3 大匙低糖或無糖果膠粉

¼ 杯磨碎的新鮮辣根

將藍莓乾、鹽、黑胡椒與蘋果汁放到中型鍋裡，以中小火煮到小滾。用棉布將小豆蔻、檸檬皮、柳橙皮包好綁緊，放進鍋裡，繼續煮到湯汁收乾剩 ¼ 杯的份量。

加入冷凍藍莓並攪拌均勻。以中小火煮到小滾的狀態，繼續煮到變濃稠，大約需 15 分鐘，中間時常攪拌避免黏鍋。

離火後，把小豆蔻與柑橘果皮的棉布包取出丟棄。撒入果膠粉，靜置 1 分鐘，然後仔細攪散直到溶解。最後拌入辣根，即可上桌，或是以乾淨的玻璃罐裝盛，密封冷藏，可保存 3 個月。

完成品約 2½ 杯

現代馬鈴薯的所有栽培種都可以追溯到祕魯南部的單一品種。16 世紀時，西班牙探險家從南美洲回到歐洲後，這個簡單的植物在這個世界大部分的地方開始流行起來。馬鈴薯有著非常溫和，甚至有點平淡的風味，但烤馬鈴薯的香氣實際上非常複雜。馬鈴薯大部分的風味來自烹煮過程，這意味著梅納反應氣味在此扮演重要角色。牛奶、奶油、酸奶或起司是馬鈴薯的經典搭擋，而資料也顯示，它們是馬鈴薯最佳的化學配對。土壤味與類水果蔬菜味也是馬鈴薯的主要風味；毫不意外的，其他含有類水果蔬菜氣味的食材，如番茄、茄子與椒類，也跟馬鈴薯一樣同屬茄科家族。（這裡沒有將地瓜涵蓋進來，是因為地瓜的風味比較接近冬南瓜，詳情請見第 222 頁。）

最佳配對：

奶油、起司、酸奶、番茄、椒類、玉米、烤堅果、麵包丁

驚喜配對：

開心果、酪梨、日本清酒

可替換食材：

櫛瓜、佛手瓜、白花椰菜、菊芋、歐洲防風草

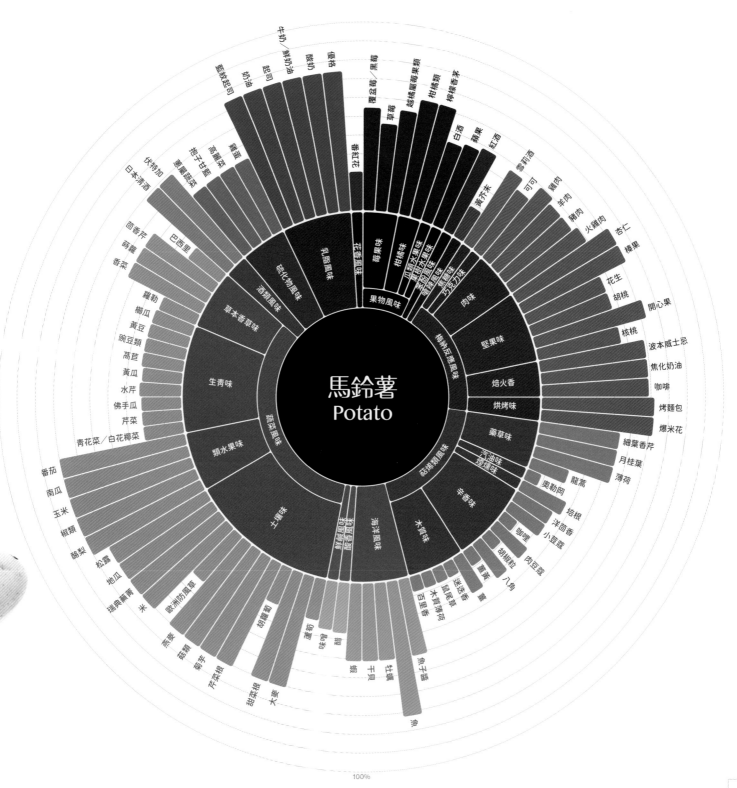

馬鈴薯
Potato

牛奶/奶油
奶油
起司
奶油(焙烤)
奶醛
奶酪

覆盆莓/黑莓
草莓
越橘蔓莓果類
柑橘類
檸檬香茅
白酒
蘋果
紅酒

髮菜起司味
奶油
葫手甘藍
雞蛋
伏特加
日本清酒

雪莉酒
可可
雞肉
牛肉
豬肉
火雞肉
杏仁
榛果
花生
胡桃
開心果
核桃
波本威士忌
焦化奶油
咖啡
烤麵包
爆米花
細葉香芹
月桂葉
薄荷

乳脂風味
硫化物風味
酒類風味
草本香草味
莓果味
柑橘味
瓜類水果味
異國風味
漿果風味
巧克力味
肉味
堅果味
焙火香
烘烤味

茴香芹
蒔蘿
香菜
巴西里
羅勒
櫛瓜
黃豆
豌豆類
萵苣
黃瓜
水芹
佛手瓜
芹菜
青花菜／白花椰菜

果物風味
生青味
梅納反應風味
藥草味
汽油味
煙燻味

龍蒿
澳勒岡
培根
洋茴香
小豆蔻
咖哩
肉豆蔻
八角
胡椒粒
葛縷
迷迭香
鼠尾草薄荷
百里香
菌菇

番茄
南瓜
玉米
椒類
酪梨
松露
地瓜
瑞典蕪菁
米
歐洲防風草
胡蘿蔔
蓮藕
味噌
醋

蔬菜風味
類水果味
土壤味
木質味
辛香味
鮮鹹風味
醛香風味
海洋風味

魚子醬
孔雀蛤
干貝
魚

燕麥
菇類
菊芋
芹菜根
甜菜根
大麥

A
B
C
D
E
F
G
H
J
K
L
M
N
O
P
R
S
T
V

100%

199

甜菜根藍紋起司瑞士薯餅佐酪梨醬
Beet and Blue Cheese Rösti Potatoes with Whipped Avocado

土壤氣息與類水果味是馬鈴薯最明顯的風味，它們也是爲樸實的馬鈴薯尋找最佳配對的指標方向，而甜菜根就正好擁有這兩種風味化合物。在這道風味與色澤兼具的瑞士薯餅裡，藍紋起司幫忙提升這兩項食材的土壤味，同時酪梨提供豐富的滑順口感。

900 克小顆育空黃金馬鈴薯（Yukon gold potatoes）
猶太鹽
2 大匙無鹽奶油
4 根青蔥（含蔥青與蔥白），切薄片
1 大匙橄欖油，另外多準備一些備用
1 杯磨碎的去皮新鮮甜菜根
¼ 杯攪碎藍紋起司
酪梨醬（做法請見右列）

用叉子將馬鈴薯插幾個洞，放進中型醬汁鍋，加入冷水，淹過馬鈴薯約8公分高，撒點鹽。開火煮滾後，將火調小，蓋上鍋蓋。煮到馬鈴薯都煮透了，需約20分鐘。將熟馬鈴薯濾乾水，徹底放涼；如能冷藏2～3小時，最爲理想。也可以提早3天將馬鈴薯煮好，冷藏備用。

準備一個烤盤，放上置涼架，擺在烤箱旁備用。用小刀將馬鈴薯去皮，然後用刨絲器刨成馬鈴薯絲。用一個中型不鏽鋼鍋或不沾鍋，以中火融化奶油。加進蔥，炒到變軟，約需 2 分鐘。再加入馬鈴薯絲，均勻拌炒。當馬鈴薯開始發出滋滋聲響，拌進橄欖油、甜菜根與藍紋起司。將所有食材加成緊實的麵餅狀，然後讓它煎到金黃酥脆，約需 5 分鐘。用鍋鏟小心將薯餅推到盤子上，再倒扣回鍋中，繼續煎到另一面同樣焦黃。如需要的話，可再加點油。當薯餅兩面都金黃時，移到置涼架上放涼。

上桌前，將薯片切成 6 ～ 8 塊，放上一匙酪梨醬。

酪梨醬

1 顆酪梨（建議挑選哈斯酪梨）
1 大匙新鮮萊姆汁
¼ 杯原味優格或酸奶
¼ 小匙孜然粉
猶太鹽與現磨黑胡椒

將酪梨一切爲二，去核，然後用湯匙挖出果肉。把酪梨、萊姆汁、優格與孜然粉放進食物調理機，攪打至滑順。以鹽與黑胡椒調味後，可馬上使用。或者以玻璃罐或塑膠保鮮盒裝盛，密封冷藏，可保存 3 天。

完成品爲 1 杯

完成品爲 4 人份

主要種類：

雞、火雞、鴨、鵪鶉、乳鴿、雉雞、珠雞、
鵝

最佳配對：

奶油、起司、根莖類蔬菜、穀類、蒔蘿、
細葉香芹

驚喜配對：

螯蝦、香蕉

可替換食材：

所有家禽類都可彼此替換

家禽指的是被馴養來提供蛋或肉的鳥類。我們一般認為，所有禽類的胸肉是「白肉」，而腿肉（大腿與棒棒腿）是「紅肉」，但事實遠比這複雜多了。大多數馴養的禽類都不能飛行，這意味著牠們幾乎沒怎麼用到胸肌，致使這部位的肌肉色澤白皙且柔軟，缺點是，這些胸肉沒有什麼風味。另一方面，組成腿部的肌肉則使用頻繁；這則讓這些肌肉擁有比較強健的締結組織，因此色澤也比較深、風味較強。但實情是，那些原本就沒有繼承飛行能力的鳥類，如鴨、雉雞、鵪鶉、乳鴿，原本就擁有深色的胸肉。於是，我們可以非正式地將家禽分成兩種類型：白色胸肉組與深色胸肉組。前者分類下的家禽，像是雞、火雞與春雞，擁有滋味豐富的胸肉；而深色胸肉的家禽（鴨、雉雞、鵪鶉、乳鴿、鵝）則胸與腿全都帶有油脂、堅果香氣，與些微的穀倉味。

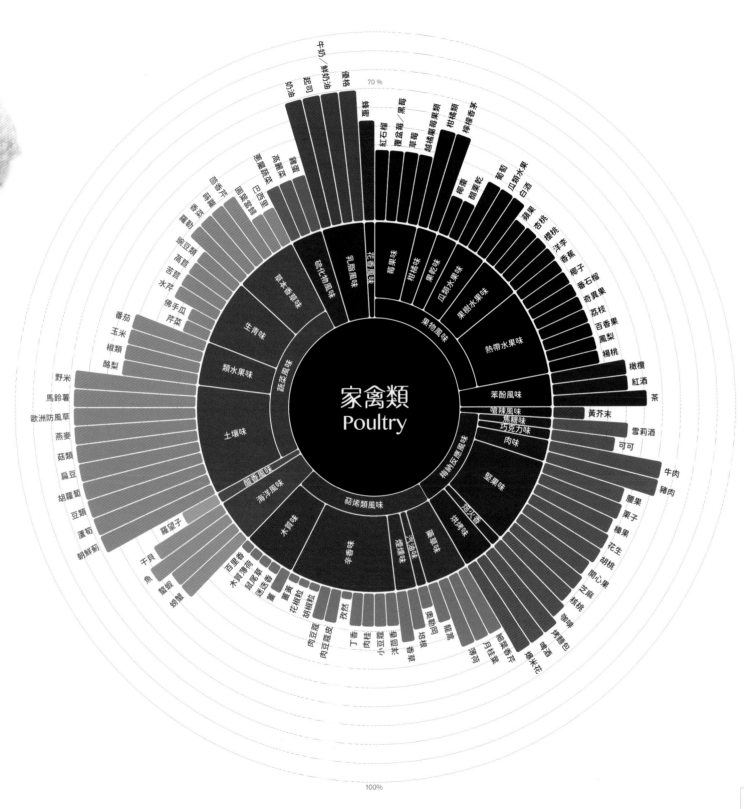

杏桃、鼠尾草與開心果印度酸甜辣醬
Apricot, Sage, and Pistachio Chutney

這道印度酸甜辣醬非常萬用，可以作爲佐餐的調味料，或者任何燒烤家禽類的填料，比如雞、火雞或鴨。當作爲填料時，將它抹在攤平的胸肉或腿肉上，然後捲起來再烤。儘管這道酸甜辣醬適合所有的家禽肉品，它搭配烤牛肉或烤羊肉也十分美味。

2 杯切丁的杏桃乾
2 杯不甜白酒
¼ 杯白酒醋
3 支新鮮鼠尾草
1 小匙茴香籽，壓碎
2 大匙橄欖油
½ 顆柳橙的細皮絲與柳橙汁
¼ 杯切碎的烤開心果或烤胡桃
1 大匙切末的墨西哥辣椒
猶太鹽與現磨黑胡椒

將杏桃乾、白酒、白酒醋、鼠尾草與茴香籽放到小鍋裡，煮到沸騰後，轉小火，蓋上鍋蓋。大約煮 5 分鐘，直到杏桃乾膨脹，離火靜置 15 分鐘。

用漏勺將湯汁濾到容器裡備用，取出杏桃放到碗中，鼠尾草可丟棄。

將橄欖油、柳橙皮絲與柳橙汁、開心果與墨西哥辣椒放進裝有杏桃的碗中，攪拌均勻，再用鹽與胡椒調味。如果覺得太稠，可以加點剛剛保留的湯汁。完成後可馬上使用，或密封冷藏，可保存 2 週。

完成品約爲 3 杯

最佳配對：

　　細葉香芹、羅勒、萵苣、豌豆類、優格、
　　酸奶、蘋果、柑橘類

驚喜配對：

　　羅勒、百香果、啤酒

可替換食材：

　　豆薯、蕪菁、荸薺

蘿蔔是十字花科成員之一；它所隸屬的蘿蔔屬（Raphanus sativus）與蕓薹屬甘藍類（Brassica oleracea）與蕓薹屬白菜類（Brassica rapa）都是親戚。蘿蔔主要提供又脆又辣的根部作為食材，不過它的莖與葉也都是可食用的。它的葉子嘗起來有胡椒味，與芝麻葉很像。如同十字花科其他成員，櫻桃蘿蔔的風味主要來自硫化物。蘿蔔屬所含最重要的硫化物是異硫氰酸酯（isothiocyanate），它是一種含氮的分子化合物，就是造成生蘿蔔有辛辣味的原因，在黃芥末、辣根、山葵裡也都能找的到這種化合物。蘿蔔可由生長季節不同來分類；大多數的蘿蔔在春天成熟，但有一大類品種，如大根（日本白蘿蔔）、韓國白蘿蔔與黑蘿蔔，則是在冬天採收。

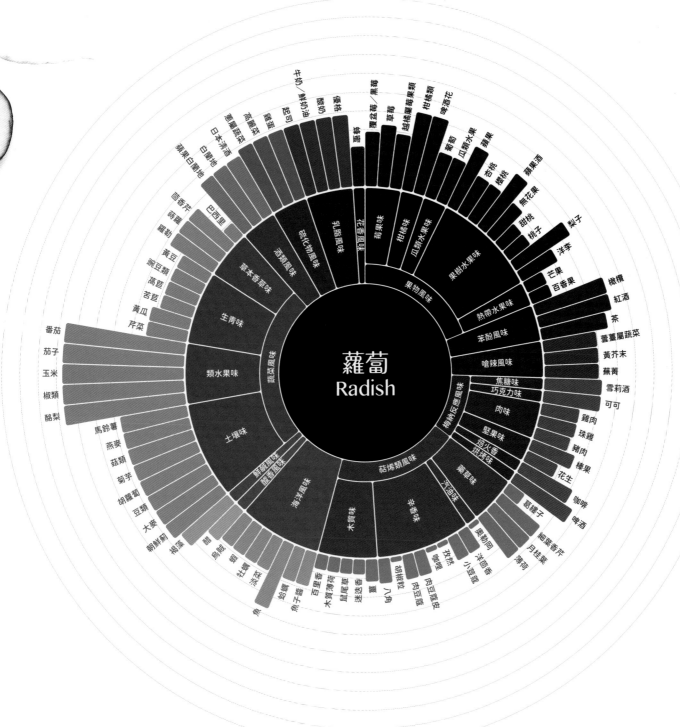

蘿蔔
Radish

櫻桃蘿蔔蘋果沙拉佐羅勒醋
Radish-Apple Salad with Basil Vinegar

蘋果與羅勒各自與蘿蔔搭檔就已經非常適合。在此，我們集合這三種食材，做出又脆又辣的沙拉，並使用調和多種風味的手法，調製出一款氣味濃郁、滋味豐富的無敵醋汁。羅勒醋對於這道沙拉來說非常畫龍點睛：把它用在不同的蘿蔔料理中，都可幫助呈現出更多風味，不管是在炒蘿蔔之後，拿它來洗鍋收汁，或者作爲調味醬汁，淋在簡單的櫻桃蘿蔔萵苣沙拉上，都很迷人。它也可以讓番茄沙拉更加完美。記得一定要試試看最後列出的變化版風味醋。

2 大匙羅勒醋（做法下列）
2 大匙蘋果酒或蘋果汁
½ 小匙蜂蜜或砂糖
1 小匙第戎芥末醬
2 大匙特級冷壓橄欖油
1 顆澳洲青蘋果，去核，切四等份後切薄片
1 顆蜜脆紅蘋果，去核，切四等份後切薄片
1½ 杯薄切櫻桃蘿蔔（約一串）
1 根小黃瓜，切薄片
猶太鹽與現磨黑胡椒
新鮮羅勒葉，裝飾用

將醋、蘋果酒與黃芥末放到大碗，攪拌至融合。邊攪邊加入橄欖油，直到整個乳化完成。加進蘋果、櫻桃蘿蔔與小黃瓜，仔細拌勻。用鹽與黑胡椒調味。可將沙拉分裝到 4 個盤子，或者放在大碗中，最後以羅勒葉裝飾，即可上桌。

羅勒醋

1 小匙葛縷子
6 根新鮮羅勒葉，每根切成 4、5 段
1 顆萊姆，用削皮刀削成長條皮絲
2 杯白酒醋

將葛縷子、羅勒與萊姆皮絲放到玻璃罐中，加進醋，放上蓋子旋緊，然後上下用力搖晃直到混合均勻。放在陰涼處 1 週，中間偶爾搖晃一下罐子。

1 週後，醋水卽可使用，羅勒與其他食材如放在罐中可保存 1 個月。在那之後，把羅勒醋濾到乾淨的罐子，可永久保存。

完成品爲 2 杯

變化版風味醋

薄荷醋：2 小匙薑黃粉、2 根新鮮薄荷、1 顆檸檬皮絲、2 杯白酒醋

辣椒醋：1 根墨西哥辣椒切片、10 到 12 根新鮮香菜、2 杯雪利酒醋或白酒醋

覆盆莓醋：1 大匙黑胡椒粒、1 杯新鮮覆盆莓、6 根新鮮百里香、2 杯紅酒醋

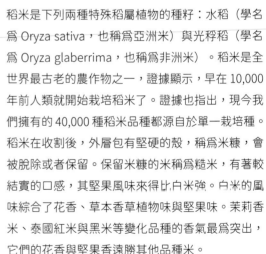

最佳配對：

> 奶油、起司、柑橘類、莓果、菇類

驚喜配對：

> 覆盆莓、香草

可替換食材：

> 法羅小麥、大麥、全麥、藜麥

稻米是下列兩種特殊稻屬植物的種籽：水稻（學名為 Oryza sativa，也稱爲亞洲米）與光稃稻（學名爲 Oryza glaberrima，也稱爲非洲米）。稻米是全世界最古老的農作物之一，證據顯示，早在 10,000 年前人類就開始栽培稻米了。證據也指出，現今我們擁有的 40,000 種稻米品種都源自於單一栽培種。稻米在收割後，外層包有堅硬的殼，稱爲米糠，會被脫除或者保留。保留米糠的米稱爲糙米，有著較結實的口感，其堅果風味來得比白米強。白米的風味綜合了花香、草本香草植物味與堅果味。茉莉香米、泰國紅米與黑米等變化品種的香氣最爲突出，它們的花香與堅果香遠勝其他品種米。

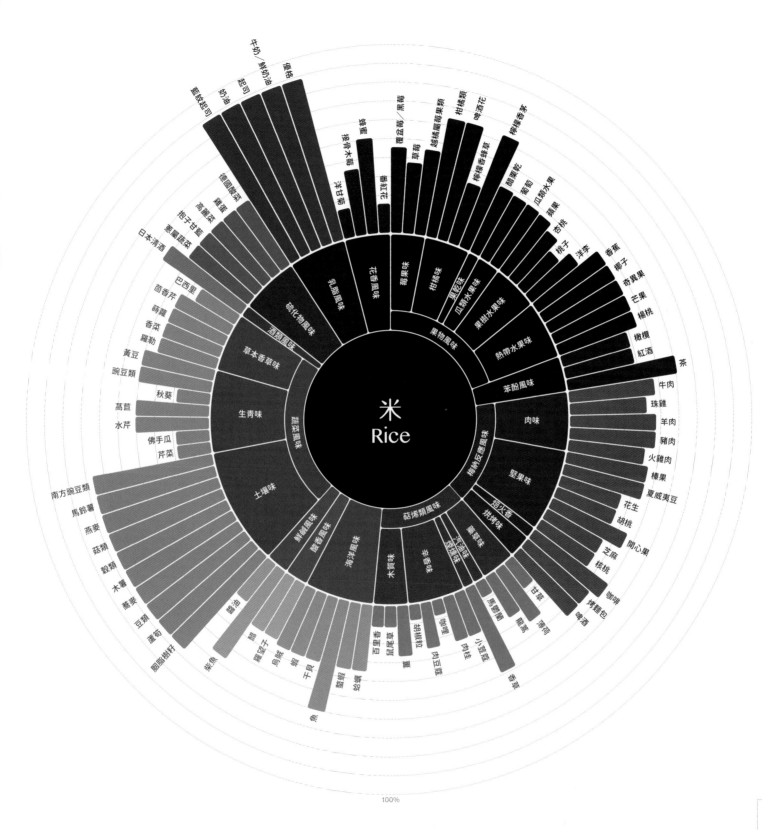

覆盆莓米布丁
Raspberry Rice Pudding

米與水果風味特別對味，尤其是來自莓果與柑橘類的香氣。在這份食譜裡，這三種食材一起將米布丁這道家常甜點，轉變成煥然一新、層次豐富的饗宴。

1 大匙砂糖
2 杯新鮮覆盆莓
¼ 杯砂糖
½ 杯義大利阿勃瑞歐米（Arborio rice）
3 杯牛奶或杏仁奶
1 根肉桂棒
½ 根新鮮香草莢，刮起香草籽；或 1 小匙純香草萃取液

裝飾食材

切碎的烤開心果
磨碎的柳橙皮絲

將一大匙糖灑在覆盆莓上，輕輕拋動混合均勻，靜置一旁讓覆盆莓軟化。

把 ¼ 杯糖、米、牛奶、肉桂棒與香草籽放在大型醬汁鍋中。煮到開始沸騰後，轉小火維持小滾。邊煮邊攪動，防止黏鍋，大約需 30 分鐘，直到米變軟。

先將覆盆莓大致壓碎變成粗泥，然後用細目濾網將覆盆莓的汁液濾到鍋中。好好仔細攪拌，煮到變得濃稠，大約需 10 多分鐘，再將肉桂棒取出丟棄。

將煮好的米布丁以 4 個甜點碗裝盛，即可熱熱地吃，或是放到冰箱降溫後再享用。上桌前，以開心果與柳橙皮絲裝飾。

完成品爲 4 人份

主要種類：

　　根芹菜、歐洲防風草、婆羅門蔘（salsify）

最佳配對：

　　芹菜、白花椰菜、波本威士忌、咖啡、檸檬、羅勒

驚喜配對：

　　香草、香菜、黃瓜

可替換食材：

　　根芹菜、歐洲防風草、婆羅門蔘可彼此替換；馬鈴薯、菊芋、胡蘿蔔

嚴格來說，「根莖類蔬菜」一詞幾乎包含了所有提供根部作為食材的植物，從胡蘿蔔、馬鈴薯到蘿蔔等等。在本書，我們會給予它更嚴格的定義，將著重在某一群共享風味特色的根莖類蔬菜。根芹菜與歐洲防風草在植物學上屬同一科，與婆羅門蔘非常相近。這三種蔬菜都有白色多肉的根部，帶著柔和的土壤味、堅果味與生青味。這類蔬菜大多烤來吃，或者水煮之後打成泥，不過根芹菜與歐洲防風草也可以生食。所有根莖類蔬菜在採收後，都能長時間保存六個月以上。根芹菜是一種特殊芹菜品種（不同於以莖葉為食材的一般芹菜），其根部多節瘤，呈現圓胖球莖狀，質地結實並且很有份量。歐洲防風草雖與胡蘿蔔與巴西里有親戚關係，但別把它與白色胡蘿蔔搞混了。歐洲防風草的質地與根芹菜一樣，都是結實爽脆的。而婆羅門蔘是一種歐洲本土野花植物的根，它又被稱為牡蠣草，源自於它在經過烹煮後會出現一股溫和的牡蠣風味。

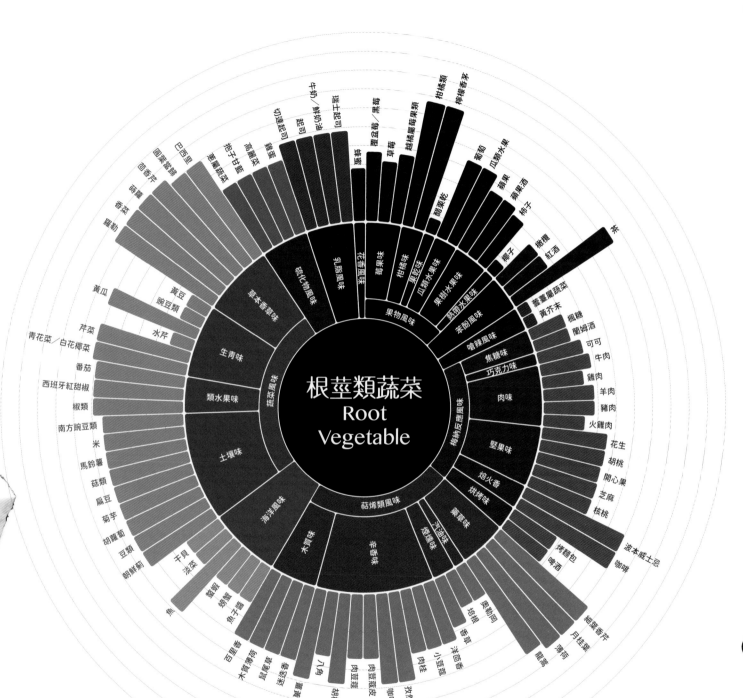

根莖類蔬菜
Root
Vegetable

烤根莖蔬菜佐薑味莎莎青醬
Roasted Root Vegetables with Ginger Salsa Verde

柑橘味與生青味是歐洲防風草、根芹菜與婆羅門蔘最主要的風味，但許多廚師低估了它們的豐富性，以至於在備料與調味這些食材時，處理方式過於簡單。我們反其道而行，藉由薑味莎莎青醬來強化這些風味，爲這道熟悉但有點無趣的烤根莖類蔬菜，增添令人愉悅的明亮滋味。

900 克歐洲防風草與根芹菜，以及婆羅門蔘（可省略）
¼ 小匙香菜籽、磨碎
¼ 小匙薑粉
1 瓣蒜瓣，切碎
1 大匙特級冷壓橄欖油
2 小匙猶太鹽
½ 小匙現磨黑胡椒
薑味莎莎青醬（做法請見下列）

裝飾食材（可省略）

芹菜葉
新鮮巴西里
櫻桃蘿蔔片

將烤箱預熱到 220℃。準備一個烤盤，鋪上烘焙紙。

爲根莖類蔬菜去皮，切成 10 公分長的小段，然後視情況對切或切成 ¼，務必讓每一塊大小差不多。

將香菜籽、薑粉、大蒜、橄欖油、鹽、黑胡椒放到大碗裡攪拌均勻。放進根莖類，快速翻動讓每一塊都沾滿醬料，再鋪到烤盤上，不要重疊。進烤箱大約烤 12~15 分鐘，烤到可以用小刀輕鬆刺穿的熟度，即可出爐置涼。

把蔬菜放在盤子上，淋上青醬，再依個人喜好裝飾，即可上桌。

薑味莎莎青醬

1 大把香菜葉（約 2 杯）
1 大匙酸豆（濾乾）
2 小匙新鮮百里香葉
1 大匙乾馬鬱蘭粉
1 瓣蒜瓣，磨成蒜泥
1 大匙去皮新鮮薑泥
½ 根墨西哥辣椒，去籽、切碎
¼ 杯特級冷壓橄欖油
2 小匙紅酒醋
1 小匙細檸檬皮絲
猶太鹽與現磨黑胡椒

將香菜、酸豆、百里香、馬鬱蘭、大蒜、薑、墨西哥辣椒、橄欖油與醋，全部放進食物調理機，稍微攪打一下，只要切成碎末即可，不需打成泥。拌進檸檬皮絲，用鹽與黑胡椒調味，即可使用。用剩的青醬可以放在密封罐，冷藏保存可達 2 週。使用前再攪拌均勻。

完成品爲 2½ 杯

完成品爲 4 人份

主要種類：

　　櫛瓜、黃南瓜、佛手瓜、碟瓜、櫛瓜花

最佳配對：

　　蘆筍、穀類、菇類、檸檬、起司、大蒜、
　　魚露

驚喜配對：

　　花生、歐洲防風草、高麗菜

可替換食材：

　　不同夏南瓜可彼此替換；黃瓜

夏南瓜是美國南瓜（學名為 Cucurbita pepo）其中一種南瓜及其變種的通稱，美國南瓜還包含冬南瓜與南瓜。在溫帶的溫暖天氣下生產的夏南瓜，擁有非常溫和甚至略微平淡的風味，主要是蔬菜味，以及些微的花香、堅果香與油脂味。挑選夏南瓜時，通常小尺寸的瓜體會擁有較多扎實的瓜肉、少一點柔軟的瓜囊（瓜囊在烹煮後會變得軟爛）。味道細緻的南瓜花或花苞，是初夏最受歡迎的產品；這些從不同品種的櫛瓜與南瓜所長出的花，分成公花與母花。授粉過後，母花會長出新的南瓜，而從植株底端延伸出的長莖上，開的是公花，最適合做成填餡料理。

牛奶/鮮奶油
油炸食物
優格
起司
韭菜
高麗菜
抱子甘藍
羽衣甘藍
蔥屬蔬菜
日本清酒
蒔蘿
茴香
巴西里
羅勒
黃豆
豌豆類
橄欖油
秋葵
佛手瓜
青花菜／白花椰菜
番茄
茄子
玉米
椒類
酪梨
米
馬鈴薯
歐洲防風草
燕麥
菇類
扁豆
穀類
胡蘿蔔
甜菜根
豆類
蘆筍
朝鮮薊
胭脂樹籽
柴魚
魚露
鯷魚

柑橘類
啤酒花
檸檬香蜂草
蘋果
瓜類水果
蘋果酒
甜桃
梨子
椰子
橄欖
紅酒
蕓薹屬蔬菜
黃芥末
可可
牛肉
雞肉
豬肉
火雞肉
杏仁
花生
胡桃
芝麻
核桃
咖啡
烤麵包
啤酒
薄荷
咖哩
丁香
茴香籽
薑
松子
百里香
蠔
蝦
干貝
魚
鯷魚
酸豆

乳脂風味
花香風味
柑橘味
瓜類水果味
果脂水果味
熱帶水果味
草本風味
嗆辣風味
巧克力味
肉味
堅果味
焙火香
烘烤味
藥草味
煙燻味
辛香味
木質味

硫化物風味
酒香風味
草本香草味
生青味
類水果味
蔬菜風味
土壤味
鮮鹹風味
乳酪風味
海洋風味
松柏類風味
砒漆類風味

果物風味

夏南瓜
Squash,
Summer

100%

219

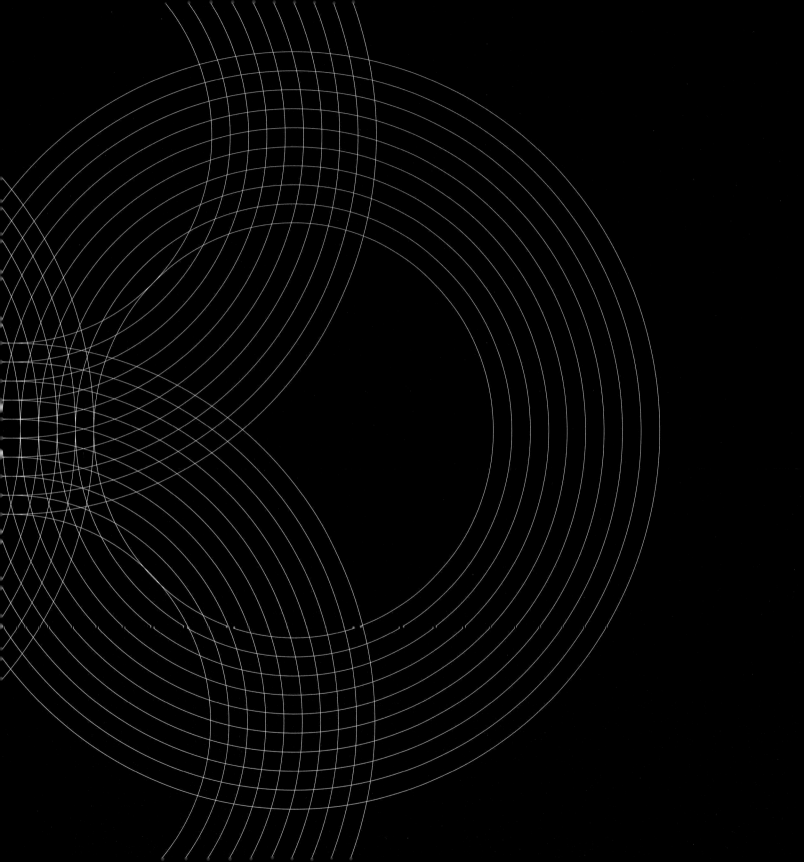

泰式辣味櫛瓜沙拉
Thai-Style Spicy Zucchini Salad

東南亞食材裡的萊姆、花生、薑與魚露,是櫛瓜的極佳拍檔,於是很適合替代青木瓜,成爲這道經典泰國沙拉的新鮮主角。

¼ 杯新鮮萊姆汁
2 大匙黃砂糖
1½ 大匙魚露
1 大匙新鮮薑泥
4 瓣蒜瓣,切末
2 根中型櫛瓜,去頭尾,削成長條(約 4 杯)
½ 小匙猶太鹽
1 杯小番茄,對切
4 根青蔥(含蔥青與蔥白),切薄片
2 大匙新鮮香菜葉
1 個新鮮泰國辣椒,切薄片
¼ 杯烤花生,粗切,裝飾用

將萊姆汁、糖、魚露、薑與大蒜放到小碗裡攪拌均勻,靜置一旁讓味道融合。

把櫛瓜放進大碗裡,加些鹽,快速翻動讓鹽均勻分布。靜置 10 分鐘後,倒到濾盆裡把水擠乾。將擠在一起的櫛瓜分開,放回碗裡。

加進番茄、蔥、香菜、辣椒以及醬汁。好好翻動攪拌均勻。試吃看看是否需要再用鹽或魚露與檸檬汁調味。最後分成四盤,撒上花生,即可上桌。

完成品爲 4 人份

南瓜屬底下有許多不同種類的冬南瓜品種,包括有可食用的多款南瓜品種與裝飾用南瓜。人們不大會生吃冬南瓜與南瓜,食用前也多會先削皮,這兩點與同樣來自南瓜屬的夏南瓜很不一樣。冬南瓜與南瓜有很多不同顏色、形狀、尺寸的變種。它們的瓜肉通常是橘色的;尚未煮熟前的口感帶苦味且有澱粉感,但煮熟後就會變得柔軟香甜。儘管瓜肉看起來很橘黃,它們的風味大多是蔬菜/生青味。冬南瓜最佳的配對是柑橘味與梅納反應風味。(雖然地瓜嚴格來說不屬於冬南瓜家族,之所以被歸類在這裡,是因為它擁有與冬南瓜非常相近的風味組成,並且在廚藝應用上也非常類似)。

主要種類:

橡實瓜、奶油豆瓜、金線瓜、地瓜、南瓜

最佳配對:

柑橘類、奶油、鮮奶油、起司、焦糖、烤堅果、可可、姑類

驚喜配對:

瓜類水果、蛤蠣、秋葵、茶

可替換食材:

冬南瓜與南瓜的各種品種都可彼此替換

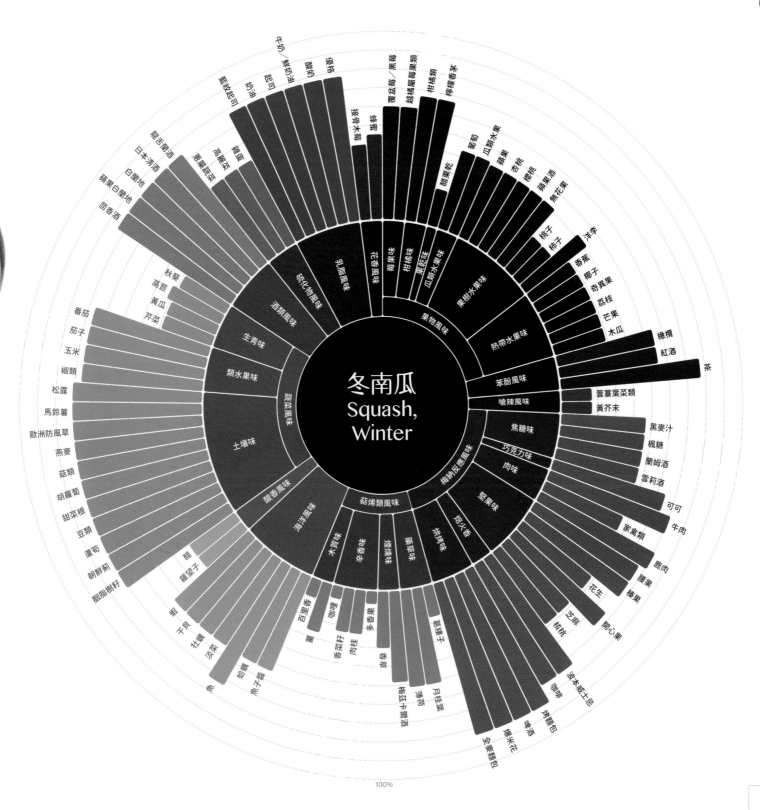

冬南瓜
Squash,
Winter

牛奶
奶油/鮮奶油
起司
麵包
咖啡
發酵
藍紋起司
奶油
發酵
高麗菜
蔥屬蔬菜

接骨草
覆盆莓/黑莓
越橘屬莓果類
柑橘類
檸檬香茅

葡萄
瓜類水果
蘋果
杏桃
櫻桃
蘋果酒
無花果

醋栗乾

草莓

薄荷

乳製品風味
硫代物質味
麥芽風味
莓果味
柑橘味
果乾水果味
瓜類水果味

果樹水果味

桃子
柿子
梨
洋李
香蕉
椰子
奇異果
荔枝
芒果
木瓜

橄欖
紅酒

茶

薑薑葉菜類
黃芥末

黑麥汁
楓糖
蘭姆酒
雪莉酒

可可
牛肉
鹿肉

腰果
榛果
花生
芝麻
核桃
開心果

波本威士忌
啤酒
糙米
爆米花
多麥麵包
烤麵包

咖啡

龍蒿
卡宴辣椒
丁香
月桂葉
番茄醬

魚
蛤蜊
魚子醬

淡菜
牡蠣
干貝

醋
羅勒子

薄荷
千里香
咖哩
胡荽籽
肉桂
多香果

日本清酒
白蘭地
蘋果白蘭地
商香酒

秋葵
高苣
黃瓜
芹菜
番茄
茄子
玉米
椒類
松露
馬鈴薯
歐洲防風草
燕麥
菇類
胡蘿蔔
甜菜根
豆類
蘆筍
朝鮮薊
脂脂樹籽

食物風味
熱帶水果味
苯酚風味
嗆辣風味
焦糖味
巧克力味
肉味
堅果味
烘火味

梅納反應風味

萜烯類風味
海洋風味
木質味
辛香味
花香味
青草味

酒類風味
蔬菜風味
土壤味
酸香風味

果味
類水果味
生青味

紫蘇葉
百里香
葛縷

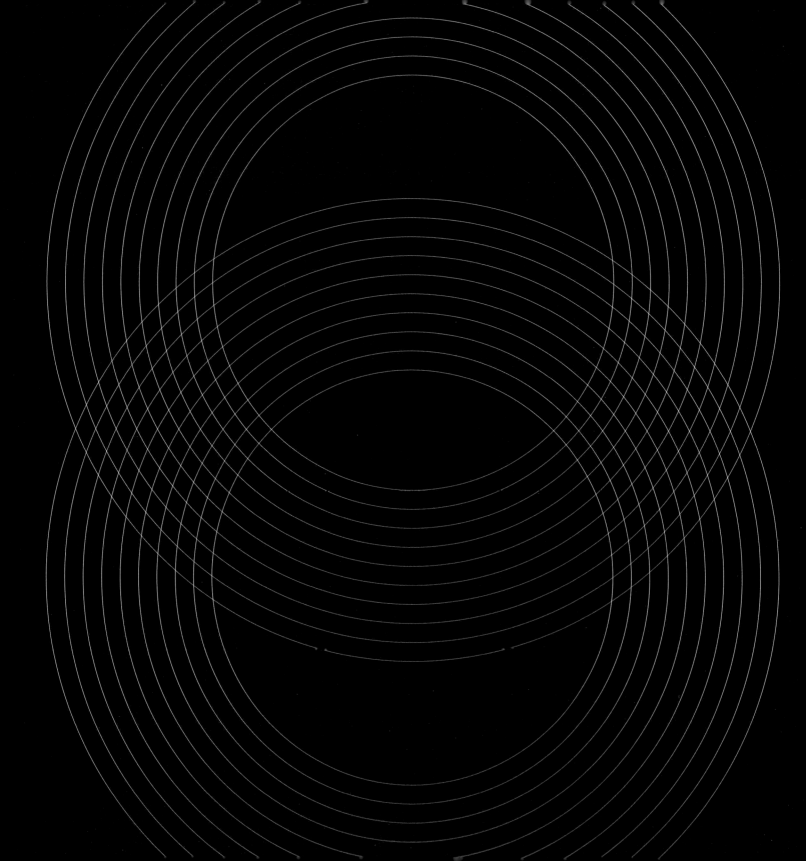

甜瓜沙拉佐醃漬冬南瓜
Melon Salad with Winter-Squash Pickles

冬南瓜與甜瓜血緣非常親近，這讓它們擁有很相似的風味履歷與很不錯的配對分數。但很可惜的，一個長在春天，一個在冬天——所以它們很難有機會在餐桌上碰在一塊兒。但我們想到一個解決辦法：把冬南瓜醃漬起來，然後在七月加進新鮮的甜瓜沙拉裡。最後的成果讓我們大為驚喜！

醃漬冬南瓜

¾ 杯白酒醋或米醋

¼ 杯水

1 大匙黃芥末籽

1 小匙猶太鹽

2 小匙糖

½ 小匙咖哩粉

2 株新鮮百里香

2 或 3 片新鮮辣椒（可省略）

1 杯去皮薄切的冬南瓜

甜瓜沙拉

½ 杯原味希臘優格

1 小匙咖哩粉

1 小匙切末的新鮮薄荷葉

½ 顆萊姆的細皮絲與萊姆汁

1 根科比黃瓜（Kirby cucumber），切薄片（約 1 杯）

1½ 杯切丁去皮甜瓜（蜜香瓜、哈密瓜或西瓜，或者以上綜合）

1 杯小番茄

1 根中等辣度的辣椒（例如牛角辣椒〔red cowhorn〕），切片

2 大匙橄欖油

猶太鹽

2 大匙新鮮羅勒葉

醃製冬南瓜：準備一個消毒過的 473 毫升密封玻璃罐。把醋、水、芥末籽、鹽、糖、咖哩粉、百里香與辣椒（可省略）放進醬汁鍋，然後煮至沸騰後，轉小火繼續煮 2～3 分鐘，煮出風味。加進冬南瓜，煮到變軟，約需 2 分鐘。倒進玻璃罐，蓋子半掩，置涼。冷卻後蓋緊蓋子，放進冰箱冷藏可保存 6 個月。

製作沙拉：將優格、咖哩粉、薄荷、萊姆皮絲與萊姆汁放到小碗裡，攪拌至滑順，靜置一旁讓味道融合。

用濾網將夏南瓜濾出，保留 2 大匙的醃瓜醬汁；丟棄百里香與辣椒（可省略）。將醃漬瓜片放到大碗裡，加入小黃瓜、甜瓜、番茄、辣椒、橄欖油與醃瓜醬汁，輕柔地攪拌均勻，依個人口味適當加鹽調味。

在 4 個盤子裡放入各一匙優格，用湯匙背面抹平。將沙拉放在優格上，堆成小山，最後用羅勒葉裝飾，即可上桌。

完成品為 4 人份

硬核水果，或稱核果水果，是指有著厚果肉包覆著一個果核、裡頭含有硬核心的水果。在此我們特別著重在李屬（Prunus）的桃子、洋李、杏桃、甜桃與櫻桃。這些水果的風味全都來自一種名為內脂的芳香味化合物，經常被用來製作芳香劑與調味料。儘管這些硬核水果都擁有相同的風味特色，我們還是可以依照味道及風味來分類。桃子與甜桃擁有白色或黃色的果肉，成熟期在六月到九月初，它們的風味綜合了柑橘味、花香、杏仁香氣。洋李與杏桃的果肉有綠色、金黃色、橘色、紅色，在八月最成熟，風味來自水果內脂，帶著杏桃、香蕉、柳橙的香氣。櫻桃有紅色、黃色、白色果肉，六月是成熟期，風味結合了杏仁、水果、蔬菜的香氣。

主要種類：

桃子、甜桃、洋李、杏桃、櫻桃

最佳配對：

鮮奶油、優格、羅勒、柑橘類、檸檬香茅、水果白蘭地、玉米、椒類、葡萄酒

驚喜配對：

啤酒、鼠尾草、醬油

可替換食材：

任何核果水果都可彼此替換

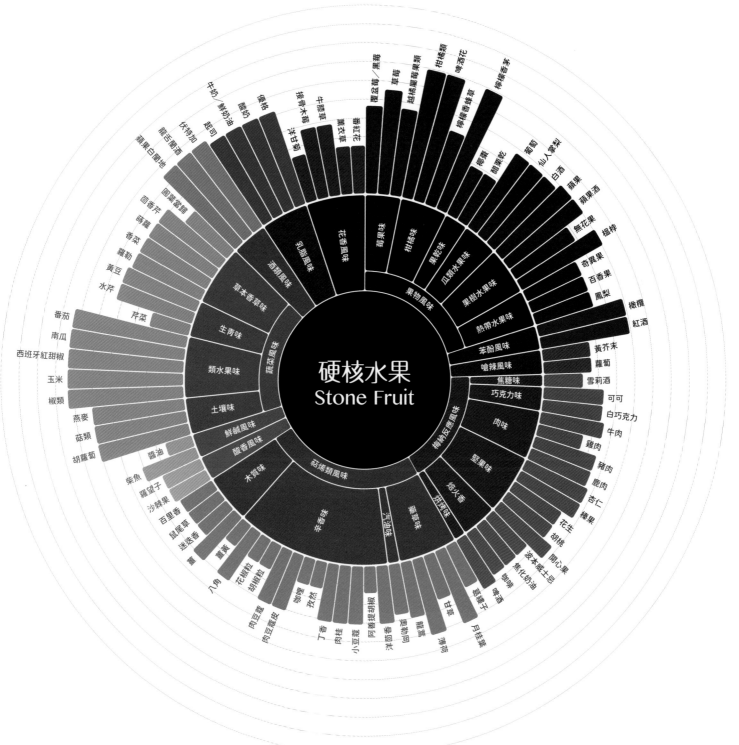

硬核水果
Stone Fruit

咖啡香里肌豬排佐醬燒蜜桃
Pan-Roasted Pork Tenderloin with Coffee, Soy, and Peaches

豬肉含有內脂化合物這件事實在太棒了，這讓豬肉帶著一股隱藏的花香，而這道料理中的桃子將更提升這份花香味。醬油與波本威士忌則帶來鹹味，爲桃子開啓新的一頁。這道料理的做法簡單到不可思議，要是你沒什麼準備時間又希望能事半功倍，做這道料理就對了──每一步驟都會散發出意想不到的香味，而且短短 20 分鐘就能上菜。

2 小匙猶太鹽
1 小匙研磨咖啡粉
1 小匙香菜籽粉
½ 小匙現磨黑胡椒粉
¼ 小匙肉桂粉
1 塊豬里肌（大約 510 克／18 盎司），修邊後逆紋切成
　　12 塊
3 大匙無鹽奶油
2 大匙特級冷壓橄欖油
2 顆紅蔥頭，切薄片
2 根新鮮鼠尾草
2 顆桃子，去核，切成 0.5 公分薄片
¼ 杯波本威士忌
2 大匙醬油
1 杯雞湯
1 小匙新鮮百里香葉

將鹽、咖啡、香菜籽粉、肉桂放到小碗中，攪拌均勻。將豬肉放在盤子或烘培紙上，在兩面均勻撒上剛剛混合的香料（也許不會全用完）。

準備一個放有置涼架的烤盤，擺在爐子邊備用。以中火加熱鑄鐵煎鍋，加入奶油與橄欖油各一大匙。當奶油完全融化並且冒泡時，放入一半的豬里肌肉，煎到兩面上色（每面需時 2.5 分鐘），再移到置涼架上靜置。將煎鍋裡的油擦乾淨，再倒入剩下的橄欖油與一大匙奶油，繼續煎剩下的豬里肌肉，煎好後一樣移到置涼架。

將紅蔥頭與鼠尾草放進鍋中，利用剩下的油煮 1 分鐘，再加入桃子片。將桃子煮到軟化，大約需要 1～2 分鐘。暫時將煎鍋從爐火上移開，加入波本威士忌，再放回爐子上，繼續煮到幾乎完全收汁。把豬里肌肉放回鍋中，然後加入醬油與雞湯；轉動煎鍋，讓所有醬汁均勻混合。以小火慢煨煮 1 分鐘，拌入剩下的一大匙奶油。最後撒上百里香，即可上桌。

完成品爲 4 人份

蔗糖漿是將新鮮壓榨的甘蔗汁煮到水分蒸發、糖分焦糖化的產品。在這個烹煮的過程時，糖漿會演變出深邃、焙火香的風味調性。當糖漿繼續熬煮，顏色會變得更黑，最後會發展成帶有硫磺味與苦味特性的赤糖糊糖蜜。楓糖也經歷一樣的過程：將楓樹的樹液小心煮沸讓水分蒸發，但在焦糖化發生前就停止熬煮。同樣可以拿來做糖漿的還有高粱汁液（高粱糖漿）、椰棗棕櫚樹液（棕櫚糖漿／糖）以及椰子樹液（椰子糖漿／糖）。這些糖漿可以用來取代一般糖或玉米糖漿，增添更多風味。

主要種類：

蔗糖漿、糖蜜、高粱糖漿、楓樹糖漿

最佳配對：

波特酒、羅望子、雪莉酒醋、蘋果、穀類、柳橙

驚喜配對：

大蒜、魚、橄欖

可替換食材：

任何糖漿都可以彼此替換

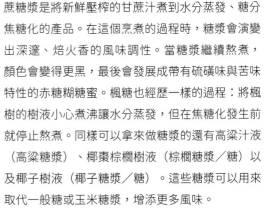

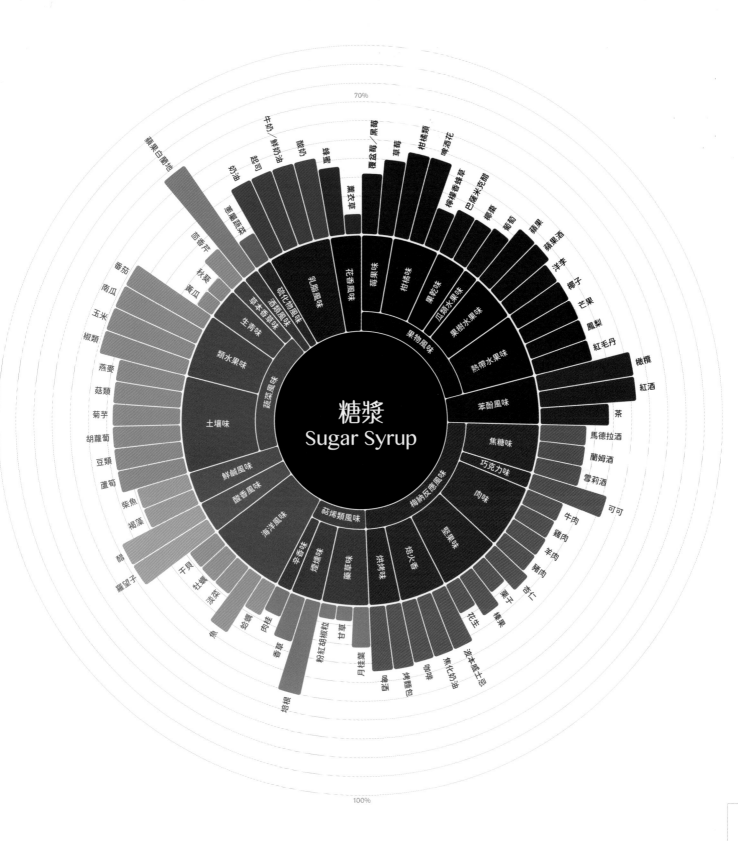

糖漿
Sugar Syrup

炙烤糖醋旗魚串
Molasses-Stained Swordfish Kebabs

這款糖蜜烤醬特別適合搭配海鮮，在這份食譜裡我們選擇使用炙烤起來最美味的旗魚。除此之外，這款醬汁也可以作爲烤鮭魚的烤醬，或者拿來醃製烤雞或烤牛肉。

¼ 杯雪莉酒醋或紅酒醋
¼ 杯糖蜜或蔗糖漿
4 瓣蒜瓣，切末
2 小匙新鮮百里香葉
½ 顆柳橙的細皮絲
1 小匙孜然粉
900 克旗魚，切成長寬各 4 公分的魚塊
1 顆紫洋蔥，切成長寬各 4 公分的方塊
1 顆甜椒（任何顏色），切成長寬各 4 公分的方塊
6 條厚切培根，切 4 公分長的肉片（可省略）
8 根 15 公分長的竹籤，先泡冷水
猶太鹽與現磨黑胡椒

將醋、糖蜜、大蒜、百里香、柳橙皮絲、孜然粉放進小碗，攪拌均勻，再用兩個盒子各裝一半醬汁。

用竹籤插上交錯的魚塊、洋蔥、甜椒、培根（可省略），盡可能地插滿，竹籤兩頭各留 1.5 公分卽可。將烤串放到盤子或烤盤上，均勻撒上鹽與一點點黑胡椒調味，然後用其中一盒的醬汁，將烤串每一面都刷上醬汁。

將烤肉爐加熱，並將烤架刷上油，或使用烤箱也可以。準備一個放有置涼架的烤盤，擺在烤肉爐／烤箱旁邊備用。火烤或烘烤旗魚串時，每面約烤 3 分鐘，轉動 3 ～ 4 次，直到魚肉到達五分熟至七分熟，取出放到置涼架上，立卽用另一盒乾淨的醬汁爲烤串刷上第二層醬汁，便可趁熱上桌，同時也附上剩下的醬汁作爲佐料。

完成品爲 4 人份

番茄是一種果實可食用的茄科植物，原產於中美洲與南美洲。如今番茄已經成為全球廣泛使用的食材之一，但實際上這種植物一直到 16 世紀中期才進入歐洲、亞洲與非洲，目前全世界約有 7,500 種不同的番茄品種。一般來說，番茄富有香氣，大概由近 500 種不同的芳香味化合物所組成，但沒有一種化合物的含量特別突出，而蔬菜味與水果味是它最主要呈現出的風味。番茄從酸到甜都有，它的滋味來自天然的酸糖平衡結果；在料理番茄時，你可以用醋或糖來微調味道。而番茄也是天然的鮮味來源之一。

最佳配對：

　茄子、玉米、酪梨、椒類、桃子、芝麻、羅望子、萵苣

驚喜配對：

　茶、椰子、百香果、小豆蔻、莓果

可替換食材：

　草莓、黏果酸漿、柿子、椒類

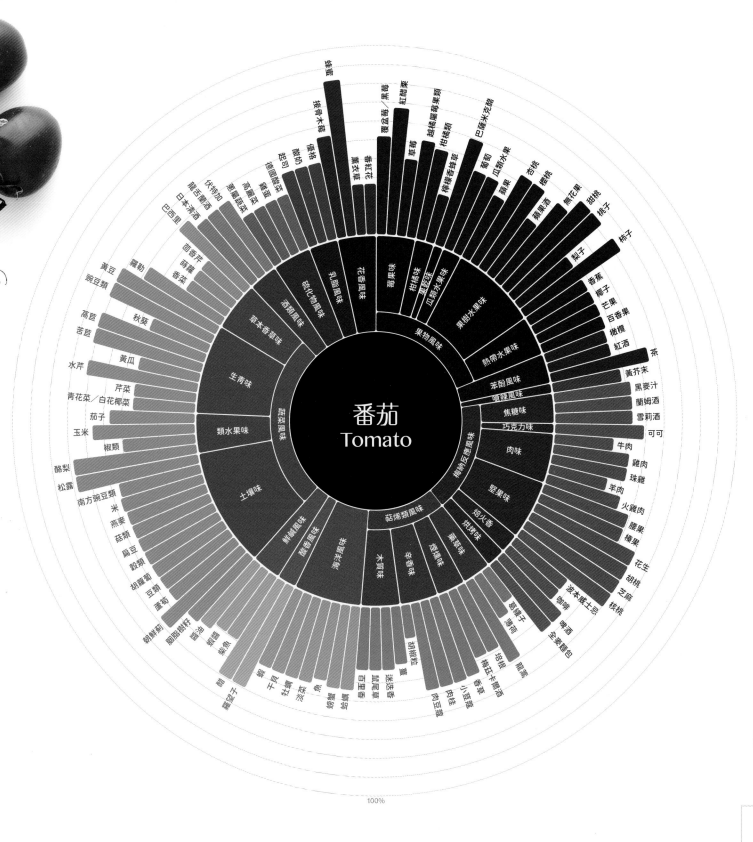

100%

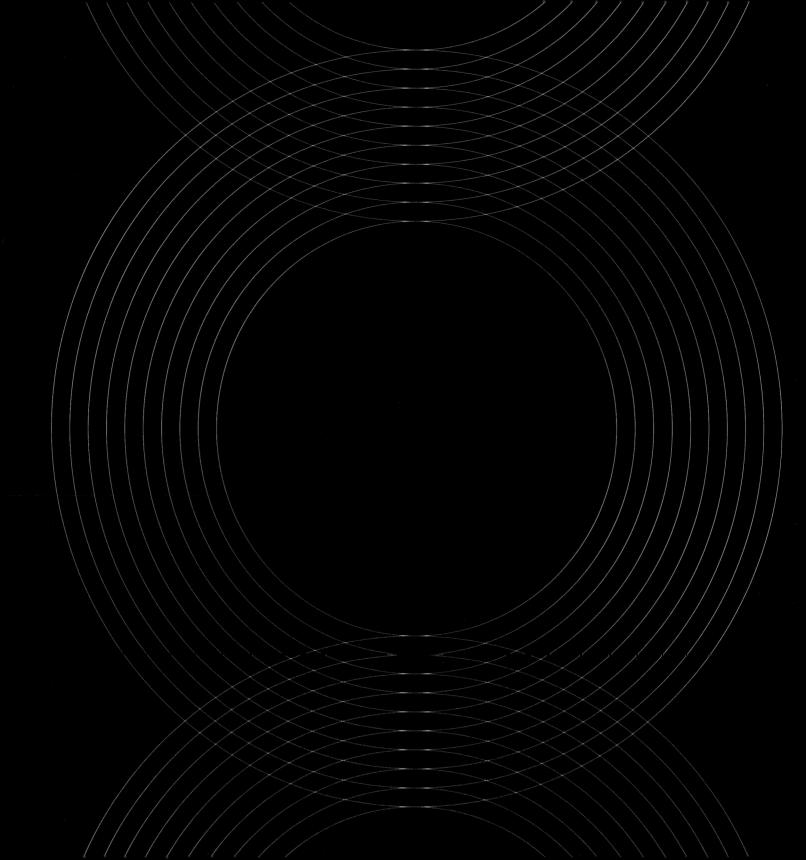

紅茶番茄醬汁
Black Tea-Tomato Sauce

茶類與番茄的風味是絕佳的組合，尤其是紅茶帶有鹹味、生青味與苯酚香氣，這全都是番茄的理想對象。由於茶是個性非常強烈的食材，請記得要斟酌使用——只要一小撮茶，就能讓整鍋番茄完美生香。你也可以將這道醬汁用來取代其他需要番茄醬汁的料理。

2 大匙橄欖油

1 杯切末的黃洋蔥（約 1 顆小洋蔥）

4 瓣蒜瓣，切末

猶太鹽與現磨黑胡椒

800 克罐頭番茄（切丁或泥狀）

散裝紅茶

1 杯水

1 撮糖（可省略）

用一個中型煎鍋加熱橄欖油。加進洋蔥與大蒜，再用鹽與黑胡椒調味。以中火煮到食材變軟，但不焦黃，大約需要 5 分鐘。

加入番茄、½ 小匙的茶葉與水，煮到沸騰，再試吃看看是否需要加額外的鹽與黑胡椒。轉小火，蓋上蓋子，繼續煮 15 分鐘，直到變得濃稠。

最後再試一下味道，視情況判斷要不要再加鹽、些許茶葉與糖，你可以用手持攪拌機將它打成泥狀，或者直接使用。也可用玻璃罐盛裝密封，冷藏可保存 2 週，冷凍可 6 個月。

完成品為 4 杯

主要種類：

芒果、鳳梨、香蕉、椰子、百香果、木瓜

最佳配對：

桃子、香草、百里香、蜂蜜、鮮奶油

驚喜配對：

羊肉、蒔蘿、藍紋起司、黃芥末

可替換食材：

任何一種熱帶水果都可以彼此替換

許多具有香氣的水果都生長在世界各地的熱帶地區，並且擁有非常相似的風味履歷，這讓我們得以將它們歸類在同一組裡，方便一起搭配其他食材。熱帶水果風味主要是由內酯化合物所創造，許多防曬用品與乳液也是使用內酯來調配出獨特的香味。而有一種特別的內酯叫做「乙酸甲酯」（methyl hexanoate），不僅存在於所有的熱帶水果，也串起熱帶水果與其他食材；它在許多食材裡扮演重要角色，像是百香果、木瓜、奇異果、牡蠣、鳳梨、白酒、蘋果酒、越橘屬莓果、瓜類水果、橄欖、覆盆莓與草莓。乙酸甲酯也是藍紋起司氣味的來源，於是它成了一個關鍵連結，讓我們有了鳳梨搭配藍紋起司的驚喜搭配。

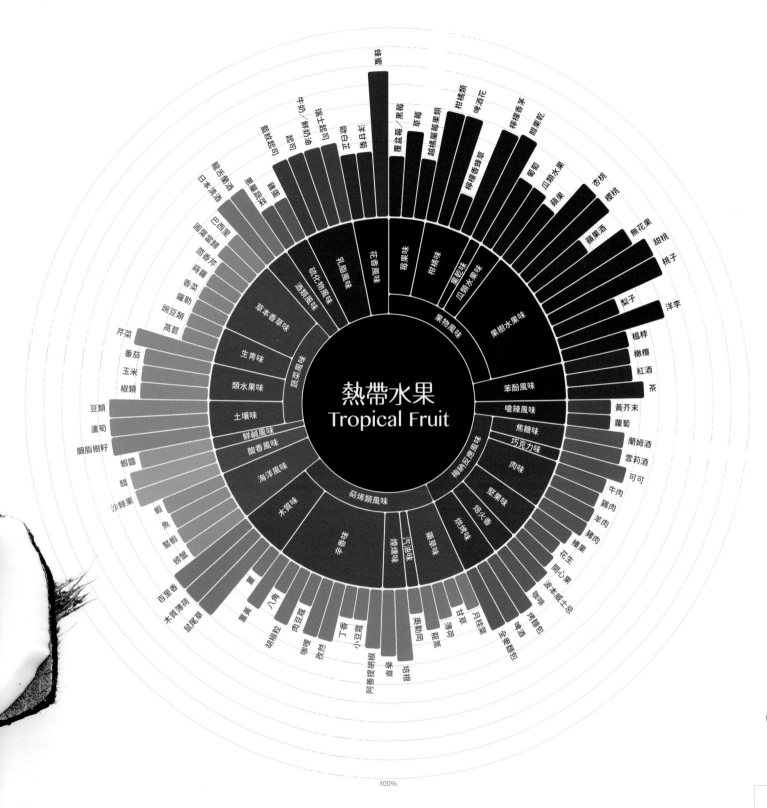

蟹肉、芒果、蒔蘿與波布拉諾辣椒沙拉
Crab, Mango, Dill and Poblano Salad

芒果與蒔蘿是一組令人驚喜又美味無比的配對，這得感謝兩種食材都擁有木質香與松香的風味。
將它們搭配蟹肉、波布拉諾辣椒與小黃瓜，就會創造出所有滋味都很到位的出色料理。

½ 顆檸檬的細皮絲與檸檬汁
2 小匙切碎的新鮮蒔蘿
2 大匙美乃滋
1 根波布拉諾辣椒（poblano chile），烤過後去皮、去籽、
　切碎
猶太鹽與現磨黑胡椒
454 克煮熟蟹肉
1 杯去籽切丁小黃瓜
一顆芒果
¼ 杯芹菜葉

將檸檬皮絲、檸檬汁、蒔蘿、美乃滋與布拉諾辣椒放大碗裡，攪拌均勻，以鹽與黑胡椒調味。輕柔地拌入蟹肉與小黃瓜。以保鮮膜封住碗口後放到冰箱備用，可以前一天提早準備。

將沙拉分成四盤。把芒果去皮後切下果肉，再將果肉切成 0.1～0.3 公分的薄長片。將芒果片如緞帶般疊放在沙拉上，最後用芹菜葉裝飾，即可上桌。

完成品爲 4 人份

最佳配對：

穀類、米、菇類、蘆筍、雞蛋、番茄、奶
油、起司、烤堅果

驚喜配對：

甜菜根、草莓、越橘屬莓果

可替換食材：

沒有直接可以替換松露香氣的食材；牛肝
菌、舞茸

松露是廚藝世界裡最高貴的真菌。在南法、義大
利與克羅埃西亞，松露自然地生長在特定樹種根
部附近的土壤裡，其中人們最渴望一嘗的品種是
黑松露（學名為 Tuber melanosporum）與白松
露（學名為 Tuber magnatum）。在一年之中，
松露只在特定的時段、特定的環境裡成長，而且只
有被特訓過的狗或豬才能找的到。如此奇貨可居，
難怪松露每磅叫價總是上百或上千美金。新鮮松露
複雜的風味，主要來自硫化物與甜水果味。料理白
松露時不該烹煮它；它們在被切開時就開始流失風
味，最好的方法是在桌前直接削下白松露片加到菜
餚裡立即享用。新鮮黑松露則在加熱時會釋放更多
香氣，但也應該在烹煮的最後一刻才加入。如果你
正想購買松露產品，像是罐裝松露、松露奶油或
松露油，一定要確認標籤上註明的內容物是否有
「Tuber melanosporum（黑松露）」或「Tuber
magnatum（白松露）」，而非其他品種或是人工
香料。

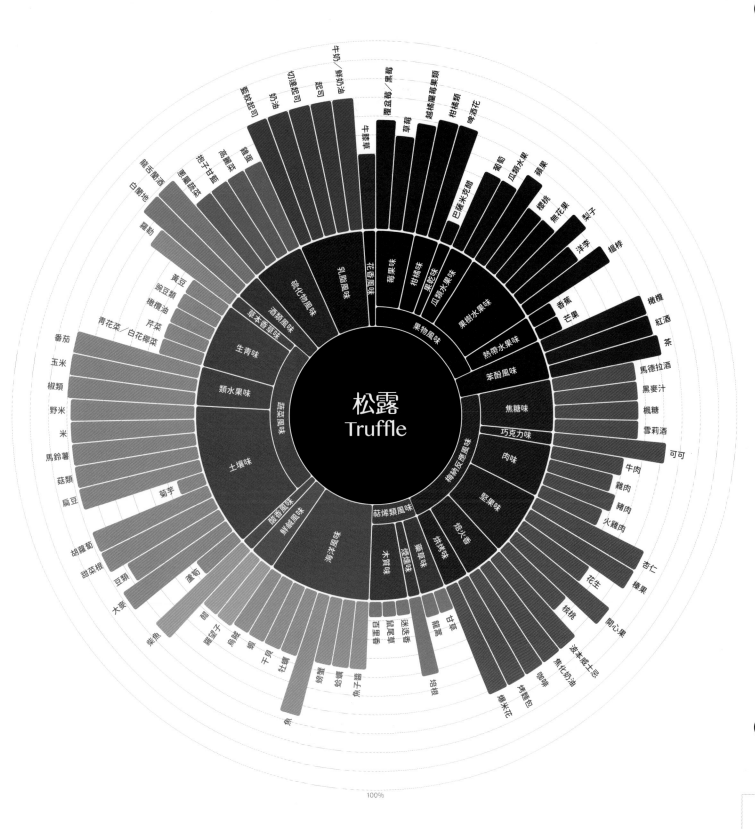

松露
Truffle

100%

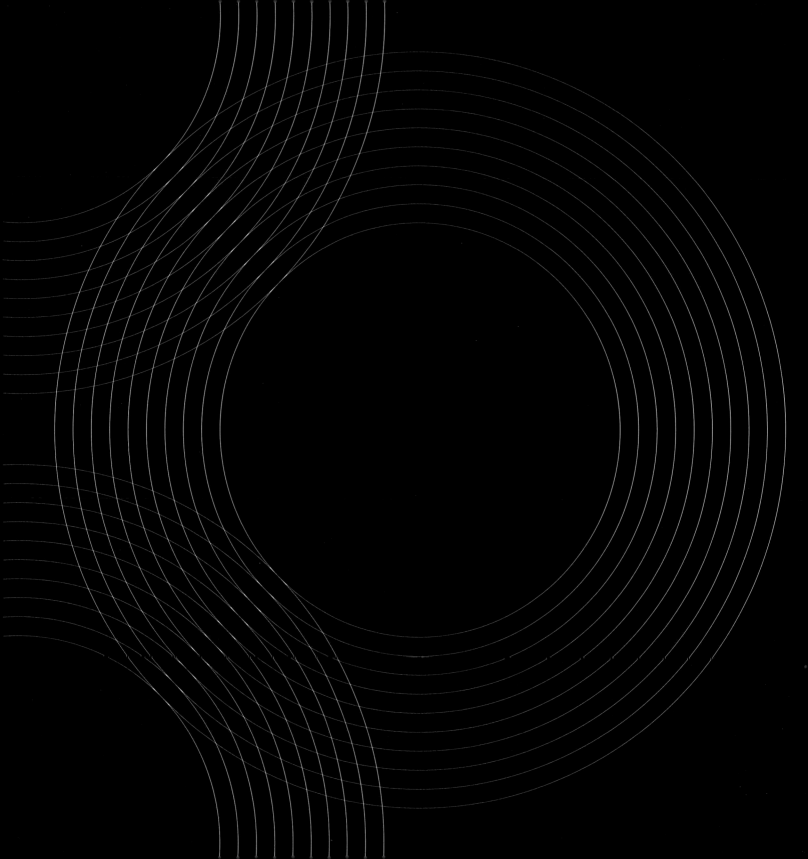

松露與烤甜菜根沙拉
Truffle and Roasted Beet Salad

松露的風味結合了硫化物氣味與水果香氣，在這道料理中，這些氣味與甜菜根的土壤味與水果味調和地非常完美。食譜中使用的藍紋起司更凸顯了松露的強烈氣息，但也可以改用較溫和的山羊起司或羅比歐拉山羊乳酪（Robiola）。

900 克中型紅色甜菜根
2 大匙橄欖油
猶太鹽與現磨黑胡椒
4 根新鮮百里香
2 片月桂葉
½ 杯紅酒醋
3 大匙黑松露片

裝飾食材

藍紋起司碎塊
烤核桃或烤開心果
豆苗或龍鬚菜的捲鬚

將烤箱預熱到 175℃。

將甜菜根去頭尾並刷洗外皮後，抹上橄欖油、鹽與胡椒。將甜菜根放在有深度的烤盤裡，加入百里香、月桂葉、醋、與 2 大匙的松露片。將烤盤蓋上鋁箔紙，送進烤箱，烤到甜菜根變軟，需 45 ～ 60 分鐘。

從烤箱中取出烤盤，先不掀開鋁箔紙，整盤先置涼。當甜菜根溫度還是熱的，但已經可以用手處理時，將外皮剝除，並且切成塊狀或片狀。將甜菜根放進大碗，淋上烤盤內的湯汁。加入剩下的松露片，快速攪拌均勻。撒上鹽與黑胡椒試試味道，最後再攪拌一次。將松露與甜菜根分裝到四個盤子，用藍紋起司、堅果與豆苗裝飾，即可上桌。

完成品為 4 人份

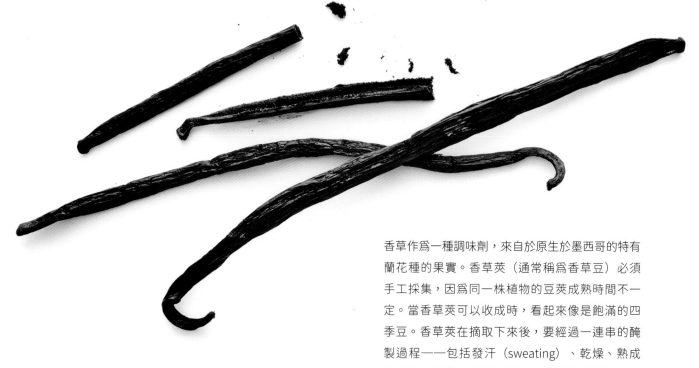

香草作為一種調味劑，來自於原生於墨西哥的特有蘭花種的果實。香草莢（通常稱為香草豆）必須手工採集，因為同一株植物的豆莢成熟時間不一定。當香草莢可以收成時，看起來像是飽滿的四季豆。香草莢在摘取下來後，要經過一連串的醃製過程——包括發汗（sweating）、乾燥、熟成六個月。醃製完成後的香草莢會經過評比分類，每個國家有各自不同的標準，但大致上都是根據長度、外觀與豆莢濕潤程度。香草獨具一格的香氣來自名叫 3- 甲氧基 -4- 羥基苯甲醛（4-Hydroxy-3-methoxybenzaldehyde）的芳香味化合物，又稱為香草醛。香草醛被用來製作人工香草調味劑以及「有香草味」的產品。然而，真正的香草香味是多達 250 種以上的化合物所組成的。

最佳配對：

牛奶、鮮奶油、桃子、甜桃、柑橘類、檸檬香茅、威士忌、薄荷

驚喜配對：

番茄、玉米、蘆筍、魚

可替換食材：

零陵香豆（tonka beans）可替換新鮮香草莢；杏仁萃取液或波本威士忌可取代香草萃取液

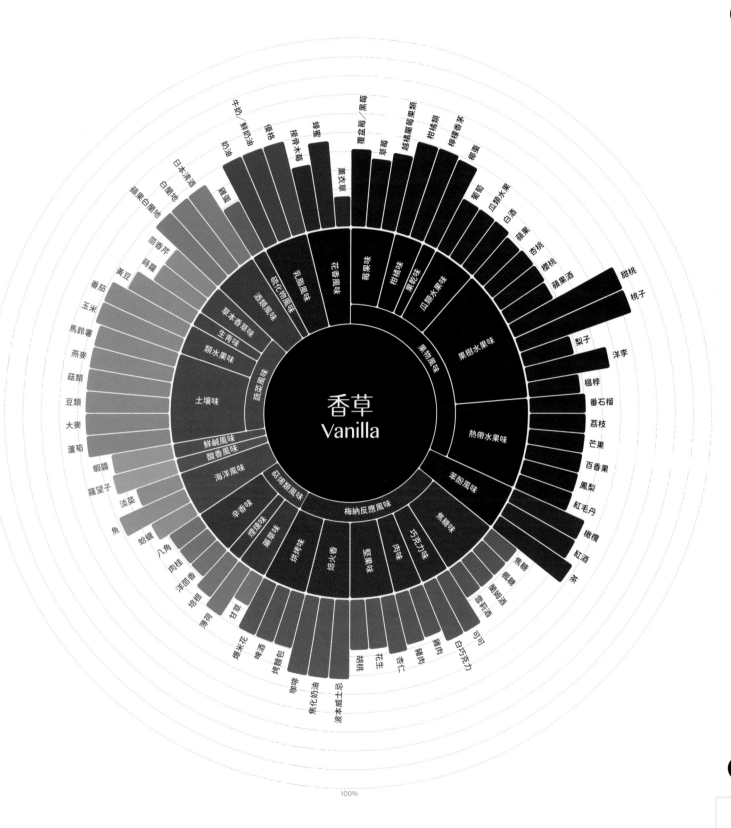

香草
Vanilla

香草奶油
Vanilla Butter

香草實在太常被放在餐後甜點，這眞是件很可惜的事，因爲香草不凡的香氣其實可以讓很多料理變得更迷人。我們喜歡在烹煮好的蔬菜、烤肉或海鮮上頭，放上這款帶有香草香氣的鹹奶油，比如，我們在剛出爐的烤蝦上抹上一層香草奶油，或塗滿整根烤玉米。（我們在此如此強調烤物是因爲：香草非常能夠加重煙燻味與焙火香，而燒烤正是最適合的料理方式。）

227 克軟化的無鹽奶油（市售小包裝 2 條）
½ 香草莢的香草籽（刮除香草籽之後的豆莢可以留作他用）
2 小匙猶太鹽
½ 小匙現磨黑胡椒
½ 小匙現磨香菜籽

將所有的食材放到小碗裡，攪拌混合，直到均勻滑順。放到密封容器，冷藏可保存 4 週，也可長期冷凍。

完成品爲 1 杯

更多的靈感啓發

風味的成分

六種基本味道

雖然我們經常交替使用「味道」與「風味」兩個詞，但它們實際上各自代表不同的重點。當食物進到口中時，在舌頭上產生化學反應，我們從中經驗到的感覺，就是味道。而風味則是食物所散發的香氣，組成可能相當複雜。在我們咬下一口食物時，味道雖然只占了感受的 20%，但仍是非常重要的一部分。在此，我們會介紹這些基本味道，以及擁有「榮譽等級」、值得一提的其他味道。

苦味

苦味是所有味道裡最敏感的，因為它可能可以救你一命。幾乎所有的有毒物質都有一股明顯的苦味，所以你的敏感度可以保護你不至於中毒。話說回來，有些苦味倒是很吸引人，像是咖啡、茶、十字花科蔬菜、橄欖、某些堅果，以及可可。

酸味

酸味可能暗示著食物已經敗壞或尚未成熟——提醒我們要避開該食物。但如同苦味，某些食物的酸味也是很迷人的，尤其在料理中，酸味可以抵銷較為濃烈的味道，如甜味與油脂味。

甜味

我們的身體喜歡甜味。當我們偵測到甜味，隨即會意識到該食物含有簡單的碳水化合物，也就是醣類，能夠快速轉化成大腦及肌肉活動所需要的燃料。感知到甜味也同時啟動一連串的化學反應，在大腦內分泌出多巴胺（dopamine），這就是為什麼吃甜食讓我們覺得開心的原因。

鹹味

鹹味受器所擔負的責任遠多於品嘗味道。如果缺鹽，細胞就無法正常運作。但過多或過少的鹽也會對我們的身體造成負面影響，從輕微的肌肉抽筋到腎功能衰竭都有可能。因此，當你的身體感覺到鹽分進入時，它會發出訊號，依據鹽分濃度來調節體液。鹽分同時也「喚醒」你口中的味蕾，幫助加強接收其他的味道。

鮮味

大約在 100 年前，一位日本的化學家發現了我們身體有第五種味覺受器，負責接收鮮味，這項發現在過去 8 年風靡整個美國。鮮味的英文來自日文發音「Umami」（日文原意為「愉快的鹹味」），是由舌頭上細緻的麩胺酸鹽受器所負責的，大致上來說，鮮味與麩胺酸鈉鹽（MSG）有關，而它來自於天然形成的胺基酸。在料理中可加入 MSG 來強化風味，而且某些食材就帶有天然的鮮味，如菇類、番茄、帕瑪善起司、醬油與肉類。

油脂味

是否要把油脂稱為是一種味道，不僅僅只是口感，這個想法一直頗有爭議。油脂能夠在口中馬上被察覺出來，是因為它會覆蓋住舌頭，進而產生一種油膩感。如果這就是我們唯一理解油脂的方式，同時稱它是一種味道，那麼，這會讓所有的口感都變成各種獨特的味道，也就模糊了味道的定義，顯得沒有意義了。然而，最近的研究發現，舌頭能夠接收到游離脂肪酸，它是一種可以組成膳食脂肪的化合物。研究文獻已經紀錄了一種接受器細胞對於脂肪酸有所反應，而傳統上來說，用來定義味道的準則就是透過口腔接受器細胞的偵測。目前研究仍持續進行中，但已經有越來越多的跡象顯示油脂味是我們的第六種味覺。

其他的「味道」

接下來要討論的「味道」之所以被認爲是味道，原因在於它們是在口腔被感覺到。但這些味道並不擁有專屬的化學接受器；相反地，它們是口腔黏膜上的一般性神經感受。它們可以被「嘗」到，但不是透過相對應的味蕾。

辣味

辣椒素是一種無色無味的化合物，存在於所有的辣椒中，當它接觸到任何部位的黏膜時，會產生一種辣的感覺，也就是灼熱感。雖然嘴唇與舌頭是最先接收到灼熱感的部位，但那並非味覺受器作用的結果；實際上，它是透過臉部運動與感覺神經將訊息傳遞到大腦。要解除灼熱感的唯一辦法，是把辣椒素給沖刷掉，不過，因爲辣椒素是脂溶性的，所以全脂牛奶的效果會比冰水來得好。

澀味

澀味有時會被感覺成酸味，它在口中製造出一種乾燥感。這種乾燥感有一部分是由單寧酸所造成的，當單寧酸與唾液蛋白群，也就是黏液素，在口中結合時，它會破壞黏液素原本的潤滑功能，而在舌頭上產生一種粗糙、乾澀的感覺。澀味通常會跟茶與葡萄酒有所連結，不過，飲用高酒精濃度的飲品也可能有澀味的感覺。單寧酸也存在於其他食物，像是蔓越莓、紅石榴、核桃與未成熟的水果。

食物的質地口感

口感已經被證實可以改變大腦感知食物的味道與風味，所以口感在美好一餐中也扮演著舉足輕重的角色。如同多層次的香味、味道、顏色會讓料理顯得更美味，多層次的口感也能夠提升該道料理的整體感受。接下來要討論的是我們最常感受到的食物口感類別。

滑順感（Creaminess）

柔滑感或乳脂感的質地出現在很多不同食物種類裡，比如蔬菜、果泥、膠質與濃稠醬汁。滑順的馬鈴薯泥、如絲緞般的奶油南瓜泥，甚至是優格或者美乃滋，都為料理增添柔順感。乳脂般的質感不僅帶來豐富且愉快的口感，也因為它濃稠的質地，使食物的味道與風味更讓人覺得流連忘返。

嚼勁／肉味（Chewiness/Meatiness）

人們通常不大喜歡食物有嚼勁，但肉類、穀類、某些蔬菜的嚼勁是構成料理很重要的部分。咀嚼的動作也協助釋放芳香味化合物，是讓風味完整呈現的重要步驟。

酥脆感（Crispness）

酥脆感或清脆感是口感世界的一記變化球。它讓口腔與大腦重新認知所接觸的食物訊息。英國牛津大學的跨模態研究實驗室（The Crossmodal Lab），曾經透過實驗顯示出，酥脆感傳遞出的訊息是「食物已經煮熟」，而大腦就會把這樣的訊息與「想吃」連結在一起。

鮮脆感（Freshness）

鮮脆感其實是酥脆感的一種特別形式。它可以是芝麻葉的輕盈微脆，或是蘿蔔片的結實爽脆。鮮脆的質地來自新鮮的蔬菜，這對大腦來說，意味著「對身體有益」（同樣來自跨模態研究實驗室的研究），同時也為料理增添迷人的色澤。生鮮蔬菜也含有加熱後會被破壞的芳香味化合物，這讓我們在生吃這些蔬菜時，得以品嘗到熟食所無法提供的另一種風味。

食物含有的芳香味化合物

芳香味化合物有數千種,但我的研究以及本書所要討論的,會著重在食物中最常見的類型。食物含有的芳香味化合物可以根據形狀與結構來分類,這決定了它們所呈現的氣味。在此,我會特別討論每一種類型中某一個化學建構組元(chemical building block)。有的化學分子很簡單,是由下列其中某一種建構組元所組成,但大部分我所討論的都擁有複雜的結構。

芳香烴類
Aromatic Hydrocarbons

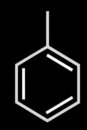

甲苯(METHYLBENZENE/TOLUENE)
存在於啤酒、胭脂樹籽、薑

我們在食物中發現的芳香烴,型態通常是由六個碳原子結合成一圈,稱爲苯基。芳香烴這一類多有溶劑(油漆稀釋劑)氣味或香氣,像是苯(benzene /溶劑)、甲苯(toluene /油漆、油漆稀釋劑)與苯乙烯(styrene /巴薩米克醋、橡膠)都是芳香烴的成員。這些與其他化合物有所不同的特殊氣味,是許多食物重要的風味成分。從大蒜到威士忌的各種食材中,都可以找得到芳香烴的蹤跡。

醇類
Alcohols

苯甲醇(BENZYL ALCOHOL)
存在於杏桃、丁香、雞肉、黃芥末

醇是一種帶著羥基的化合物,可以是很簡單的結構(例如只擁有兩個碳原子的乙醇),或者比較複雜的(例如擁有一個苯基與一個羥基建構組元的苯甲醇)。醇類有著廣爲人知的氣味,像是薄荷醇(menthol /薄荷)、沉香醇(linalool /花香、辣味)以及乙醇(ethanol /外用酒精)。

酚類
Phenols

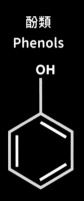

酚／苯酚（PHENOL/HYDROXYBENZENE）
存在於肉桂、咖啡、日本清酒

酚與苯甲醇不同之處，在於酚的羥基是直接連結在苯基之上，中間沒有碳原子作為連結。這看起來像是很小的差異，但我們可以從嗅覺分辨出兩者的不同。許多酚類的味道又澀又苦，而它們的氣味聞起來則是強烈且刺鼻。你可能比較熟悉的酚類苦味會是生核桃、蔓越莓與羽衣甘藍；或者，葡萄酒與茶裡的單寧澀味。其他酚類化合物的分布從丁香酚（eugenol ／丁香的主要氣味）與百里酚（thymol ／百里香），到覆盆子酮（raspberry ketone ／覆盆莓）與癒創木酚（guaiacol ／咖啡、威士忌與香草之中的煙燻味）。

羰基類
Carbonyls

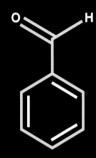

苯甲醛／醛（BENZALDEHYDE/ALDEHYDE）
杏仁香精

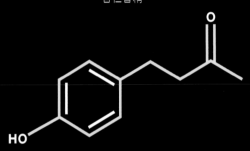

覆盆子酮／酮（RASPBERRY KETONE/KETONE）
覆盆子香料

羰基類是擁有碳—氧雙鍵的化合物。羰基化合物被分類成兩種重要的芳香味族群，醛類（aldehydes）與酮類（ketones）。它們是一些最廣為人知的食物香味成分之一：香草醛（vanillin ／香草）、苯甲醛（benzaldehyde ／杏仁香精）、香芹酮（carvone ／綠薄荷萃取液）與肉桂醛（cinnamaldehyde ／肉桂萃取液）。

有機酸類
Acids

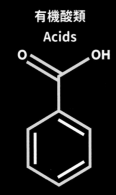

苯甲酸（BENZOIC ACID）
存在於蜂蜜、肉豆蔻、百里香

有機酸建構組元的定義是，一個羧基直接連結在一個羥基上。它們呈現多種氣味，從酸味到生青味到奶油味。大部分的芳香族有機酸來自於酚類、醛類或胺基酸。在許多不同的氣味中都可以發現有機酸，像是丁酸（butyric acid／嘔吐物與腐敗的奶油）、乙酸（acetic acid／醋）與桂皮酸（cinnamic acid／肉桂）。

酯類
Esters

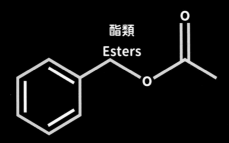

乙酸苄酯（BENZYL ACETATE）
存在於梨子、藍莓、茉莉花

酯類與有機酸類很像，但前者中羥基的氫原子被其他化學建構組元給替代。從植物生成的油脂中，可以發現天然的酯類。絕大多數的酯類都帶有強烈的水果香氣，有些則是有松香味或綠薄荷味。常見的酯類有乙酸異戊酯（isoamyl acetate／香蕉）、丁酸甲酯（methyl butyrate／蘋果）、乙酸辛酯（octyl acetate／柳橙）與己酸烯丙酯（allyl hexanoate／鳳梨）。

硫化物類
Sulfur Compounds

二甲基硫（DIMETHYL SULFIDE）
存在於蛋、蘆筍、南方豌豆類

一講到硫化物，大多數人馬上會聯想到煮熟蛋那不甚迷人的氣味。然而，硫化物類中的二甲基硫（dimethyl sulfide／高麗菜）與甲基烯丙基硫醚（allyl methyl sulfide／大蒜），在許多食物中扮演很重要的角色，如蔥屬蔬菜（洋蔥、大蒜、蝦夷蔥）及十字花科蔬菜（高麗菜、白花椰菜、青花菜、抱子甘藍），甚至是柑橘類水果與起司。硫化物也是「焙火味」香氣的成員之一，在巧克力、咖啡、烤麵包、爆米花與烤肉中都存在硫化物。

胺類
Amines

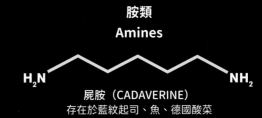

屍胺（CADAVERINE）
存在於藍紋起司、魚、德國酸菜

胺類來自阿摩尼亞，通常有強烈、令人不悅的氣味。腐胺（putrescine／名稱由它的腐敗氣味而來）以及屍胺（cadaverine／肉類敗壞的氣味）都屬於胺類。雖然這些化合物的名稱聽起來讓人不大舒服，但在新鮮魚類、啤酒、菇類、起司與葡萄酒中，也會發現這些化合物。我們得記住，既然每一個化合物只是整體風味的一塊拼圖，這些化合物並不會在食物中單獨被辨識出來，更何況，它們還貢獻一己之力促成那些美好的香氣呢。舉例來說，有一種稱為吲哚（indole）的胺類，氣味有如糞便與樟腦丸，但它可是茉莉花香的基本化合物，也是促成豬肝搭配茉莉花的重要橋梁。

內酯類
Lactones

十二酸內酯（GAMMA-DODECALACTONE）
存在於草莓、菇類、雞肉、豬肉

內酯類是一個氧原子在環狀結構裡的酯類。內酯被大量地運用在香料與香水工業中。大部分的內酯有強烈的水果香，像是椰子味、桃子味與杏桃味。你最喜愛的防曬乳液之所以聞起來充滿熱帶氣息，就是內酯的功勞。在食物中，內酯也出現在熱帶水果、草莓、菇類、雞肉、豬肉及乳製品裡，這些內酯包含癸酸內酯（delta-decalactone／杏桃、椰子）、(Z)- 乳脂內酯（[Z]-dairy lactone, peach, sweet）與十二酸內酯（gamma-dodecalactone／杏桃、桃子、花）。

吡啶與吡嗪類
Pyridine and Pyrazines

吡啶（PYRIDINE）
存在於烤肉、薯片、柴魚片

吡啶類與吡嗪類的定義是：苯基環狀結構中的部分碳原子被氫原子所取代。這兩類化合物的氣味是土壤味、新鮮割草味、可可味。吡啶與吡嗪是梅納反應之下的副產品（請見 261 頁）。2- 乙醯基吡啶（2-acetylpyridine／爆米花、烤堅果）與 2- 乙烯基吡嗪（2-vinylpyrazine／烤堅果）都是形成烤肉、烤堅果、咖啡突出氣味的化合物功臣。

呋喃類
Furans

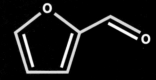

呋喃醛（FURFURAL）
存在於牛肉、咖啡、蘭姆酒、羅望子、香草

呋喃是其分子環狀結構含有四個碳原子與一個氧原子。它們多具有堅果香氣，同時是梅納反應的副產品。呋喃醛（furfural）則是食物中最常發現的呋喃類化合物，有著烤馬鈴薯、杏仁與烤麵包的香氣；2- 乙基呋喃（2-ethylfuran）是奶油與焦糖香氣，存在於煮熟的肉類與堅果之中。

主要香氣與次要香氣

本書的風味模組（the flavor matrix）透過食物中常見的香氣與風味光譜，將食材重新分類；模組裡的分類與細節都是我個人的發想創作。你會在咖啡、啤酒、葡萄酒的風味輪盤看到類似的分類方式。在本書中，當要為香氣分門別類時，我有特別仔細挑選，好幫助你以截然不同的嶄新角度來思考食材。請記得，每個模組列出的所有香氣都共同組成該主題食材的風味。因此，配對方式不只限於模組上某個香氣所對應的單一食材；它可以延伸到各種食材，只要這些食材共享某個特定香氣即可。請繼續閱讀下列的分類細節，你就能更加了解並善用風味模組。

花香風味（Floral）

花香與果香的關聯很緊密，因為所有結果植物在生命週期某個時刻都會開花。花朵氣味大多比較芬芳，並缺乏水果的甜香氣味。這些氣味類型分布很廣，橙花、玫瑰、薰衣草裡都有。花香最常出現在水果、香料、香草植物與酒類之中。舉例來說，β- 大馬士革酮（beta-damascenone），是玫瑰的主氣味，也存在於蘋果、柑橘類水果、檸檬香蜂草與鼠尾草；而紫丁香花中的 cis- 羅勒烯（cis-ocimene），也在葛縷子、羅勒、肉豆蔻與百里香的風味中占有一席之地。

果物風味（Fruity）

果香是所有氣味中最大的一類，包含有：

莓果味：與草莓、藍莓、覆盆莓等等相關的甜香味。來自羰基類與酯類化合物的莓果香氣，如覆盆子酮與甲酸乙酯（ethyl formate），也會在茉莉花、葡萄、葡萄酒、茶、果樹水果、煮熟米飯與香草中發現。

柑橘味：最純粹的柑橘氣味來自檸檬、萊姆、橘子、葡萄柚，以及其他柑橘類果物的果皮精油。形成柑橘香芬的化合物如檸檬烯，月桂烯（myrcene）與香茅醇（citronellol），也存在於啤酒（啤酒花）、橄欖、香草植物類（特別是羅勒、鼠尾草、薄荷、龍蒿）、薑、茴香芹、辛香料。

果乾或果醬味：果乾與果醬的製作過程為芳香味化合物提供了雙重層次，第一層來自水果本身（酯類、內酯類），再加上一層則是來自乾燥或烹煮過程的副產品——像是 β- 茴香萜（beta-phellandrene）、香草醛、3- 乙苯酚（3-ethylphenol），它們產生了皮革味、煙燻味與辛香味。許多這類化合物也出現在迷迭香、肉桂、薄荷與蕎麥。

瓜類水果味：瓜類水果是最具香氣的水果之一。瓜果的氣味來源從甜香的果肉，到聞起來帶有發酵中葡萄汁味、麝香、腐敗味的果皮。在所有形成瓜類水果味的化合物中，酯類與醛類主要負責提供的香氣為果香（甜瓜、蘋果）與生青味（黃瓜、除草味）。擁有相似化合物的食材有起司、柑橘類、蘭姆酒與熱帶水果。

果樹水果味：這組氣味與開花木本植物的果實有關，

像是蘋果、梨子、桃子、櫻桃、杏桃與無花果。大多數的木本水果屬於薔薇科，這意味著這些水果都有相似的 DNA。酯類與內酯類是這些水果中最常見的化合物。果樹水果味也存在於可可、橄欖油、香草、八角與孜然。

熱帶水果味：內酯類化合物是這類氣味的主要來源，存在於芒果、鳳梨、椰子、甜瓜與香蕉等熱帶水果中。這些化合物也會被使用在防曬乳產品，或與蘭姆酒調製成充滿熱帶風情的雞尾酒。在菇類、豬肉、雞肉與咖啡中也會找到這類化合物。

苯酚風味（Phenol）

苯酚是一種特有的芳香味碳氫化合物，也常被拿來描述氣味。高濃度的苯酚氣味壓倒性地強烈，聞起來像瀝青或汽油。如是低濃度的話，它的氣味被認為像是陳年紅葡萄酒、蘇格蘭威士忌的泥煤味，或者是紅石榴果汁的特殊香氣。

梅納反應風味（Maillard）

法國化學家路易斯・卡米拉・梅納（Louis-Camille Maillard）首先發現在加熱褐化過程中，胺基酸與逐漸脫水的糖之間會產生反應。在這變化過程中所衍生出的化合物，是讓烤麵包、烤肉以及其他食物出現迷人風味的主要原因。儘管這個類別的所有氣味都來自於梅納反應，但它們每一個還是擁有獨自的特性。

巧克力味：巧克力擁有近乎 700 種不同的芳香味化合物，是香氣最複雜的食材之一。決定巧克力確切氣味為何的因素有很多，包括可可豆的品種與生長條件，以及處理過程（尤其是研磨可可粉混合了何種其他原料）。然而，具高辨識度的「巧克力味」，是來自烘烤可可豆時，從梅納反應產生的氣味。這

獨特的香氣出醛類化合物而來，包括 3- 甲基丁醛（3-methylbutanal）、香草醛與吡嗪，許多這類化合物也存在於肉類、羅望子、番茄、小豆蔻與尤加利葉。

肉味、焦糖味、烘烤味、焙火香：梅納反應創造出上百種芳香味化合物，包括吡咯（pyrroles／堅果味）、吡嗪（烘烤味）、吡啶（焦味）與呋喃（焦糖味）。而呋喃醛與羥甲基呋喃醛（hydroxymethylfurfural）則經常被認為是梅納反應中最重要的化合物。它們也存在於洋李、椰子、爆米花、蘭姆酒與蝦子。

萜烯風味（Terpene）

萜烯類是一大群味道強烈的化合物，它的名稱衍生自松節油（turpentine）。萜烯聞起來像是樹脂、松節油或塑膠。在很多不同種類的植物與花朵萃取的精油中，都可以找到這類化合物，它幫助創造出豐富的風味類型。目前來自天然成分的萜烯類化合物約有 400 多種。

藥草味：藥草味萜烯化合物聞起來辛辣刺激，帶著薄荷的味道。它們會讓人聯想到到樟腦、溶劑或樟腦丸。如果單獨存在，它們可一點都不迷人，但就像所有的萜烯類，它們在很多氣味扮演主要的角色，像是薄荷、葛縷子、羅勒與甘草。

汽油味：「汽油」一詞描述了另一組萜烯類化合物，氣味像是汽油或煤油，表面上看來，如果它們出現在食物裡應該不怎麼討喜，但實際上這類化合物在某些食材風味中扮演重要角色，像是香草類植物如奧勒岡、馬鬱蘭與土荊芥（epazote），以及啤酒花、洋甘菊、香菜與柑橘類。

煙燻味：煙燻味類很接近另一組萜烯類次要氣味（木質味），而它們原本也源自於木頭。當木材中的化合物分解時，新化合物出現，稱爲甲氧苯酚（methoxyphenols）或癒創木酚。當木桶進入熟成、煙燻、炭化或火烤的程序，就是這些化合物產生煙燻的味道的時候。在香草、威士忌、蘇格蘭麥芽威士忌、陳年葡萄酒與烤肉、烤蔬菜中，煙燻味萜烯化合物的濃度很高，而在咖啡、豬肉、菇類、玉米與蜂蜜中，則含量比較少。

辛香味：這組萜烯類次要風味化合物刻畫出的氣味調性，來自特別的辛香料，比如黑胡椒、肉桂、茴香、肉豆蔻、多香果以及其他香料。有上千種芳香味化合物共同協力創造出這些香氣，而它們在大多數的食物裡都可以找到，不過最主要還是在香料、香草植物與具香氣的蔬菜裡，像是黑胡椒、薑黃、薑、南薑、咖哩葉與肉桂。

木質味：一聞到這組氣味，會像是立卽置身冬日假期——充滿新鮮砍伐的松木、雲杉、冷杉氣息。它們與樹脂氣味相近，更增添了「新鮮」或「生青」的香味。木質味化合物在強烈辛香的香味中是非常典型的成分，常見於迷迭香、鼠尾草、薑，同時也存於其他食材，如薰衣草、蒔蘿、魚、莓果。

海洋風味（Marine）

海鮮的典型氣味是說明海味最好的方式。「魚腥味」是一種負面的氣味描述，但實際上，海鮮不應該聞起來有魚腥味，而應該單純只有海的氣味。這組氣味中最常見的化合物是硫化物與胺類。各種油脂比例的魚類、軟體動物類、甲殼類動物類都還含有海味化合物。

酸香風味（Sour）

高濃度的酸味化合物會讓鼻子好像被「刺」了一下那般強烈，不信嗅一下醋就知道。酸香味從有機酸而來，並常見於乳製品，特別是那些開始要成熟的——好的方面與壞的方面。軟質熟成乳酪、酸奶與腐敗的牛奶，都含有酸味。在食材中也會發現酸味化合物，如可可、咖啡、酒精類飲料、麵包。

鮮鹹風味（Savory）

這是一組不仰賴芳香味化合物作用的風味類別，因爲麩胺酸鹽（鮮味的基底）沒有氣味，只能靠舌頭來感覺。儘管不屬於香氣，鮮鹹風味卻是享受食物的首要條件，也被證實是很好的食用鹽替代品。這些風味也存在於下列食材：煮熟的番茄、烤過的菇類、帕瑪善起司、海藻、魚露與醬油。

蔬菜風味（Vegetal）

在蔬菜中發現的香氣可分爲四種：

土壤味：土壤的味道常被描述成下列幾樣東西的氣味：泥土、被覆落葉枯枝的森林地面、菇類、黴菌。如就氣味光譜較複雜的層次來看，土壤味還帶有菸草或皮革的調性。在食材中，這些氣味以及它的芳香味化合物成員，會出現在菇類、甜菜根、松露、蘆筍、麥芽。土壤味化合物之中的吡啶與吡嗪，也是創造焦糖、烤肉、堅果香氣的基本成員。

類水果味：類水果香氣主要來自某一類蔬菜——嚴格來說應該被定義爲水果的蔬菜。許多這類水果蔬菜帶有甜香氣味，或者只是僅僅只是沒有其他蔬菜會有的土壤味與生青味。這類蔬菜主要是番茄、椒類、南瓜、酪梨、茄子、玉米。這組風味裡主要的化合物

為 3- 甲基丁醛（番茄）、2- 異丁基 -3- 甲氧基吡嗪（2-isobutyl-3-methoxypyrazine／椒類）、己醇（茄子）。

生青味：生青味通常用來描述以未熟果實所製成的葡萄酒風味。在食物中，生青味指的是青蘋果、青椒、或草類的脆爽感，帶一點酸味氣息。以葡萄酒來說，這樣的氣味存在於未熟果實與綠葉當中，但組成這類生青氣味的 (Z)-3- 己烯醛（[Z]-3-hexenal）與 (E)-2-己烯醛（[E]-2-hexenal），其實在食物中的化合物很常見。它們大部分存在香草植物與綠色蔬菜，以及茶、番茄、香蕉、小豆蔻。

草本香草植物味：這類型的蔬菜風味定義比較模糊，大概介於生青味與花香味中間。木本香草植物如迷迭香、百里香、鼠尾草屬於萜烯類，是另一種芳香味化合物類別；相反地，這種蔬菜風味／草本香草植物味，是存在於「較柔軟」的香草植物，比如巴西里、蒔蘿、蝦夷蔥、苜蓿（clover）。在稻草與穀類，如燕麥、麩皮、乾玉米，也找得到這種氣味。草本香草植物味化合物中的百里酚（百里香）、艾草腦（estragole／茴香芹）、乙酸鹽（acetate／細葉香芹），也存在於熱帶水果、黃芥末、雞肉、孜然。

酒類風味（Alcohol）

酒精性飲料的香氣與風味變化多端，取決於它的酒精（乙醇）品質、蒸餾方法與熟成方式。由於酒精性飲料有著不同的風味特性，如煙燻味梅茲卡爾酒、焙火香波本威士忌、果香白葡萄酒，你會發現在風味模組中，酒精性飲料不僅會列在酒味風味下，也會出現在別的風味類別。從風味模組也可以看出，當主題食材搭配酒類如伏特加、白蘭地、龍舌蘭酒，會是一種乙醇香氣特別突出的組合。

硫化物風味（Sulfur）

硫化物的氣味最常讓人聯想起全熟水煮蛋。雞蛋出現強烈的氣味經常是因為煮過頭；當雞蛋被加熱時，裡頭的胺基酸會崩解並釋放出硫化物。這充滿味道的化學反應，也是造成蛋黃外圈一層灰綠色環的原因。儘管硫化物的強烈氣味本身不大受歡迎，但硫化物中的二甲基二硫（dimethyl disulfide）、硫化氫（hydrogen sulfide）、苯并噻唑（benzothiazole）卻為其他食材的風味扮演重要的角色，比如十字花科、蔥屬蔬菜、玉米、起司、松露。

乳脂風味（Dairy）

所有乳製品都擁有相似的芳香味特色。畢竟，優格、法式酸奶油、起司，甚至是奶油，都是從牛奶或鮮奶油而來。芳香酸（Aromatic acids）是乳製品風味重要的來源，它讓新鮮的乳製品帶有一股令人愉悅的、微酸的氣味。這種乳脂的特殊香氣化合物，也在玉米、開心果、椰子、威士忌的風味中相當突出。

嗆辣風味（Pungent）

這組形容詞通常被用來描述任何強烈、刺激的氣味，但如用在描述食物的辣度，會更準確。黃芥末、辣根、山葵就是典型的嗆辣食材。（辣椒不屬於這個類別，是因為它們的香氣比較偏向果香與蔬菜味。辣椒會辣是因為其中的辣椒素，而辣椒素無味，所以也就不具備風味。）嗆辣香氣有一部分是從硫化物而來，而蕪菁、瑞典蕪菁、抱子甘藍、芝麻葉、西洋菜、蘿蔔、青花菜也具備同樣的風味特色。

味道、主要香氣與風味配對表

考慮到各位可能想要進一步了解第二章提到的食材，在此我列出它們的味道與主要的芳香味化合物。我也會更深入討論那些形塑「驚喜配對」的關鍵化合物與主要香氣，也列出擁有相同關鍵化合物的延伸食材，讓大家可以在加入原本的配對，讓料理的整體風味更加飽滿、更有創意。

蔥屬蔬菜 Allium

味道：苦、澀

主要氣味：

二甲基硫（Dimethyl sulfoxide）—大蒜味

二丙基二硫（dipropyl disulfide）—熟肉味、大蒜味、洋蔥味、嗆辣味、硫磺味

甲基丙烯基二硫醚（methyl propenyl disulfide）—韭蔥味

戊醛（pentanal）—杏仁味、苦味、麥芽味、油味、嗆辣味

配對	共同化合物	氣味	主風味延伸食材
大蒜 + 蘋果	丙酮（acetone）	化學藥品味、乙醚味、反胃感、嗆辣味	酪梨、胡蘿蔔、芹菜、螃蟹、薑、松露
	苯胺（aniline）	嗆辣味	甜菜根、蕎麥、葫蘆巴、蘿蔔
韭蔥 + 可可	二甲基三硫（dimethyl trisulfide）	高麗菜味、魚味、洋蔥味、硫磺味、汗味	甜菜根、啤酒、黃芥末、歐洲防風草、芝麻
	4-甲基-5-乙烯基噻唑（4-methyl-5-vinylthiazole）	可可味、油脂味、堅果味、爆米花味、焙火香	榛果、百香果、豬肉、龍舌蘭酒
大蒜 + 蜂蜜	二甲基二硫（dimethyl disulfide）	高麗菜味、大蒜味、洋蔥味、腐敗味	白花椰菜、起司、蛤蠣、燕麥、巴西里、蘿蔔
	丙烯醇（allyl alcohol）	嗆辣味、黃芥末味	白蘭地、抱子甘藍、高麗菜、番茄

共同化合物	氣味	主風味延伸食材	配對
丁香酚（eugenol）	焦味、丁香味、煙燻味、辛香味	豬肉、木質薄荷、龍蒿、茴香、薑	朝鮮薊 + 洋李
苯甲醇（benzyl alcohol）	玫瑰香、甜香、苔蘚味、烤麵包味	辣椒、椰棗、薄荷、蘿蔔、核桃	
呋喃醛（furfural）	杏仁味、烤馬鈴薯味、麵包味、焦味、辛香味	牛肉、櫻桃、黃芥末、馬鈴薯	朝鮮薊 + 優格
雙乙醯（diacetyl）	奶油味、糕餅味、餿味、酵母味	橄欖、花生、豌豆類、番茄、醋	
2- 乙醯基噻唑（2-acetylthiazole）	堅果味、爆米花味、焙火香、硫磺味	啤酒、蛤蠣、玉米、蝦	朝鮮薊 + 芝麻
庚醛（heptanal）	柑橘味、魚乾味、油脂味、生青味、堅果味、油耗味	蔥屬蔬菜、香菜、魚、羊肉	

朝鮮薊 Artichoke

味道：苦、微甜

主要氣味：

　　1- 辛烯 -3- 酮（1-octen-3-one）—土壤味、金屬味、菇味

　　1- 己烯 -3- 酮（1-hexen-3-one）—煮熟蔬菜味、生青味、金屬味

　　癸醛（decanal）—花香、油煎味、橘皮味、穿透感、牛脂味

共同化合物	氣味	主風味延伸食材	配對
1- 辛烯 -3- 醇（1-octen-3-ol）	小黃瓜味、土壤味、油脂味、花香、菇味	蘋果、起司、雞肉、羅勒、松露	蘆筍 + 啤酒
4- 乙烯癒創木酚（4-vinylguaiacol）	丁香味、咖哩味、煙燻味、辛香味	柑橘類、咖啡、魚、圓葉當歸、米	
甲基吡嗪（methylpyrazine）	可可味、生青味、榛果味、爆米花味、焙火香、烤堅果味	大麥、豆類、高麗菜、蝦、麵包	蘆筍 + 椰子
苯乙醛（phenylacetaldehyde）	莓果味、天竺葵花香、蜂蜜味、堅果味、嗆辣味	杏桃、接骨木莓、甜瓜類、巴西里、羅望子	
2,6- 二甲基吡嗪（2,6-dimethylpyrazine）	可可味、咖啡味、生青味、烤牛肉味、烤堅果味	起司、蛤蠣、堅果、豬肉	蘆筍 + 薯片
2- 乙醯吡咯（2-acetylpyrrole）	麵包味、可可味、堅果味、甘草味、核桃味	椰子、菇類、黃豆	
2- 苯乙醇（2-phenylethanol）	果香、蜂蜜味、紫丁香花香、玫瑰香、葡萄酒香	雞肉、可可、萵苣、橄欖、番茄	蘆筍 + 黃芥末
1- 戊醇（1-pentanol）	巴薩米克醋味、果香、生青味、嗆辣味、酵母味	蘋果、扁豆、菇類、雪莉酒	

蘆筍 Asparagus

味道：甜、淡苦

主要氣味：

　　二甲基硫（dimethyl sulfide）—高麗菜味、汽油味、硫磺味、濕土壤味

　　己醇（hexanol）—煮熟蔬菜味、花香、生青味、香草植物味、腐爛味

　　3- 羥基 -2- 丁酮（3-hydroxy-2-butanone）—奶油味、鮮奶油味、青椒味、油耗味、汗味

酪梨 Avocado

味道：油脂味

主要氣味：

己醛（hexanal）—清新感、果香、草味、生青味、油味

(E)-2-己烯醛（[E]-2-hexenal）—油脂味、花香、果香、草味、嗆辣味

2,4-己二烯醛（2,4-hexadienal）—新鮮除草味、土壤味、魚味、生青味

配對	共同化合物	氣味	主風味延伸食材
酪梨 + 龍舌蘭酒	2-甲基-1-丙醇（2-methyl-1-propanol）	蘋果味、苦味、可可味、塑膠味、溶劑味	蔥屬蔬菜、十字花科、玉米、芒果
	甲基庚烯酮（methyl heptenone）	柑橘味、菇味、黑胡椒味、橡膠味、草莓味	胭脂樹籽、薑、檸檬香蜂草、番茄
酪梨 + 可可	乙醯乙醇（acetoin）	奶油味、鮮奶油味、青椒味、油耗味	荔枝、百香果、醋
	2-戊基呋喃（2-pentylfuran）	奶油味、花香、果香、四季豆味	腰果、麥芽、百里香、蝦
酪梨 + 蘋果	1-己醇（1-hexanol）	香蕉味、花味、草味、生青味、香草植物味、堅果味、樹脂味	萵苣、蕪菁、芹菜、蒔蘿、豌豆類
	2-乙基-1-己醇（2-ethyl-1-hexanol）	柑橘味、生青味、油味、玫瑰香	櫻桃、柴魚、苦苣、鳳梨

牛肉 Beef

味道：鮮味、油脂味、甜

主要氣味：

2,3,5-三甲基吡嗪（2,3,5-trimethyl-pyrazine）—可可味、土壤味、發酵中葡萄汁味、馬鈴薯味、焙火香

1-辛烯-3-醇（1-octen-3-ol）—黃瓜味、土壤味、油脂味、花香、菇味

3-甲基」酸（3-methylbutanoic acid）—起司味、排泄物味、腐敗水果味、樹脂味、汗味

庚醛（heptanal）—柑橘味、魚乾味、油脂味、生青味、堅果味

配對	共同化合物	氣味	主風味延伸食材
牛肉 + 可可	苯乙酮（acetophenone）	杏仁味、花香、肉味、發酵中葡萄汁味、塑膠味	蕎麥、白花椰菜、玉米、羅望子、葡萄酒
	異戊醛（isopentanal）	可可味、煮熟蔬菜味、清新味、生青味、麥芽味、辛香味	啤酒、榛果、薑、威士忌
牛肉 + 啤酒	萘（naphthalene）	樟腦丸味、酸香味	豆類、椒類、花生、鼠尾草、蝦
	檸檬烯（limonene）	巴薩米克醋味、柑橘味、香水味、果香、草木植物味、香草植物味	蘋果、葛縷子、細葉香芹、無花果、秋葵、地瓜
牛肉 + 高麗菜	2-甲噻吩（2-methylthiophene）	硫磺味	蔥屬蔬菜、柑橘類、乳製品、爆米花、威士忌
	2-戊基呋喃（2-pentylfuran）	奶油味、花香、果香、四季豆味	朝鮮薊、蛤蠣、百里香、茶、番茄
牛肉 + 葡萄	2,4,5-三甲基噁唑（2,4,5-trimethyloxazole）	堅果味、甜香	雞肉、可可、燕麥、馬鈴薯、豆漿
	1,2,4-三甲苯（pseudocumene）	殺蟲劑味、塑膠味	咖啡、螃蟹、香草、核桃、西洋菜

共同化合物	氣味	主風味延伸食材	配對
異戊醇（isoamyl alcohol）	苦味、焦味、可可味、汽油味、麥芽味	櫻桃、起司、咖啡、黃芥末、麵包	甜菜根 + 荔枝
乙醇（ethanol）	酒味、花香、成熟蘋果味、甜香	蔥屬蔬菜、胡蘿蔔、螃蟹、橄欖、覆盆莓	
二甲基硫（dimethyl sulfide）	大蒜味	黑莓、小黃瓜、薄荷、洋蔥	甜菜根 + 牡蠣
己醛（capronaldehyde）	清新味、水果味、草味、生青味、油味	洋甘菊、薑、百里香、蘿蔔	
苯乙醛（phenylacetaldehyde）	莓果味、天竺葵花香、蜂蜜味、堅果味、嗆辣味	杏桃、接骨木莓、玉米、鼠尾草	甜菜根 + 檸檬香蜂草
香芹酮（carvone）	羅勒味、苦味、葛縷子味、茴香芹味、薄荷味	芹菜、茴香芹、木質薄荷、柳橙	

甜菜根 Beet

味道：甜

主要氣味：

　　4- 甲基吡啶（4-methylpyridine）—灰燼味、汗味

　　異戊醛（isovaleraldehyde）—杏仁味、可可味、煮熟蔬菜味、麥芽味、辛香味

　　土臭素（geosmin）—甜菜根、土壤味

莓果 Berry

味道：甜、酸

主要氣味：

草莓：

呋喃酮（Furaneol）—焦味、焦糖味、棉花糖味、蜂蜜味、甜香；構成烘焙味的主要成分

美西呋喃（mesifurane）—麵包丁味、奶油味、焦糖味

丁酸乙酯（ethyl butanoate）—蘋果味、奶油味、鳳梨味、紅色水果味、草莓味

覆盆莓：

覆盆子酮（raspberry ketone）—柑橘味、覆盆莓味

β- 紫羅蘭酮（beta-ionone）—雲杉味、花香、覆盆莓味、海藻味、紫羅蘭花香

香葉醇（geraniol）—天竺葵花香、檸檬皮味、百香果味、桃子味、玫瑰香

黑莓：

2- 庚醇（2-heptanol）—柑橘味、椰子味、土壤味、油煎味、菇味、油味

p- 傘花烴 -8- 醇（p-cymen-8-ol）—柑橘味、發酵中葡萄汁味、甜味

2- 庚酮（2-heptanone）—甜椒味、藍紋起司味、生青味、堅果味、辛香味

α- 萜品烯（alpha-terpinene）—莓果味、檸檬味、木質味

藍莓：

(Z)-3- 己烯醛（[Z]-3-hexenal）—蘋果味、甜椒味、新鮮除草味、生青味、萵苣味

(E,E)-2,4- 己二烯醛（[E,E]-2,4-hexadienal）—柑橘味、油脂味、花香、生青味

黃瓜醛（cucumber aldehyde）—黃瓜味、生青味、萵苣味、蠟味

2- 甲基丁酸甲酯（methyl 2-methylbutanoate）—蘋果味、果香、青蘋果味、草莓味、甜香

乙酸丁酯（butyl acetate）—蘋果味、香蕉味、膠水味、嗆辣味、甜香

2- 甲基丁基乙酸酯（2-methylbutyl acetate）—蘋果味、香蕉味、梨子味

蔓越莓：

α- 萜品醇（alpha-terpineol）—洋茴香味、清新感、薄荷味、油味、甜香

苯甲醛（benzaldehyde）—苦杏仁味、焦香糖味、櫻桃味、麥芽味、烤椒味

2- 甲基丁酸甲酯（methyl 2-methylbutanoate）—蘋果味、果香、青蘋果味、草莓味、甜香

配對	共同化合物	氣味	主風味延伸食材
越橘屬莓果 + 泰國羅勒	檸檬烯（limonene）	巴薩米克醋味、柑橘味、香水味、果香、生青味、香草植物味	芹菜、茴香芹、柳橙、薑黃、芝麻
	3- 辛酮（3-octanone）	奶油味、黴味、香草植物味、樹脂味	咖啡、花生、火雞肉
草莓 + 菇類	1- 壬醇（1-nonanol）	油脂味、花香、生青味、油味	雞肉、白花椰菜、羅勒、起司
	丁酸甲酯（Methyl butanoate）	蘋果味、香蕉味、奶油味、起司味、酯味、花香	蘋果、鵝莓、橄欖、葡萄酒
懸鉤子屬莓果 + 孜然	β- 石竹烯（beta-beta-caryophyllene）	油煎味、辛香味、木質味	胡蘿蔔、八角、開心果、薄荷
	1- 甲基 -4- 異丙苯（＝蒔蘿烴（1-isopropyl-4-methylbenzene [=p-cymene]）	柑橘味、清新味、汽油味、溶劑味	小豆蔻、尤加利葉、薑、黑胡椒、核桃

共同化合物	氣味	主風味延伸食材	配對
4- 甲基苯乙酮 (4-methylacetophenone)	苦杏仁味、花香、果香、辛香味、甜香	椒類、芹菜、萊姆、百香果	白花椰菜 + 可可
2- 丁烯醛 (2-butenal)	嗆辣味	魚子醬、起司、椰棗、花生	
(E,E)-2,4- 庚二烯醛 ([E,E]-2,4-heptadienal)	油脂味、魚味、堅果味、塑膠味	蔥屬蔬菜、牛肉、番茄、核桃	青花菜 + 無花果
吲哚 (indole)	焦味、排泄物味、藥味、樟腦丸味	藍紋起司、榛果、秋葵、米、蝦醬	
(E,E)-2-4- 癸二烯醛 ([E,E]-2,4-decadienal)	香菜味、油炸味、油脂味、油味、氧化味	辣椒、蛤蠣、萊姆、菇類、優格	青花菜／白花椰菜 + 花生
二甲基三硫 (dimethyl trisulfide	高麗菜味、餘味、洋蔥味、硫磺味、汗味	牡蠣、歐洲防風草、南瓜、蘿蔔	

Brassica Oleracea: Floral
蕓薹屬甘藍類：花

味道：微苦、微甜

主要氣味：

- 3- 丁 烯 基 異 硫 氰 酸 酯 （3-butenyliso-thiocyanate） —生青味、嗆辣味、硫磺味
- 順 3- 己烯 -1- 醇 （cis-3-Hexen-1-ol） —青椒味、草味、綠葉味、香草植物味、未熟香蕉味
- 壬醛 （nonanal） —柑橘味、油脂味、花香、生青味、油漆味

共同化合物	氣味	主風味延伸食材	配對
吲哚 （indole）	焦味、排泄物味、藥味、樟腦丸味	白花椰菜、檸檬、蝦	結頭菜 + 豬肉
2,6- 二甲基吡嗪 （2,6-dimethylpyrazine）	可可味、咖啡味、生青味、烤牛肉味、烤堅果味	蘆筍、大麥、咖啡、核桃	
2- 丁酮 （2-butanone）	乙醚味、果香、甜香	啤酒、切達起司、南瓜籽、松露	抱子甘藍 + 蘋果
辛酸甲酯 （methyl octanoate）	果香、柳橙味、甜香、蠟味、葡萄酒香	高麗菜、辣椒、淡菜	
1- 十四醇 （1-tetradecanol）	椰子味	柑橘類、螃蟹、鵝莓、蔥	羽衣甘藍 + 椰子
2- 乙醯呋喃 （2-acetylfuran）	巴薩米克醋味、可可味、咖啡味、煙燻味、菸草味	牛肉、可可、牡蠣、南瓜	

Brassica Oleracea: Leafy
蕓薹屬甘藍類：葉

味道：苦

主要氣味：

- 異硫氰酸烯丙酯 （allyl isothiocyanate） —大蒜味、嗆辣味、硫磺味
- 異硫氰酸丁酯 （butyl isothiocyanate） —生青味、嗆辣味、硫磺味
- (E)-4- 羥 基 肉 桂 酸 （[E]-4-hydroxycinnamic acid） —澀味、巴薩米克醋味、苯酚味

蕓薹屬蕓薹類 Brassica Rapa

味道：苦、溫和辣

主要氣味：

異硫氰酸苯乙酯（phenylethyl isothio-cyanate）—辣根味、黃芥末味

丁香酚（eugenol）—焦味、丁香味、煙燻味、辛香味

長葉烯（longifolene）—花香、蔬菜味

配對	共同化合物	氣味	主風味延伸食材
芥菜 + 甜瓜	二甲基三硫（dimethyl trisulfide）	高麗菜味、魚味、洋蔥味、硫磺味、汗味	牛肉、咖啡、玉米、雪莉酒
	2-甲基-1-丙醇（2-methyl-1-propanol）	蘋果味、苦味、可可味、雜醇油味、塑膠味、溶劑味	琴酒、蜂蜜、荔枝、覆盆莓、羅望子
青江菜 + 洋甘菊	乙酸苄酯（benzyl acetate）	水煮蔬菜味、清新味、果香、蜂蜜味、茉莉花香	櫻桃、可可、黃芥末、威士忌
	α-伊蘭烯（alpha-ylangene）	果香	胭脂樹籽、肉桂、柑橘類、開心果、迷迭香
蕪菁 + 榛果	2-戊醇（2-pentanol）	雜醇油味、生青味	蘋果、椰子、鮮奶油、蝦
	青葉醛（leaf aldehyde）	杏仁味、油脂味、花香、果香、青蘋果味、青草味、嗆辣味	蔥屬蔬菜、雞肉、蘿蔔、百里香

椒類 Capsicum

味道：甜、辣

主要氣味：

2-異丁基-3-甲氧基吡嗪（2-isobutyl-3-methoxypyrazine）—土壤味、花香、青椒味、豌豆味

雙乙醯（diacetyl）—奶油味、焦糖味、果香、甜香、優格味

3-蒈烯（3-carene）—甜椒味、檸檬味、嗆辣味、樹脂味、橡膠味

配對	共同化合物	氣味	主風味延伸食材
安丘辣椒 + 南瓜	2-(二級丁基)-3-甲氧基吡嗪（2-[sec-butyl]-3-methoxypyrazine）	甜椒味、胡蘿蔔、土壤味、生青味	甜菜根、小黃瓜、花生
	3-戊酮（3-pentanone）	乙醚味、甜香	蔥屬蔬菜、鮮奶油、菇類、梨子、鼠尾草
墨西哥辣椒 + 桃子	十五烷（pentadecane）	蠟味	椰子、韭蔥、黃芥末、豬肉
	檸檬烯（limonene）	巴薩米克醋味、柑橘味、香水味、果香、生青味、香草植物味	羅勒、洋甘菊、咖啡、八角
甜椒 + 蒔蘿	樟腦（camphor）	樟腦味、土壤味、松香味、辛香味	茴香芹、檸檬香蜂草、番茄
	檜烯（sabinene）	香草植物味、黑胡椒味、松節油味、木質味	芹菜、孜然、薑、開心果

共同化合物	氣味	主風味延伸食材	配對
癒創木酚 (guaiacol)	焦味、藥草味、苯酚味、煙燻味、木質味	啤酒、高麗菜、柑橘類、番茄	焦糖 + 魚露
雙乙醯 (diacetyl)	奶油味、焦糖味、果香、糕餅味、油耗味、甜香、酵母味	杏桃、白蘭地、鮮奶油、全麥麵包	
麥芽醇 (maltol)	焦糖味、棉花糖味、麥芽味、烤麵包味、烤堅果味	栗子、可可、胡桃、豬肉	焦糖 + 羅望子
5- 甲糠醛 (5-methylfurfural)	杏仁味、焦糖味、高溫烹煮味、烤大蒜味、辛香味	香蕉、牛肉、柳橙、馬鈴薯	
呋喃酮 (furaneol)	焦味、焦糖味、棉花糖味、蜂蜜味、甜香	芒果、爆米花、醬油、草莓	焦糖 + 花生
丙位癸內酯 (γ-decalactone)	油脂味、果香、內酯味、桃子味、甜香	椰子、帕瑪善起司、洋李、雪莉酒	
香草醛 (vanillin)	甜香、香草味	茴香芹、檸檬、燕麥、鳳梨	焦糖 + 蘋果
呋喃酮 (furaneol)	焦味、焦糖味、棉花糖味、蜂蜜味、甜香	栗子、咖啡、百香果、開心果	

焦糖 Caramel

味道：甜、微苦
主要氣味：

- 5- 羥甲糠醛 (5-[hydroxymethyl]furfural) —焦糖味、厚紙板味、油脂味、發酵中葡萄汁味、辛香味
- 麥芽醇 (maltol) —焦糖味、棉花糖味、麥芽味、烤麵包味、烤堅果味
- 雙乙醯福明 (diacetylformoin) —焦糖味、烤杏仁味、奶油味

共同化合物	氣味	主風味延伸食材	配對
月桂烯 (myrcene)	巴薩米克醋味、花香、果香、香草植物味、發酵中葡萄汁味	胭脂樹籽、香菜、薑黃、迷迭香	胡蘿蔔 + 巴薩米克醋
肉豆蔻醚 (6-allyl-4-methoxy-1,3-benzodioxole)	巴薩米克醋味、胡蘿蔔味、辛香味、溫暖感	黑胡椒、藍莓、蒔蘿、歐洲防風草	
萜品油烯 (terpinolene)	松香味、塑膠味、甜香	小豆蔻、萊姆、薑、芒果	胡蘿蔔 + 羅勒
乙酸莰酯 (bornyl acetate)	香草植物味、松香味、甜香	醋栗乾、肉桂、開心果	
4- 乙烯癒創木酚 (4-vinylguaiacol)	丁香味、咖哩味、煙燻味、辛香味	蘋果酒、圓葉當歸、豬肉、鼠尾草	胡蘿蔔 + 咖啡
5- 甲糠醛 (5-methylfurfural)	杏仁味、焦糖味、高溫烹煮味、烤大蒜味、辛香味	椰子、玉米、蘭姆酒、羅望子	

胡蘿蔔 Carrot

味道：甜
主要氣味：

- α- 萜品烯 (alpha-terpinene) —松香味、塑膠味、甜香
- α- 蒎烯 (alpha-pinene) —雲杉味、松香味、樹脂味、辛辣感、松節油味
- β- 月桂烯 (beta-myrcene) —巴薩米克醋味、果香、天竺葵花香、香草植物味、發酵中葡萄汁味

柑橘類 Citrus

味道： 酸、甜

主要氣味：

柑橘

檸檬烯（limonene）─巴薩米克醋味、柑橘味、香水味、果香、香草植物味

柳橙

瓦倫西亞桔烯（valencene）─柑橘味、生青味、油味、木質味

檸檬

γ- 萜品烯（gamma-terpinene）─苦味、柑橘味、汽油味、樹脂味、松節油味

萊姆

β- 蒎烯（beta-pinene）─松香味、指甲油味、樹脂味、松節油味、木質味

葡萄柚

月桂烯（myrcene）─巴薩米克醋味、果香、天竺葵花香、香草植物味、發酵中葡萄汁味

配對	共同化合物	氣味	主風味延伸食材
葡萄柚 + 鼠尾草	1,8- 桉油醇（1,8-cineol）	樟腦味、清涼感、尤加利味、薄荷味、甜香	羅勒、洋甘菊、小豆蔻、茴香芹、黑胡椒
	α- 茴香萜（alpha-phellandrene）	柑橘味、薄荷味、黑胡椒味、松節油味、木質味	肉桂、肉豆蔻、圓葉當歸、蒔蘿、八角
柳橙 + 黃芥末	壬醛（nonanal）	柑橘味、油脂味、花香、生青味、檸檬味、油漆味、肥皂味	胭脂樹籽、啤酒、香菜、榛果
	1- 己醇（1-hexanol）	香蕉味、煮熟青菜味、花香、草味、生青味、香草植物味、萵苣味、樹脂味、腐爛味、辛香味	蘆筍、蕓薹屬蔬菜、香菜、黃豆、番茄
檸檬 + 尤加利葉	γ- 萜品烯（gamma-terpinene）	苦味、柑橘味、汽油味、樹脂味、松節油味	洋茴香、葛縷子、薑、開心果
	十三烷（tridecane）	萊姆精油味	茄子、月桂葉、芥末籽
萊姆 + 桃子	青葉醛（leaf aldehyde）	杏仁味、油脂味、花香、果香、青蘋果味、青草味、嗆辣味	小黃瓜、苦苣、橄欖、蘿蔔
	4- 羥基癸酸，γ 內酯（4-hydroxydodecanoic acid, gamma-lactone）	杏桃味、花香、果香、桃子味、甜香	細葉香芹、雞肉、蘭姆酒、草莓

可可 Cocoa

味道： 苦

主要氣味：

3- 甲基丁酸（3-methylbutanoic acid）─汗味、樹脂味

呋喃酮（furaneol）─焦味、焦糖味、棉花糖味、蜂蜜味、甜香

2- 乙 基 -3,5- 二 甲 基 吡 嗪（2-ethyl-3,5-dimethylpyrazine）─薯片味

配對	共同化合物	氣味	主風味延伸食材
可可 + 甜菜根	苯乙胺（phenethylamine）	氨味、魚腥味	藍紋起司、柑橘類、大黃、日本清酒
	苯甲醛（benzaldehyde）	苦杏仁味、焦香糖味、櫻桃味、麥芽味、烤椒味	杏仁、酪梨、肉桂、檸檬百里香、芝麻
巧克力 + 百香果	沉香醇（linalool）	佛手柑味、柑橘味、香菜味、薰衣草味、檸檬味、玫瑰香	杏桃、茴香片、薄荷、開心果、龍蒿
	2- 乙醯呋喃（2-acetylfuran）	巴薩米克醋味、可可味、咖啡味、煙燻味、菸草味	大麥、墨西哥辣椒、牡蠣、南瓜
巧克力 + 花生醬	3- 羥基 -2- 甲基 -4- 哌喃（3-hydroxy-2-methyl-4-pyrone）	焦糖味、棉花糖味、麥芽味、烤麵包味、烤堅果味	栗子、柑橘類、鳳梨
	1,2,4- 三甲苯（pseudocumene）	殺蟲劑味、塑膠味	香蕉、甜桃、香草、核桃

共同化合物	氣味	主風味延伸食材	配對
2- 苯乙醇 (2-phenylethanol)	果香、蜂蜜味、紫丁香花香、葡萄酒香	蔥屬蔬菜、雞肉、羅旺子、松露	玉米 + 椰子
乙酸乙酯（ethyl acetate）	白蘭地味、強力膠味、葡萄味、甜香	椒類、無花果、淡菜、日本清酒、醋	
十八烷（octadecane）	柑橘味、黑胡椒味	柑橘類、羊肉、黃芥末、胡桃、迷迭香	玉米 + 香草
4- 鄰羥苯甲醛 (4-hydroxybenzaldehyde)	焙火香	蘋果、咖啡、蜂蜜、鳳梨、雪莉酒	
β- 大馬士革酮（beta-damascenone）	煮熟蘋果味、花香、果香、蜂蜜味、茶香	啤酒、接骨木莓、檸檬香蜂草、茶、威士忌	玉米 + 蘋果
乙酸己酯（hexyl acetate）	蘋果味、香蕉味、糖果甜食味、果香、青草味、香草植物味、梨子味	栗子、奧勒岡、菇類、威士忌	

玉米 Corn

味道：甜

主要氣味：

二甲硫 （dimethyl sulfide） —高麗菜味、汽油味、硫磺味、濕土壤味

硫化氫 （hydrogen sulfide） —腐敗雞蛋味

甲硫醇（methanethiol） —高麗菜味、大蒜味、汽油味、腐敗味、硫磺味

配對	共同化合物	氣味	主風味延伸食材
二甲基硫（dimethyl sulfoxide）	大蒜味	蔥屬蔬菜、啤酒、甜菜根、法式酸奶油	西洋菜 + 牡蠣
1- 戊烯 -3- 醇（1-penten-3-ol）	焦味、魚味、生青味、肉味、濕土壤味	蒔蘿、檸檬、黃芥末、茶	
苯乙烯（styrene）	巴薩米克醋味、汽油味、塑膠味、橡膠味、溶劑味	扁豆、橄欖、豌豆類、蔥	水芹 + 草莓
1,2,4- 三甲苯 (pseudocumene)	殺蟲劑味、塑膠味	麵包、螃蟹、榛果、甜桃	
異硫氰酸烯丙酯（allyl isothiocyanate）	大蒜味、嗆辣味、硫磺味	啤酒、小黃瓜、薄荷、黑莓	金蓮花 + 鳳梨
醋酸（acetic acid）	酸香味、果香、嗆辣味、酸香味、醋味	胭脂樹籽、咖啡、萊姆、香草	

水芹 Cress

味道：苦、辣

主要氣味：

異硫氰酸苯乙酯（phenylethyl isothio-cyanate） —辣根味、黃芥末味

5-（甲硫）戊腈（5-[methylthio]pentane-nitrile） —青花菜味、高麗菜味

苄硫醇（benzenemethanethiol） —木燒味、煙燻味

甲殼類 Crustacean

味道：甜、微鹹

主要氣味：

- N,N- 二 甲 基 丁 胺（N,N-dimethyl-1-butanamine）—魚味
- 5,6- 二 氫 -5- 甲 基 -4H-1,3,5- 二 噻 嗪（5,6-Dihydro-5-methyl-4H-1,3,5-dithiazine）—炒洋蔥味、韭蔥味、肉味、鮮味味、海鮮味、硫磺味
- 3- 羥 基 -2- 丁 酮（3-hydroxybutan-2-one）—奶油味、鮮奶油味、青椒味、樹脂味、汗味

配對	共同化合物	氣味	主風味延伸食材
蝦 + 羊肉	4- 羥基壬酸內酯（4-hydroxynonanoic acid, lactone）	杏桃味、可可味、椰子味、桃子味、甜香	豆類、葫蘆巴、菇類、奧勒岡
	2- 甲基吡啶（2-methylpyridine）	灰燼味、甜香	蔥屬蔬菜、柴魚片、燕麥、花生、米
螯蝦 + 南瓜	2,3- 戊二酮（2,3-pentanedione）	苦味、奶油味、焦糖味、鮮奶油味、果香、甜香	咖啡、榛果、秋葵、全麥麵包
	2,5- 二甲基吡嗪（2,5-dimethylpyrazine）	燒焦塑膠味、可可味、藥味、烤牛肉味、烤堅果味	蘆筍、大麥、豬肉、米
螃蟹 + 櫻桃	2- 乙基 -1- 己醇（2-ethyl-1-hexanol）	柑橘味、生青味、油味、玫瑰香	葡萄、萵苣、牛奶、橄欖、番茄
	1,3- 二甲苯（1,3-dimethylbenzene）	油煎味、藥味、堅果味、塑膠味、樹脂味	酪梨、蒔蘿、苦苣、核桃
龍蝦 + 牛肉	2,4- 二甲硫基甲烷（2,4-dithiapentane）	硫磺味、大蒜味	荔枝、牛奶、菇類、松露
	辛醛（caprylaldehyde）	柑橘味、油脂味、花香、生青味、嗆辣味	朝鮮薊、橄欖、紅石榴、紅蔥頭

黃瓜 Cucumber

味道：微苦

主要氣味：

- (E)-2- 壬烯醛（[E]-2-nonenal）—小黃瓜味、新鮮除草味、油脂味、紙味、西瓜味
- 反 式 , 順 式 -2,6- 壬 二 烯 醛（trans, cis-2,6-nonadienal）—小黃瓜味、生青味、萵苣味、蠟味
- 順式 -6- 壬烯醛（cis-6-nonenal）—甜瓜味

配對	共同化合物	氣味	主風味延伸食材
黃瓜 + 藍莓	十四醛（tetradecanal）	花香、乾草味、蜂蜜味、蠟味、木質味	蔥屬蔬菜、啤酒、雞肉、開心果、蔥
	(E)-2- 壬烯醛（[E]-2-nonenal）	黃瓜味、新鮮除草味、油脂味、紙味、西瓜味	洋甘菊、無花果、芒果、胡桃、羅望子
黃瓜 + 榛果	2-(二級丁基)-3- 甲氧基吡嗪（2-[sec-butyl]-3-methoxypyrazine）	甜椒味、胡蘿蔔味、土壤味、生青味	蘆筍、甜菜根、芹菜、歐洲防風草、櫛瓜
	2- 戊基呋喃（2-pentylfuran）	奶油味、花香、果香、生青味、豆味	酪梨、辣椒、豬肉、蝦
黃瓜 + 柿子	月桂酸（lauric acid）	油脂味、果香、金屬味、蠟味	杏桃、蒔蘿、萊姆、優格
	順 -2- 戊烯醇（[Z]-2-penten-1-ol）	香蕉味、生青味、塑膠味、橡膠味	蛤蠣、萵苣、仙人掌果、百里香

共同化合物	氣味	主風味延伸食材	配對
2- 庚酮（2-heptanone）	甜椒味、藍紋起司味、果香、生青味、堅果味、辛香味	藍紋起司、魚子醬、辣椒、榛果、梨子	鮮奶油 + 牡蠣
辛醇（1-octanol）	苦杏仁味、燒火柴味、油脂味、花香、金屬味	白花椰菜、椰子、黃芥末、鼠尾草	
甲基己基甲酮（Hexyl methyl ketone）	油脂味、香水味、汽油味、黴味、肥皂味	咖哩、味噌、松露、香草、葡萄酒	優格 + 核桃
2- 戊酮（2-pentanone）	燒塑膠味、乙醚味、果香、煤油味、嗆辣味	胡蘿蔔、咖啡、菇類、南瓜籽、蝦	
1- 庚醇（1-heptanol）	化學藥品味、生青味、腐敗味、木質味	蘋果、栗子、蒔蘿、橄欖、雪莉酒	牛奶 + 豬肉
香草醛（vanillin）	甜香、香草味	蘆筍、茴香芹、檸檬、花生	
2- 十一酮（2-undecanone）	清新味、生青味、柳橙味、玫瑰香	蔥屬蔬菜、椰棗、檸檬香茅、薑黃	酸奶 + 蛤蠣
己酸（hexanoic acid）	起司味、山羊味、油味、嗆辣味、甜香	腰果、咖啡、菇類、義式玉米粉	

乳製品 Dairy

味道：微甜、酸

主要氣味：

丙酮（2-propanone）—化學藥品味、乙醚味、反胃感、嗆辣味

2- 丁酮（2-butanone）—乙醚味、香水味、果香、愉悅感、甜香

2- 庚酮（2-heptanone）—甜椒味、藍紋起司味、生青味、堅果味、辛香味

乙醛（acetaldehyde）—乙醚味、花香、青蘋果味、嗆辣味、甜香

共同化合物	氣味	主風味延伸食材	配對
二甲硫（dimethyl sulfide）	高麗菜味、汽油味、硫磺味、濕土壤味	白花椰菜、辣椒、牡蠣、巴西里	雞蛋 + 松露
2- 丁酮（2-butanone）	乙醚味、香水味、果香、愉悅感、甜香	雞肉、馬鈴薯、米、干貝、核桃	
氨（ammonia）	嗆辣味	甜菜根、高麗菜、芹菜、蘿蔔、大黃	雞蛋 + 魚子醬
2-4- 癸二烯醛（2,4-decadienal）	油炸味	椰棗、榛果、梨子、芝麻、番茄	
噻吩（thiophene）	大蒜味	螃蟹、咖啡、豬肉、威士忌	雞蛋 + 香草
1,3- 二甲苯（1,3-dimethylbenzene）	油煎味、藥味、堅果味、塑膠味、樹脂味	酪梨、羅勒、豆類、鮮奶油、西洋菜	

雞蛋 Egg

味道：平淡；風味主要來自香氣

主要氣味：

硫化氫（hydrogen sulfide）—硫磺味、腐敗雞蛋味

3 甲硫基丙醛（methional）—煮熟馬鈴薯味、黃豆味

苯乙醛（phenylacetaldehyde）—莓果味、天竺葵花香、蜂蜜味、堅果味、嗆辣味

2- 乙醯基 -1- 吡咯啉（2-acetyl-1-pyrroline）—堅果味、油味、爆米花味、焙火香

茄子 Eggplant

味道：苦、煮熟後微甜

主要氣味：

己醇（hexanol）—煮熟蔬菜味、花香、生青味、香草植物味、腐爛味

甲苯（toluene）—膠水味、油漆味、溶劑味

3- 蒈烯（3-carene）—甜椒味、檸檬味、嗆辣味、樹脂味、橡膠味

配對	共同化合物	氣味	主風味延伸食材
茄子 + 核桃	1,2- 二甲苯（1,2-dimethylbenzene）	天竺葵花香	朝鮮薊、啤酒、扁豆、南方豆類、干貝
	苯乙酮（acetophenone）	杏仁味、花香、肉味、發酵中葡萄汁味、塑膠味	藍紋起司、可可、玉米、茶
茄子 + 紅石榴	庚醛（heptanal）	柑橘味、魚乾味、油脂味、生青味、堅果味、油耗味	杏桃、牛肉、蒔蘿、黑胡椒
	β- 香檸檬烯（beta-bergamotene）	茶香	羅勒、胡蘿蔔、柑橘類、黑胡椒
茄子 + 接骨木莓	沉香醇（linalool）	佛手柑味、柑橘味、香菜味、花香、薰衣草香、檸檬味、玫瑰香	孜然、牛膝草、檸檬香蜂草、日本清酒
	庚烷（heptane）	燒火柴味、花香、塑膠味	栗子、波特酒、百里香、優格
茄子 + 羊肉	沉香醇（linalool）	佛手柑味、柑橘味、香菜味、薰衣草香、檸檬味、玫瑰香	酸豆、芹菜、檸檬香茅、薄荷、桃子、八角
	庚醛（heptanal）	柑橘味、魚乾味、油脂味、生青味、堅果味、油耗味	香菜、薑、玉米、開心果、柳橙

茴香芹 Fennel

味道：甜

主要氣味：

茴香腦（anethole）—茴香味、甜香

檸檬烯（limonene）—巴薩米克醋味、柑橘味、香水味、果香、香草植物味

α- 茴香萜（alpha-phellandrene）—柑橘味、薄荷味、黑胡椒味、松節油味、木質味

配對	共同化合物	氣味	主風味延伸食材
茴香芹 + 牛膝草	茴香腦（anethole）	洋茴香味、甜香	蒔蘿、香菜、接骨木莓、大黃、紫蘇
	沉香醇（linalool）	佛手柑味、柑橘味、香菜味、花香、薰衣草香、檸檬味、玫瑰香	洋甘菊、芹菜、薄荷、薑黃
茴香芹 + 洋李	4- 甲氧基苯甲醛（4-methoxybenzaldehyde）	杏仁味、洋茴香味、薄荷味、甜香	洋茴香、羅勒、咖啡、榛果、黑胡椒
	1,8- 桉油醇（1,8-cineol）	樟腦味、清涼感、尤加利味、薄荷味、甜香	琴酒、檸檬香茅、百香果、八角
茴香芹 + 越橘屬莓果	檸檬烯（limonene）	巴薩米克醋味、柑橘味、香水味、果香、生青味、香草植物味	醋栗乾、葛縷子、細葉香芹、圓葉當歸、胡桃、鳳梨
	1- 甲基 -4- 異丙苯（1-isopropyl-4-methylbenzene）	柑橘味、清新味、汽油味、溶劑味	咖哩葉、萊姆、優格、巴西里

共同化合物	氣味	主風味延伸食材	配對
2-苯乙醇 (2-phenylethanol)	果香、蜂蜜味、紫丁香花香、玫瑰香、葡萄酒香	可可、玉米、馬茲卡酒、西瓜	無花果 + 酪梨
3-羥基-2-丁酮 (3-hydroxy-2-butanone)	奶油味、鮮奶油味、青椒味、油耗味、汗味	牛肉、藍紋起司、櫻桃、橄欖、醋	
甲基庚烯酮 (6-methyl-5-hepten-2-one)	柑橘味、菇味、黑胡椒味、香蕉味、草莓味	胡蘿蔔、柑橘類、檸檬香茅、百里香、核桃	無花果 + 橄欖
(E,E)-2-4-癸二烯醛 ([E,E]-2,4-decadienal)	香菜味、油炸味、油脂味、油味、氧化味	杏桃、洋甘菊、白花椰、雞肉、菇類	
乙醇 (ethanol)	酒味、花香、成熟蘋果味、汗味	蘋果、葡萄、桃子、鳳梨、開心果、醋	無花果 + 蛤蠣
香葉基丙酮 (geranylacetone)	生青味、乾草味、木蘭花香	杏桃、椒類、百香果、鼠尾草	

無花果 Fig

味道：甜
主要氣味：

> (E)-2-己醛（[E]-2-hexanal）─未熟香蕉味、清新感、香草植物味、辛香味
>
> 5-甲糠醛（5-methylfurfural）─杏仁味、焦糖味、高溫烹煮味、烤大蒜味、辛香味
>
> β-石竹烯（beta-beta-caryophyllene）─油煎味、辛香味、木質味

共同化合物	氣味	主風味延伸食材	配對
1-戊烯-3-醇（1-penten-3-ol）	焦味、奶油味、魚味、生青味、肉味、氧化味、濕土壤味	杏桃、蛤蠣、橄欖、番茄	低脂魚 + 甜瓜類
2,3-丁二醇 (2,3-butanediol)	果香、香草植物味、洋蔥味	甜椒、椰棗、無花果、雪莉酒、醋	
2-葵醛（2-decenal）	油脂味、魚味、柳橙味、油漆味	胡蘿蔔、香菜、羊肉、橄欖、核桃	低脂魚 + 花生
萘（naphthalene）	樟腦丸味、焦油味	酪梨、辣椒、奇異果、柳橙、鼠尾草	
酚（phenol）	藥味、苯酚味、辛辣感、煙燻味、辛香味	可可、橄欖、豬肉、鼠尾草、芝麻	高脂魚 + 咖啡
2-乙基-1-己醇（2-ethyl-1-hexanol）	柑橘味、生青味、油味、玫瑰香	胭脂樹籽、萵苣、薄荷、紅石榴、地瓜	
吡咯啶（pyrrolidine）	氨味、魚腥味	大麥、魚子醬、義大利玉米粉、蘿蔔	高脂魚 + 啤酒
甲酸（formic acid）	嗆辣味	柑橘類、白蘭地、豌豆類、優格	

魚 Fish

味道：鹹、油脂
主要氣味：

> 2,4,6-三溴苯酚（2,4,6-tribromophenol）─海水魚味、似濾水味
>
> 2,6-壬二烯醛（2,6-nonadienal）─小黃瓜味、生青味
>
> 1,5-辛二烯-3-醇（1,5-octadien-3-ol）─土壤味、天竺葵花香、生青味、香草植物味、菇味

野味肉類 Game Meat

味道：鮮味

主要氣味：

乙醚（acetone）—化學藥品味、乙醚味、反胃感、嗆辣味

n- 丁醇（n-butanol）—酒味、果香、藥味、溶劑味

異丁醇（isobutanol）—蘋果味、苦味、可可味、雜醇油味、溶劑味

糞臭素（skatole）—排泄物味、樟腦丸味

配對	共同化合物	氣味	主風味延伸食材
野味肉類 + 尤加利葉	十八烷（octadecane）	柑橘味、黑胡椒味	腰果、蒔蘿、黃芥末、蘿蔔、蔥
	沉香醇（linalool）	佛手柑味、香菜味、薰衣草味、檸檬味、玫瑰香	羅勒、小豆蔻、柑橘類、香菜、肉豆蔻、紅石柳
野味肉類 + 香菜	庚醛（heptanal）	柑橘味、魚乾味、油脂味、生青味、堅果味	啤酒、無花果、酸奶、馬鈴薯
	α- 蒎烯（alpha-pinene）	雪松味、松香味、樹脂味、辛辣感、松節油味	檸檬香茅、墨西哥辣椒、杜松子、紫蘇、紅石榴
野味肉類 + 鳳梨	十二酸內酯（gamma-dodecalactone）	杏桃味、花香、果香、桃子味、甜香	細葉香芹、菇類、甜桃、橄欖
	丁酸（butyric acid）	奶油味、起司味、樹脂味、酸香味、汗味	蘋果、奶油、咖啡、酸櫻桃

薑 Ginger

味道：甜、辣

主要氣味：

薑萜（zingiberene）—清新感、辛辣感、辛香味

β- 倍半水芹烯（beta-sesquiphellandrene）—木質味

蛇麻烯（humulene）—巴薩米克醋味、啤酒花香、辛香味、木質味

配對	共同化合物	氣味	主風味延伸食材
薑 + 藍莓	龍腦（borneol）	樟腦味、香水味、生青味、指甲油味	小豆蔻、尤加利葉、萊姆、鼠尾草
	2- 十一酮 (2-undecanone)	清新味、生青味、柳橙味、玫瑰香	雞肉、椰子、羊肉、百香果、薑黃
薑 + 孜然	β- 茴香萜（beta-phellandrene）	薄荷味，松節油味	醋栗乾、蒔蘿、茴香芹、粉紅胡椒
	β- 沒藥烯（beta-bisabolene）	巴薩米克醋味、柑橘味、辛香味	洋茴香、胡蘿蔔、奧勒岡、八角
薑 + 開心果	香草醇（geraniol）	天竺葵花香、檸檬皮香、百香果味、桃子味、玫瑰香	羅勒、肉桂、牛膝草、檸檬香茅
	α- 菌綠烯（alpha-farnesene）	煮熟蔬菜味、花香、甜香、木質味	蘋果白蘭地、檸檬、楤椊、迷迭香

共同化合物	氣味	主風味延伸食材	配對
2- 甲基丁醛 (2-methylbutanal)	杏仁味、可可味、發酵味、榛果味、麥芽味	蘋果、啤酒、橄欖、全麥麵包	大麥 + 瑞士起司
4- 羥基戊酸內酯 (4-hydroxypentanoic acid, lactone)	香草植物味、甜香	牛肉、菇類、黃豆、番茄	
月桂酸甲酯 (methyl dodecanoate)	椰子味、油脂味	蔥屬蔬菜、可可、黃芥末、百香果	燕麥 + 椰子
甲基吡嗪 (methylpyrazine)	可可味、生青味、榛果味、爆米花味、焙火香	腰果、雞肉、花生、芝麻、蝦	
香葉基丙酮 (geranylacetone)	生青味、乾草味、木蘭花味	鮮奶油、夏威夷豆、鼠尾草、番茄	米 + 蛤蠣
2- 壬烯醛 (2-nonenal)	紙味	蘆筍、薑、橄欖、豌豆類、豬肉	

穀類 Grain

味道：苦、微甜

主要氣味：

異丁醛（isobutyraldehyde）—焦糖味、可可味、生青味、麥芽味、堅果味

3- 甲基丁醛（3-methylbutanal）—杏仁味、可可味、發酵味、榛果味、麥芽味

庚醛（heptanal）—柑橘味、魚乾味、油脂味、生青味、堅果味

共同化合物	氣味	主風味延伸食材	配對
十四酸乙酯 (ethyl tetradecanoate)	乙醚味、肥皂味、蠟味	洋茴香、蘋果、啤酒、椰子、百香果	葡萄 + 南瓜
乙酸乙酯 (ethyl acetate)	白蘭地味、強力膠味、葡萄味、甜香	蔥屬蔬菜、甜菜根、栗子、南瓜、蘿蔔	
3- 甲酚 (3-methylphenol)	排泄物味、藥味、苯酚味、辛辣感、尿味	起司、可可、榛果、菇類、蘭姆酒	葡萄 + 豬肉
苯乙酮 (acetophenone)	杏仁味花香、肉味、發酵中葡萄汁味、塑膠味	白花椰菜、蛤蠣、紅石榴、香草	
4- 羥基壬酸內酯 (4-hydroxynonanoic acid, lactone)	杏桃味、可可味、椰子味、桃子味、甜香	蘆筍、牛肉、辣椒、玉米、西洋菜	葡萄 + 接骨木莓
沉香醇氧化物 D (linalool oxide D)	柑橘味、花香、香水味、生青味、甜香	無花果、檸檬香蜂草、鼠尾草、草莓	

葡萄 Grape

味道：甜、酸澀

主要氣味：

1- 己醇（1-hexanol）—煮熟蔬菜味、花香、生青味、香草植物味、腐爛味

順 -3- 己烯醇（[Z]-3-hexen-1-ol）—甜椒味、草味、綠葉味、香草植物味、未熟香蕉味

β- 紫羅蘭酮（beta-ionone）—雲杉味、花香、覆盆莓味、海藻味、紫羅蘭花香

辛醛（caprylaldehyde）—柑橘味、油脂味、花香、生青味、嗆辣味

四季豆 Green Bean

味道：苦

主要氣味：

- n- 己醛（n-hexanal）—煮熟蔬菜味、花香、生青味、香草植物味、腐爛味
- n- 己醛（n-hexanal）—清新感、果香、草味、生青味、油味
- 1- 辛烯 -3- 醇（1-octen-3-ol）—黃瓜味、土壤味、油脂味、花香、菇味

配對	共同化合物	氣味	主風味延伸食材
四季豆 + 香草	香草醛（vanillin）	甜香、香草味	肉桂、魚、茴香芹、鳳梨、豬肉
	1- 苯乙酮（1-phenylethanone）	杏仁味、花香、肉味、發酵中葡萄汁味、塑膠味	蔥屬蔬菜、玉米、扁豆、核桃
四季豆 + 榛果	2- 戊基呋喃（2-pentylfuran）	奶油味、花香、果香、四季豆味	朝鮮薊、墨西哥辣椒、巴西里、蝦
	2-(二級丁基)-3- 甲氧基吡嗪（2-[sec-butyl]-3-methoxypyrazine）	甜椒味、胡蘿蔔味、土壤味、生青味	甜菜根、黃瓜、歐洲防風草、南瓜
四季豆 + 蒔蘿	β- 大馬士革酮（beta-damascenone）	煮熟蘋果味、花香、果香、蜂蜜味、茶香	法式酸奶油、檸檬、木質薄荷、醋
	順 -3- 己烯醇（[Z]-3-hexen-1-ol）	甜椒味、青草味、生青味、香草植物味、未熟香蕉味	細葉香芹、苦苣、豌豆類、蘿蔔

蜂蜜 Honey

味道：甜

主要氣味：

- 1-(2- 呋喃)- 苯乙酮（1-[2-furanyl]-ethanone）—巴薩米克醋味、可可味、咖啡味、煙燻味、菸草味
- 2,3- 丁二醇（2,3-butanediol）—鮮奶油味、花香、果香、香草植物味、洋蔥味、橡膠味
- 3- 羥基 -2- 丁酮（3-hydroxy-2-butanone）—奶油味、鮮奶油味、青椒味、油耗味、汗味

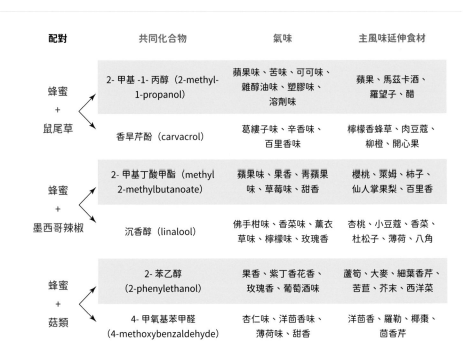

配對	共同化合物	氣味	主風味延伸食材
蜂蜜 + 鼠尾草	2- 甲基 -1- 丙醇（2-methyl-1-propanol）	蘋果味、苦味、可可味、雜醇油味、塑膠味、溶劑味	蘋果、馬茲卡酒、羅望子、醋
	香旱芹酚（carvacrol）	葛縷子味、辛香味、百里香味	檸檬香蜂草、肉豆蔻、柳橙、開心果
蜂蜜 + 墨西哥辣椒	2- 甲基丁酸甲酯（methyl 2-methylbutanoate）	蘋果味、果香、青蘋果味、草莓味、甜香	櫻桃、萊姆、柿子、仙人掌果梨、百里香
	沉香醇（linalool）	佛手柑味、香菜味、薰衣草味、檸檬味、玫瑰香	杏桃、小豆蔻、香菜、杜松子、薄荷、八角
蜂蜜 + 菇類	2- 苯乙醇（2-phenylethanol）	果香、紫丁香花香、玫瑰香、葡萄酒味	蘆筍、大麥、細葉香芹、苦苣、芥末、西洋菜
	4- 甲氧基苯甲醛（4-methoxybenzaldehyde）	杏仁味、洋茴香味、薄荷味、甜香	洋茴香、羅勒、椰棗、茴香芹

共同化合物	氣味	主風味延伸食材	配對
雙乙醯（diacetyl）	奶油味、焦糖味、果香、糕餅味、甜香	甜菜根、蘋果酒、火雞肉、醋	菊芋 + 櫻桃
十六烷（hexadecane）	根莖味、土壤味	茄子、柑橘類、黃芥末、百里香	
β- 菌綠烯（beta-farnesene）	柑橘味、油味、木質味	胡蘿蔔、孜然、檸檬香蜂草、紅石榴	菊芋 + 琴酒
吡啶（pyridine）	焦味、嗆辣味、油耗味	高麗菜、菇類、蝦、醬油	
丙苯（propylbenzene）	樟腦丸味	大蒜、蜂蜜、花生、西洋菜	菊芋 + 螃蟹
大茴香醚（anisole）	洋茴香味	牛肉、鮮奶油、波布拉諾辣椒、松露	

菊芋 Jerusalem Artichoke

味道： 甜、微苦

主要氣味：

- β- 沒藥烯（beta-bisabolene）—巴薩米克醋味、木質味
- α- 蒎烯（alpha-pinene）—雲杉味、松香味、樹脂味、辛辣感、松節油味
- 萜品油烯（terpinolene）—甜香、松香味、柑橘味

共同化合物	氣味	主風味延伸食材	配對
丁酸乙酯（ethyl butanoate）	蘋果味、奶油味、起司味、鳳梨味、草莓味	甜瓜、柳橙、百香果、醋	奇異果 + 威士忌
苯乙烯（styrene）	巴薩米克醋味、汽油味、塑膠味、橡膠味、溶劑味	越橘屬莓果類、肉桂、桃子、胡桃	
2- 十一烯醛（2-undecenal）	甜香	魚子醬、栗子、羊肉、優格	奇異果 + 香菜
辛醛（caprylaldehyde）	柑橘味、油脂味、花香、生青味、嗆辣味	萊姆、薑、玉米、芝麻	
3- 蒈烯（3-carene）	甜椒味、檸檬味、樹脂味、橡膠味	羅勒、小豆蔻、茴香芹、巴西里、黑胡椒	奇異果 + 墨西哥辣椒
(E)-2- 己烯 -1- 醇（[E]-2-hexen-1-ol）	甜椒味、油脂味、天竺葵花香、生青味、辛香味	芹菜、蒔蘿、蘿蔔、羅望子	

奇異果 Kiwi

味道： 酸、甜

主要氣味：

- 丁酸乙酯（ethyl butanoate）—蘋果味、奶油味、鳳梨味、紅色水果味、草莓味
- (E)-2- 己烯醛（[E]-2-hexenal）—油脂味、花香、果香、草味、嗆辣味
- 己醛（hexanal）—清新感、果香、草味、生青味、油味

羊肉 Lamb

味道：鮮味、微甜

主要氣味：

(E,E)-2-4- 癸二烯醛（[E,E]-2,4-decadienal）─
香菜味、油炸味、油脂味、油味、氧化味

(E)-2- 壬烯醛（[E]-2-nonenal）─小黃瓜味、
新鮮除草味、油脂味、紙味、西瓜味

4- 甲基 -3- 噻唑啉（4-methyl-3-thiazoline）─
焦味、土壤味、大蒜味

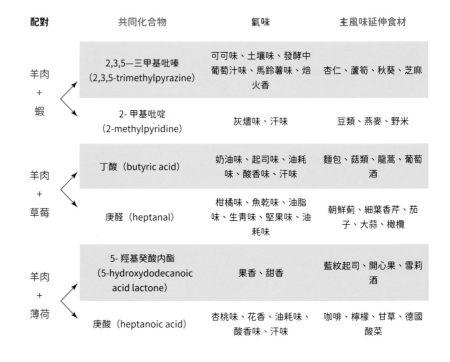

配對	共同化合物	氣味	主風味延伸食材
羊肉 + 蝦	2,3,5—三甲基吡嗪 (2,3,5-trimethylpyrazine)	可可味、土壤味、發酵中葡萄汁味、馬鈴薯味、焙火香	杏仁、蘆筍、秋葵、芝麻
	2- 甲基吡啶 (2-methylpyridine)	灰燼味、汗味	豆類、燕麥、野米
羊肉 + 草莓	丁酸（butyric acid）	奶油味、起司味、油耗味、酸香味、汗味	麵包、菇類、龍蒿、葡萄酒
	庚醛（heptanal）	柑橘味、魚乾味、油脂味、生青味、堅果味、油耗味	朝鮮薊、細葉香芹、茄子、大蒜、橄欖
羊肉 + 薄荷	5- 羥基癸酸内酯 (5-hydroxydodecanoic acid lactone)	果香、甜香	藍紋起司、開心果、雪莉酒
	庚酸（heptanoic acid）	杏桃味、花香、油耗味、酸香味、汗味	咖啡、檸檬、甘草、德國酸菜

檸檬香茅 Lemongrass

味道：平淡；風味來源味香氣

主要氣味：

橙花醛（neral）─柑橘味、檸檬味

香葉醛（geranial）─花香、果香、檸檬味、
薄荷味，嗆辣味

β- 月桂烯（beta-myrcene）─巴薩米克醋味、
果香、天竺葵花香、香草植物味、發酵中
葡萄汁味

配對	共同化合物	氣味	主風味延伸食材
檸檬香茅 + 白花椰菜	檸檬烯（limonene）	巴薩米克醋味、柑橘味、香水味、果香、草本植物味、香草植物味	櫻桃、蛤蠣、奇異果、桃子、紅石榴
	壬醛（nonanal）	柑橘味、油脂味、花香、生青味、油漆味	雞肉、香菜、黃芥末、草莓
檸檬香茅 + 細葉香芹	香葉醇（geraniol）	天竺葵花香、檸檬皮味、百香果味、桃子味、玫瑰香	蔥屬蔬菜、羅勒、起司、番茄
	β- 檸檬醛（beta-citral）	柑橘味、檸檬味	小豆蔻、咖哩、薑、鼠尾草、百里香
檸檬香茅 + 迷迭香	β- 月桂烯（beta-myrcene）	巴薩米克醋味、果香、天竺葵花香、香草植物味、發酵中葡萄汁味	洋茴香、胡蘿蔔、蒔蘿、開心果、八角
	哌立酮（piperitone）	清新感、薄荷味	肉桂、薄荷、黑胡椒、覆盆莓

共同化合物	氣味	主風味延伸食材	配對
十三烷 （tridecane）	檸檬精油味	蒔蘿、茄子、羊肉、米、核桃	萵苣 + 黃芥末
苯乙基異硫氰酸酯 （phenethyl isothiocyanate）	嗆辣味	青花菜、辣根、菇類、山葵	
2- 甲基 -1- 丙醇 （2-methyl-1-propanol）	蘋果味、苦味、可可味、雜醇油、塑膠味、溶劑味	蔥屬蔬菜、蘋果、蜂蜜、芒果、日本清酒	萵苣 + 羅望子
2- 苯乙醇 （2-phenylethanol）	果香、蜂蜜味、紫丁香花香、玫瑰香、葡萄酒味	藍紋起司、腰果、接骨木莓、花生、松露	
3- 戊醇 （3-pentanol）	果香、生青味	雞肉、燕麥、橄欖、豌豆類、番茄	萵苣 + 干貝
1,2- 二甲苯 （1,2-dimethylbenzene）	天竺葵花香	朝鮮薊、豆類、蒔蘿、柿子、核桃	

萵苣 Lettus

味道：微苦、甜

主要氣味：

α- 異蘭烯 （alpha-copaene） —辛香味、木質味

2- 乙基 -1- 己醇 （2-ethyl-1-hexanol） —生青味、柑橘味、油味、玫瑰香

(E)-2- 己烯 -1- 醇 （[E]-2-hexen-1-ol）—甜椒味、油脂味、天竺葵花香、生青味、辛香味

共同化合物	氣味	主風味延伸食材	配對
1- 戊烯 -3- 酮 （1-penten-3-one）	生青味、香草植物味、金屬味、黃芥末味、嗆辣味	椰棗、苦苣、茶	甜瓜類 + 蛤蠣
1- 己醇 （1-hexanol）	煮熟蔬菜味、花香、青草味、香草植物味、腐爛味	香菜、榛果、黃芥末、烤麵包	
乙酸異戊酯 （isopentyl acetate）	蘋果味、香蕉味、膠水味、梨子味	白蘭地、可可、日本清酒	甜瓜類 + 橄欖
(E)-2- 壬烯醛 （[E]-2-nonenal）	黃瓜味、新鮮除草味、油脂味、紙味、西瓜味	洋甘菊、黃瓜、魚、胡桃	
壬醛 （nonanal）	柑橘味、油脂味、花香、生青味、油漆味	青花菜、葛縷子、開心果、豬肉	甜瓜類 + 玉米
(E)-β- 紫羅蘭酮 （[E]-beta-ionone）	雲杉味、花香、覆盆莓味、海藻味、紫羅蘭花香	柑橘類、葫蘆巴、海藻、西洋菜	

甜瓜類 Melon

味道：甜

主要氣味：

乙酸異丁酯 （isobutyl acetate） —蘋果味、香蕉味、花香、香草植物味、塑膠味

(Z)-6- 壬烯醛 （[Z]-6-nonenal） —生青味、黃瓜味、哈蜜瓜味

(Z,Z)3,6- 壬二烯醛 （[Z,Z]3,6-nonadienal） —油脂味、肥皂味、西瓜味

乙酸異丁酯 （isobutyl acetate） —蘋果味、香蕉味、花香、香草植物味、塑膠味

軟體動物 Mollusk

味道：鹹、微甜
主要氣味：

牡蠣

1- 辛烯 -3- 酮（1-octen-3-one）—土壤味、金屬味、菇味

順 -1,5- 二辛烯 -3- 酮（[Z]-1,5-octadien-3-one）—天竺葵花香、生青味、金屬味

淡菜／蛤蠣／鳥蛤

2- 乙醯 -2- 噻唑啉（2-acetyl-2-thiazoline）—焦糖味、爆米花味、烤牛肉味

雙乙醯（diacetyl）—奶油味、焦糖味

(Z)-4- 庚烯醇（[Z]-4-heptenal）—鮮奶油味、油脂味、魚味

章魚／烏賊

N,N- 二甲基甲醯胺（N,N-dimethylformamide）—魚味、嗆辣味

乙醯乙醇（acetoin）—奶油味、鮮奶油味、青椒味、樹脂味、汗味

干貝

二甲硫（dimethyl sulfide）—高麗菜味、汽油味、硫磺味、濕土壤味

配對	共同化合物	氣味	主風味延伸食材
蛤蠣 + 白花椰菜	二甲胺（dimethylamine）	魚味	大麥、芹菜、蘿蔔、葡萄酒
	2- 丁酮（2-butanone）	乙醚味、香水味、果香、愉悅感、甜香	豆類、辣椒、大蒜、百里香
淡菜 + 香草	苯（benzene）	溶劑味	羅勒、薑、巴西里、鳳梨
	月桂酸甲酯（methyl dodecanoate）	椰子味、油脂味	椰子、接骨木莓、黃芥末、葡萄酒
烏賊 + 櫛瓜	1- 戊烯 -3- 醇（1-penten-3-ol）	焦味、魚味、生青味、肉味、濕土壤味	櫻桃、薑、萊姆、秋葵、番茄
	2- 甲基丁醛（2-methylbutanal）	杏仁味、可可味、發酵味、榛果味、麥芽味	薄荷、開心果、紅石榴、醋
干貝 + 蘆筍	乙醛（acetaldehyde）	乙醚味、花香、青蘋果味、嗆辣味、甜香	雞蛋、扁豆、豌豆類、日本清酒
	2- 壬酮（2-nonanone）	香水味、果香、生青味、熱牛奶味、肥皂味	培根、魚子醬、檸檬香茅、米

菇類 mushroom

味道：鮮味、微苦、甜
主要氣味：

3- 辛醇（3-octanol）—柑橘味、苔蘚味、菇味、堅果味、油味

苯甲醛（benzaldehyde）—苦杏仁味、焦香糖味、櫻桃味、麥芽味、烤椒味

1,8- 桉油醇（1,8-cineol）—樟腦味、清涼感、尤加利味、薄荷味、甜香

配對	共同化合物	氣味	主風味延伸食材
菇類 + 草莓	4- 羥基癸酸，γ 內酯（4-hydroxydodecanoic acid, gamma-lactone）	杏桃味、花香、果香、桃子味、甜香	起司、細葉香芹、雞肉、豬肉、蘭姆酒
	己酸乙酯（ethyl hexanoate）	蘋果皮味、白蘭地味、水果口香糖味、過熟果香、鳳梨	蘋果、丁香、玉米、番茄
菇類 + 榛果	1- 辛烯 -3- 酮（1-octen-3-one）	土壤味、金屬味、菇味	蔥屬蔬菜、羅勒、黃芥末、芝麻
	4- 戊內酯（4-pentanolide）	香草植物味、甜香	大麥、椰棗、醬油、野米
菇類 + 椰子	苯乙醛（phenylacetaldehyde）	莓果味、天竺葵花香、蜂蜜味、堅果味、嗆辣味	甜菜根、芹菜、辣椒、羅望子
	2,3,5- 三甲基吡嗪（2,3,5-trimethylpyrazine）	可可味、土壤味、發酵中葡萄汁味、馬鈴薯味、焙火香	杏仁、蛤蠣、香菜、烤麵包

堅果類 Nut

味道：甜苦兼具，比例依種類不同

主要氣味：

杏仁

苯甲醛（benzaldehyde）─苦杏仁味、焦香糖味、櫻桃味、麥芽味、烤椒味

呋喃酮（furaneol）─焦味、焦糖味、棉花糖味、蜂蜜味、甜香

反-順-2,4-癸二烯醛（[E,Z]-2,4-decadienal）─油脂味、魚味、油煎味、生青味、石蠟油味

核桃

己醛（hexanal）─清新感、果香、草味、生青味、油味

戊醛（pentanal）─杏仁味、苦味、麥芽味、油味、嗆辣味

花生

2-異丙基-3-甲氧基吡嗪（2-isopropyl-3-methoxypyrazine）─甜椒味、土壤味、生青味、榛果味、豌豆味

2-乙醯基-1-吡咯啉（2-acetyl-1-pyrroline）─爆米花味

胡桃

2-丙醯基-1-吡咯啉（2-propionyl-1-pyrroline）─爆米花味、焙火香

3-甲基丁醛（3-methylbutanal）─杏仁味、可可味、煮熟蔬菜味、麥芽味、辛香味

榛果

沉香醇（linalool）─佛手柑味、香菜味、薰衣草味、檸檬味、玫瑰香

3-甲基-4-庚酮（3-methyl-4-heptanone）─果香、榛果味

開心果

α-蒎烯（alpha-pinene）─雲杉味、松香味、樹脂味、辛辣感、松節油味

α-萜品烯（alpha-terpinene）─松香味、塑膠味、甜香

共同化合物	氣味	主風味延伸食材	配對
(E,E)-2-4-癸二烯醛（[E,E]-2,4-decadienal）	香菜味、油炸味、油脂味、油味、氧化味	杏桃、洋甘菊、雞肉、辣椒、茶、番茄	花生＋萊姆
呋喃醛（furfural）	杏仁味、烤馬鈴薯味、麵包味、焦味、辛香味	杏仁、肉桂、草莓、甘草	
苯乙酮（acetophenone）	杏仁味、花香、肉味、發酵中葡萄汁味、塑膠味	蛤蠣、扁豆、黃豆、羅望子	核桃＋蝦
2-庚酮（2-heptanone）	甜椒味、藍紋起司味、生青味、堅果味、辛香味	可可、薑、梨子	
2,6-二甲基吡嗪（2,6-dimethylpyrazine）	可可味、咖啡味、生青味、烤牛肉味	大麥、牛肉、起司、麥芽、黃豆	杏仁＋蘆筍
2-醛基吡咯（2-formylpyrrole）	黴臭味、牛肉味、咖啡味	蔥屬蔬菜、牛肉、萵苣、爆米花	
4-乙烯苯酚（4-vinylphenol）	苯酚味、藥草味、甜香	玉米、香草、爆米花、覆盆莓	胡桃＋芒果
丁香醛（syringaldehyde）	溫和塑膠味、木質味、香草味、甜香	萊姆、豬肉、蘭姆酒	

芝麻

2,5-二甲基吡嗪（2,5-dimethylpyrazine）─燒塑膠味、可可味、藥草味、烤牛肉味、烤堅果味

2-乙基-4-甲基-1氫-吡咯（2-ethyl-4-methyl-1H-Pyrrole）─堅果味、甜香

橄欖 Olive

味道：鹹、油脂、微甜到苦

主要氣味：

β- 大馬士革酮（beta-damascenone）—煮熟
　　蘋果味、花香、果香、蜂蜜味、茶香

壬醛（nonanal）—柑橘味、油脂味、花香、
　　生青味、油漆味

反 - 癸 -2- 烯醛（[E]-dec-2-enal）—油脂味、
　　魚味、乾草味、油漆味、牛脂味

配對	共同化合物	氣味	主風味延伸食材
橄欖 + 西瓜	苯甲醛（benzaldehyde）	苦杏仁味、焦香糖味、櫻桃味、青杏仁味、烤甜椒味	羅勒、肉桂、可可、玉米、檸檬香蜂草、鼠尾草、洋李
	2- 苯乙醇 （2-phenylethanol）	花香、果香、蜂蜜味、紫丁花花香、玫瑰香、葡萄酒味	蘋果白蘭地、啤酒、蘋果酒、柑橘類、椰子、接骨木莓、渣釀白蘭地、黃芥末、雪莉酒
橄欖 + 白巧克力	辛烷（octane）	烷烴味、油脂味、油味、甜香	胭脂樹籽、蜂蜜、核桃
	乙醇（ethanol）	酒精味、花香、成熟蘋果味、甜香	蘋果、胡蘿蔔、起司、櫻桃、柑橘類、無花果、玉米、番茄、醋
橄欖 + 八角	β- 石竹烯（beta-caryophyllene）	油煎味、辛香味、木質味	洋甘菊、肉桂、香菜、肉豆蔻皮、奧勒岡
	月桂烯（myrcene）	巴薩米克醋味、花香、果香、香草植物味、發酵中葡萄酒汁味	黑胡椒、芹菜、柑橘類、孜然、茴香芹、薑、薑黃
橄欖 + 茉莉花	乙酸苄酯（benzyl acetate）	果香、蜂蜜味、茉莉花香	丁香、茶、威士忌
	吲哚（indole）	焦味，藥味，樟腦丸味	甘草，豬肉，蝦

共同化合物	氣味	主風味延伸食材	配對
乙醛 (acetaldehyde)	乙醚味、花香、青蘋果味、嗆辣味、甜香	檸檬、黃瓜、巴西里、番茄	青豌豆仁 + 草莓
異戊酸甲酯 (methyl isovalerate)	蘋果味、果香、鳳梨味	甜瓜、薄荷、菇類、鼠尾草	
雙乙醯 (diacetyl)	奶油味、焦糖味、果香、糕餅味、甜香	甜菜根、白花椰菜、榛果、干貝、白酒	豌豆類 + 胡蘿蔔
α-萜品醇 (alpha-terpineol)	洋茴香味、清新感、薄荷味、油味、甜香	洋茴香、香菜、羅勒、黑胡椒、木質薄荷	
異丙苯 (cumene)	溶劑味	芹菜、菇類、橄欖、巴西里、豬肉	甜豆 + 蝦
2-戊基呋喃 (2-pentylfuran)	奶油味、花香、果香、四季豆味	椒類、蛤蠣、米、番茄	
2-十一酮 (2-undecanone)	清新感、生青味、柳橙味、玫瑰香	蔥屬蔬菜、蘆筍、薑、薑黃	豌豆類 + 椰子
辛酸乙酯 (ethyl caprylate)	杏桃味、白蘭地味、油脂味、花香、鳳梨味	萊姆、黃芥末、豬肉、優格	

豌豆類 Pea

味道：甜

主要氣味：

- (E)-2-庚烯醇（[E]-2-heptenal）—杏仁味、油脂味、果香、金屬味、肥皂味

- (E)-2-辛烯醛（[E]-2-octenal）—油脂味、魚油味、生青味、堅果味、塑膠味

- 3-甲基-2-甲氧基吡嗪（3-isopropyl-2-methoxypyrazine）—甜椒味、土壤味、生青味、榛果味

- 3-二級丁基-2-甲氧基吡嗪（3-sec-butyl-2-methoxypyrazine）—甜椒味、胡蘿蔔味、土壤味、生青味

仁果類水果 Pome Fruit

味道：甜、酸澀

主要氣味：

蘋果

1- 己醇（1-hexanol）—煮熟蔬菜味、花香、生
青味、香草植物味、腐爛味

(E)-2- 己烯醛（[E]-2-hexenal）—油脂味、花香、
果香、草味、嗆辣味

乙酸丁酯（butyl acetate）—蘋果味、香蕉味、
膠水味、嗆辣味、甜香

梨子

2,4- 癸 二 烯 酸 乙 酯（ethyl [E,Z]-2,4-
decadienoate）—金屬味、梨子味

2- 甲基丙基乙酸（2-methylpropyl acetate）—
蘋果味、香蕉味、花香、香草植物味、塑
膠味

(E)-β- 大馬士革酮（[E]-beta-damascenone）—
煮熟蘋果味、花香、果香、蜂蜜味

榲桲

α- 菌綠烯（alpha-farnesene）—煮熟蔬菜味、
花香、甜香、木質味

辛酸乙酯（ethyl octanoate）—杏桃味、白蘭
地味、油脂味、花香、鳳梨味

己酸乙酯（ethyl hexanoate）—蘋果皮味、白
蘭地味、水果口香糖味、過熟水果味、鳳
梨味

配對	共同化合物	氣味	主風味延伸食材
仁果類水果 + 羅勒	茴香腦（anethole）	甜香、洋茴香味、甘草味、藥味	牛膝草、香菜、茴香芹、檸檬香蜂草、大黃
	乙酸香葉草酯（geranyl acetate）	薰衣草香、玫瑰香、甜香	芹菜、柑橘類、咖哩、尤加利葉、圓葉當歸
蘋果 + 螃蟹	1- 丁醇（1-butanol）	果香、藥味、溶劑味	鮮奶油、蒔蘿、苦苣、馬茲卡酒
	棕櫚酸（palmitic acid）	油耗味、蠟味	椰子、玉米、洋李、百里香、山葵
榲桲 + 榛果	2- 戊酮（2-pentanone）	燒塑膠味、乙醚味、果香、雜醇油味、嗆辣味	香蕉、起司、咖啡、蘭姆酒、草莓
	甲苯（toulene）	膠水味、油漆味、溶劑味	胭脂樹籽、柑橘類、薑、南瓜、茶
梨子 + 鼠尾草	乙酸己酯（hexyl acetate）	蘋果味、香蕉味、青草味、香草植物味、梨子味	洋甘菊、家禽、紅石榴、全麥麵包
	α- 萜品醇（alpha-terpineol）	洋茴香味、清新感、薄荷味、油味、甜香	孜然、咖哩、檸檬香茅、肉豆蔻、歐洲防風草

共同化合物	氣味	主風味延伸食材	配對
甲基庚烯酮（6-methyl-5-hepten-2-one）	柑橘味、菇味、黑胡椒味、橡膠味、草莓味	檸檬香蜂草、檸檬香茅、開心果、洋李	紅石榴 + 黑巧克力
乙酸異戊酯（isopentyl acetate）	蘋果味、香蕉味、膠水味、梨子味	蘋果酒、葡萄、日本清酒、草莓	
2-甲基-3-丁烯-2-醇（2-methyl-3-buten-2-ol）	土壤味、香草植物味、油味、木質味	醋栗乾、優格、鼠尾草、羅望子	紅石榴 + 雞肉
2-乙基-1-己醇（2-ethyl-1-hexanol）	柑橘味、生青味、油味、玫瑰香	櫻桃、荔枝、薄荷、茶	
γ-萜品烯（gamma-terpinene）	苦味、柑橘味、汽油味、樹脂味、松節油味	小豆蔻、茴香芹、羅勒、開心果	紅石榴 + 洋甘菊
苯甲酸乙酯（ethyl benzoate）	洋甘菊味、芹菜味、油脂味、花香、果香	奇異果、芒果、蘭姆酒、威士忌	

紅石榴 Pomegranate

味道：甜、澀

主要氣味：

順-3-辛烯醇乙酸 （[Z]-3-Octenyl acetate）—生青味、西瓜味、梨子味、熱帶水果味

α-萜品醇（alpha-terpineol）—洋茴香味、清新感、薄荷味、油味、甜香

己醇（hexanol）—煮熟蔬菜味、花香、生青味、香草植物味、腐爛味

共同化合物	氣味	主風味延伸食材	配對
2-乙醯呋喃（2-acetylfuran）	巴薩米克醋味、可可味、咖啡味、煙燻味、菸草味	蔥屬蔬菜、杏仁、可可、地瓜、牡蠣	豬肉 + 蘋果
1-庚醇（1-heptanol）	化學藥品味、生青味、腐敗味、木質味	柑橘類、黃芥末、橄欖、雪莉酒	
1氫-吡咯（1H-pyrrole）	堅果味、甜香	咖啡、雞蛋、菇類、羅望子	豬肉 + 榛果
2-呋喃甲硫醇（2-furanmethanethiol）	咖啡味、烤肉味	牛肉、花生、爆米花、芝麻	
2-乙醯基噻唑（2-acetylthiazole）	堅果味、爆米花味、焙火香、硫磺味	朝鮮薊、啤酒、玉米、高麗菜	豬肉 + 蛤蠣
2,3,5-三甲基吡嗪（2,3,5-trimethylpyrazine）	可可味、土壤味、發酵中葡萄汁味、馬鈴薯味、焙火香	大麥、椰子、秋葵、花生、威士忌	
4,5-二甲基噻唑（4,5-dimethylthiazole）	生青味、堅果味、焙火香、煙燻味	麥芽、燕麥、桃子、蔥	豬肉 + 咖啡
2-乙醯噻吩（2-acetylthiophene）	硫磺味	蘆筍、番茄、蝦醬、麵包	

豬肉 Pork

味道：鮮味、甜

主要氣味：

2-戊基呋喃（2-pentylfuran）—奶油味、花香、果香、四季豆味

己醛（hexanal）—清新感、果香、草味、生青味、油味

1-辛烯-3-醇（1-octen-3-ol）—黃瓜味、土壤味、油脂味、花香、菇味

馬鈴薯 Potato

味道：平淡；風味來自香氣

主要氣味：

(Z)-4- 庚烯醇（[Z]-4-heptenal）—奶油餅乾味、鮮奶油味、油脂味、魚味、腐爛味

2,3- 二乙基 -5- 甲基吡嗪（2,3-diethyl-5-methylpyrazine）—土壤味、肉味、馬鈴薯味、焙火香

3,5- 二乙基 -2- 甲基吡嗪（3,5-diethyl-2-methylpyrazine）—烘焙味、可可味、焙火香、蘭姆酒味、甜香

配對	共同化合物	氣味	主風味延伸食材
馬鈴薯 + 魚子醬	2- 丙烯醛（2-propenal）	焦味、甜香、嗆辣味	啤酒、胡蘿蔔、橄欖、葡萄酒
	2,4- 庚二烯醛（2,4-heptadienal）	黃瓜味、油脂味、生青味、堅果味	玉米、豌豆類、黃豆、核桃
馬鈴薯 + 雞蛋	2- 甲基丁醛（2-methylbutanal）	杏仁味、可可味、發酵味、榛果味、麥芽味	蔥屬蔬菜、蘋果、月桂葉、日本清酒
	2- 癸酮（2-decanone）	油脂味、果香	牛、起司、菇類、蝦
馬鈴薯 + 酪梨	雙乙醯（diacetyl）	奶油味、焦糖味、果香、糕餅味、甜香、優格味	甜菜根、藍紋起司、南瓜、干貝
	2- 戊基呋喃（2-pentylfuran）	奶油味、花香、果香、四季豆味	青花菜、佛手瓜、開心果、雞肉

家禽類 Poultry

味道：鮮味、微甜

主要氣味：

雞、火雞、珠雞

2- 甲基 -3- 呋喃硫醇（2-methyl-3-furanthiol）—油煎味、肉味、堅果味、馬鈴薯味、烤肉味

2- 糠基硫醇（2-furfurylthiol）—咖啡味、烤肉味

(E,Z)-2-4- 癸二烯醛（[E,Z]-2,4-decadienal）—油脂味、魚味、油煎味、生青味、石蠟油味

1 辛烯 3 酮（1 octen 3 one）—土壤味、金屬味、菇味

鴨、雉雞、鵪鶉、乳鴿、鵝

壬醛（nonanal）—柑橘味、油脂味、花香、生青味、油漆味

2-順 - 癸烯醛（2-[E]-decenal）—油脂味、魚味、乾草味、油漆味、牛脂味

2- 順 - 庚烯醛（2-[E]-heptenal）—杏仁味、油脂味、果香、金屬味、肥皂味

配對	共同化合物	氣味	主風味延伸食材
火雞肉 + 杏桃	蒔蘿烴（p-cymene）	柑橘味、清新感、汽油味、溶劑味	洋茴香、醋栗乾、羅勒、開心果、薑黃
	苯甲醇（benzyl alcohol）	煮熟櫻桃味、苔蘚味、烤麵包味、玫瑰香、甜香	柑橘類、肉桂、黃芥末、鼠尾草
鴨肉 + 蒔蘿	向日花香醛（piperonal）	洋茴香味、甜香	甜瓜類、越橘屬莓果類、黑胡椒、雪莉酒、香草
	乙苯（ethylbenzene）	汽油味	起司、雞蛋、橄欖、番茄、核桃
雞肉 + 香蕉	十一烷（undecane）	樹脂味	細葉香芹、鮮奶油、苦苣、大蒜、核桃
	(E)-2- 己烯醛（= 青葉醛）（[E]-2-hexenal (=leaf aldehyde))	油脂味、花香、果香、青草味、嗆辣味	芝麻葉、韭蔥、橄欖、蘿蔔
家禽類 + 螯蝦	(E,E)-2-4- 癸二烯醛（[E,E]-2,4-decadienal）	香菜味、油炸味、油脂味、油味、氧化味	辣椒、玉米、菇類、胡桃、地瓜
	辛醛（caprylaldehyde）	柑橘味、油脂味、花香、生青味、嗆辣味	朝鮮薊、葛縷子、香菜、薑、牡蠣

共同化合物	氣味	主風味延伸食材	配對
1,1-二乙氧乙烷（1,1-diethoxyethane）	鮮奶油、甘草、愉悅感、甜香、熱帶水果味	葡萄柚、洋李、豬肉、威士忌	蘿蔔＋蘋果
(E)-2-己烯醛（[E]-2-hexenal）	油脂味、花香、果香、草味、嗆辣味	杏桃、櫻桃、黃瓜、榛果、桃子	
3-蒈烯（3-carene）	甜椒味、檸檬味、樹脂味、橡膠味	葛縷子、茴香芹、薑、蜂蜜、萊姆	蘿蔔＋羅勒
苯甲醇（benzyl alcohol）	煮熟櫻桃味、苔蘚味、烤麵包味、玫瑰香、甜香	雞肉、肉桂、黃芥末、鼠尾草	
3-羥基-2-丁酮（3-hydroxy-2-butanone）	奶油味、鮮奶油味、青椒味、樹脂味、汗味、濕土壤味	胡蘿蔔、淡菜、番茄、優格	蘿蔔＋百香果
順-3-己烯-1-醇（[Z]-3-hexen-1-ol）	甜椒味、草味、綠葉味、香草植物味、未熟香蕉味	咖哩、蒔蘿、橄欖、百里香、葡萄酒	

蘿蔔 Radish

味道：苦、辣
主要氣味：

植醇（phytol）—花香、巴薩米克醋味

十六酸（hexadecanoic acid）—油耗味、蠟味

三芥子酸甘油酯（4-[methylthio]butyl isothiocyanate）—高麗菜味、蘿蔔味

共同化合物	氣味	主風味延伸食材	配對
甲基庚烯酮（6-methyl-5-hepten-2-one）	柑橘味、菇味、黑胡椒味、橡膠味、草莓味	胭脂樹籽、檸檬香蜂草、薄荷、奧勒岡、開心果	米＋覆盆莓
苯甲醛（benzaldehyde）	苦杏仁味、焦香糖味、櫻桃味、麥芽味、烤椒味	杏仁、羅勒、肉桂、可可、洋李	
異佛酮（[Z]-dairy lactone）	雲杉味、辛香味、菸草味	甜菜根、越橘屬莓果類、菇類、秋葵、番紅花	米＋豌豆類
2-辛烯醛（2-octenal）	杏仁味、蒲公英味、油脂味、果香、草味、生青味、肥皂味、辛香味、肉味、發酵中葡萄汁味、塑膠味	蘆筍、魚子醬、羊肉、花生、番茄	
2-甲萘（2-methylnaphthalene）	苔蘚味、樟腦丸味、嗆辣味、土壤味	甜椒、蒔蘿、西洋菜、核桃	米＋螯蝦
乙基吡嗪（ethylpyrazine）	生青味、鐵味、燒焦味、發酵中葡萄汁味、花生醬味、焙火香	椰子、咖啡、芝麻、豬肉	

米 Rice

味道：平淡；風味來自香氣
主要氣味：

2-乙醯基-1-吡咯啉（2-acetyl-1-pyrroline）—爆米花味

2-壬烯醛（2-nonenal）—紙味

(E,E)-2-4-癸二烯醛（[E,E]-2,4-decadienal）—香菜味、油炸味、油脂味、油味、氧化味

根莖類蔬菜 Root Vegetable

味道：苦、微甜

主要氣味：

根芹菜

檸檬烯（limonene）—巴薩米克醋味、柑橘味、
香水味、果香、香草植物味

β- 蒎烯（beta-pinene）—松香味、指甲油味、
樹脂味、松節油味、木質味

(E)-β- 羅勒烯（[E]-beta-ocimene）—柑橘味、
香草植物味、黴味、甜香、溫暖感

歐洲防風草

2- 異 丁 基 -3- 甲 氧 基 吡 嗪（2-isobutyl-3-
methoxypyrazine）—土壤味、花香、青
椒味、豌豆味

肉豆蔻醚（myristicin）—巴薩米克醋味、胡蘿
蔔味、肉豆蔻味、辛香味

2-(二級丁基)-3- 甲氧基吡嗪（2-[sec-butyl]-3-
methoxypyrazine）—甜椒味、胡蘿蔔味、
土壤味、生青味

婆羅門蔘（SALSIFY）

瓦倫西亞桔烯（valencene）—柑橘味、生青
味、油味、木質味

苯乙醛（phenylacetaldehyde）—嗆辣味、青
綠花香、甜香

1- 己醇（1-hexanol）—煮熟蔬菜味、花香、生
青味、香草植物味、腐爛味

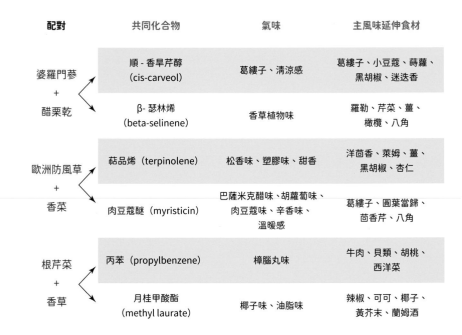

配對	共同化合物	氣味	主風味延伸食材
婆羅門蔘 + 醋栗乾	順 - 香旱芹醇（cis-carveol）	葛縷子、清涼感	葛縷子、小豆蔻、蒔蘿、黑胡椒、迷迭香
	β- 瑟林烯（beta-selinene）	香草植物味	羅勒、芹菜、薑、橄欖、八角
歐洲防風草 + 香菜	萜品烯（terpinolene）	松香味、塑膠味、甜香	洋茴香、萊姆、薑、黑胡椒、杏仁
	肉豆蔻醚（myristicin）	巴薩米克醋味、胡蘿蔔味、肉豆蔻味、辛香味、溫暖感	葛縷子、圓葉當歸、茴香芹、八角
根芹菜 + 香草	丙苯（propylbenzene）	樟腦丸味	牛肉、貝類、胡桃、西洋菜
	月桂甲酸酯（methyl laurate）	椰子味、油脂味	辣椒、可可、椰子、黃芥末、蘭姆酒

共同化合物	氣味	主風味延伸食材	配對
2-乙醯呋喃 (2-acetylfuran)	巴薩米克醋味、可可味、咖啡味、煙燻味、煙草味	大蒜、大麥、墨西哥辣椒、蘿蔔	櫛瓜 + 花生
雙乙醯 (diacetyl)	奶油味、焦糖味、果香、甜香、優格味	酪梨、白花椰菜、秋葵、橄欖、干貝	
2-(二級丁基)-3-甲氧基吡嗪 (2-[sec-butyl]-3-methoxypyrazine)	甜椒味、胡蘿蔔味、土壤味、生青味	豆類、甜菜根、瑞士起司、葡萄酒	櫛瓜 + 歐洲防風草
3-甲硫基丙醛 (3-[methylthio]propanal)	煮熟馬鈴薯味、黃豆味	咖哩、雞蛋、芝麻、番茄	
2-庚酮 (2-heptanone)	甜椒味、藍紋起司味、生青味、堅果味、辛香味	胭脂樹籽、牛肉、椰子、核桃	櫛瓜 + 薑
甲苯 (toulene)	膠水味、油漆味、溶劑味	朝鮮薊、螃蟹、蒔蘿、豌豆類、醋	

夏南瓜 Squash, Summer

味道：生食時微苦、煮熟時微甜

主要氣味：

苯乙醛 (phenylacetaldehyde) —莓果味、天竺葵花香、蜂蜜味、堅果味、嗆辣味

3-甲基丁醛 (3-methylbutanal) —杏仁味、可可味、煮熟蔬菜味、榛果味、麥芽味

青葉醛 (leaf aldehyde) —油脂味、花香、果香、青草味、嗆辣味

共同化合物	氣味	主風味延伸食材	配對
3-甲硫基丙醛 (3-[methylthio]propanal)	煮熟馬鈴薯味、黃豆味	蘋果、柑橘類、開心果、干貝、芝麻	南瓜 + 甜瓜類
2-苯乙醇 (2-phenylethanol)	果香、蜂蜜味、紫丁香花香、玫瑰香、葡萄酒味	藍紋起司、肉桂、接骨木莓、黃芥末、龍舌蘭酒	
2,3-戊二酮 (2,3-pentanedione)	苦味、奶油味、焦糖味、果香、甜香	啤酒、鮮奶油、榛果、羅望子	地瓜 + 蛤蠣
乙醇 (ethyanol)	杏仁味、焦糖味、高溫烹煮味、烤大蒜味、辛香味	椰子、辣椒、咖啡、桃子	
2-乙醯呋喃 (2-acetylfuran)	巴薩米克醋味、可可味、咖啡味、煙燻味、煙草味	杏仁、櫻桃、菇類、威士忌、花生	南瓜 + 秋葵
2,5-二甲基吡嗪 (2,5-dimethylpyrazine)	燒塑膠味、可可味、藥味、烤牛肉味、烤堅果味	栗子、醬油、烏賊	

冬南瓜 Squash, Winter

味道：生食時微苦、煮熟時微甜

主要氣味：

順-3-己烯醇 ([Z]-3-hexenol，俗稱葉醇) —甜椒味、草味、綠葉味、香草植物味、未熟香蕉味

n-己醇 (n-hexanol) —煮熟蔬菜味、花香、生青味、香草植物味、腐爛味

二甲基二硫 (dimethyl disulfide) —高麗菜味、大蒜味、洋蔥味、腐敗味

檸檬烯 (limonene) —巴薩米克醋味、柑橘味、香水味、果香、香草植物味

硬核水果 Stone Fruit

味道：甜、酸

主要氣味：

桃子／甜桃

沉香醇（linalool）—佛手柑味、香菜味、薰衣草味，檸檬味、玫瑰香

苯甲醛（benzaldehyde）—苦杏仁味、焦香糖味、櫻桃味、麥芽味、烤椒味

丁位癸內酯（5-hydroxydecanoic acid lactone）—椰子味、果香、桃子味、滑順感

洋李／杏桃

γ- 癸內酯（gamma-decalactone）—杏桃味、油脂味、桃子味、愉悅感、甜香

辛酸甲酯（methyl octanoate）—果香、柳橙味、甜香、蠟味、葡萄酒味

乙酸己酯（hexyl acetate）—蘋果味、香蕉味、糖果甜食味、草味、香草植物味

櫻桃

苯甲醛（benzaldehyde）—苦杏仁味、焦香糖味、櫻桃味、麥芽味、烤椒味

香葉基丙酮（geranylacetone）—生青味、乾草味、木蘭花香、果香

苯甲醇（benzyl alcohol）—杏仁味、煮熟櫻桃味、苔蘚味、烤麵包味、玫瑰香

配對	共同化合物	氣味	主風味延伸食材
櫻桃 + 啤酒	苯甲酸異戊酯 (isopentyl benzoate)	巴薩米克醋味、甜香	可可、荔枝、榲桲、醋
	水楊酸 (2-hydroxybenzoic acid)	酸香味、氣泡感、甜香	切達起司、蜂蜜、花生、香草
杏桃 + 鼠尾草	α- 茴香萜 (alpha-phellandrene)	柑橘味、薄荷味、黑胡椒味、苯酚味、木質味	孜然、茴香芹、萊姆、黑胡椒、開心果
	沉香醇（linalool）	佛手柑味、香菜味、花香、薰衣草香、檸檬味、玫瑰香	辣椒、檸檬香茅、仙人掌梨、八角
洋李 + 接骨木莓	己酸丁酯 (butyl hexanoate)	果香、草味、生青味	酸豆、甜瓜類、百香果、蘋果
	水楊酸甲酯（methyl 2-hydroxybenzoate）	杏仁味、焦糖味、藥味、胡椒薄荷味、辛辣感	羅勒、咖啡、橄欖、草莓
桃子 + 醬油	4- 羥基戊酸內酯 (4-hydroxypentanoic acid lactone)	香草植物味、甜香	雞肉、榛果、瑞士起司、烤麵包
	苯甲酸乙酯 (ethyl benzoate)	洋甘菊味、芹菜、油脂味、花香、果香	菇類、雪莉酒、羅望子、紅酒

共同化合物	氣味	主風味延伸食材	配對
呋喃酮（Furaneol）	焦味、葛縷子味、棉花糖味、蜂蜜味、甜香	葡萄柚、燕麥、花生、雪莉酒	糖蜜 + 芒果
2- 甲基丁酸（2-methylbutanoic acid）	奶油味、起司味、發酵味、油耗味、酸香味	雞肉、咖啡、薄荷、開心果、米	
2- 丙醇（2-propanol）	發酵中葡萄汁味、溶劑味	蘋果酒、扁豆、梨子、豆腐、威士忌	糖蜜 + 大蒜
香豆冉（coumaran）	甜香、巴薩米克醋味	栗子、檸檬香蜂草、甘草、洋李	
2,6- 二甲氧基苯酚（2,6-dimethoxyphenol）	藥味、苯酚味、煙燻味	柴魚片、豬肉、醬油	糖蜜 + 魚
丙酸（propionic acid）	油脂味、嗆辣味、油耗味、青貯飼料味、黃豆味	麵包丁、蘋果白蘭地、菇類、醋	

糖漿 Sugar Syrup

味道：甜、苦

主要氣味（全部）：

> 己酸異戊酯（isopentyl hexanoate）—洋茴香味、焦糖味、果香、辛香味、酵母味
>
> 苯乙酸乙酯（ethyl phenylacetate）—花香、果香、蜂蜜味、玫瑰花香、甜香
>
> 異馬爾托環醇（isomaltol）—焦味、焦糖味、果香

楓糖漿

2- 甲基四氫呋喃 -3- 酮（2-methyloxolan-3-one）—甜香、蘭姆酒味、烤麵包味

香草醛（vanillin）—香草味、甜香

糖蜜：

二甲硫（dimethyl sulfide）—高麗菜味、汽油味、硫磺味、濕土壤味

共同化合物	氣味	主風味延伸食材	配對
2- 苯乙醇（2-phenylethanol）	果香、蜂蜜味、紫丁香花香、玫瑰香、葡萄酒味	起司、檸檬、羅望子、松露、西洋菜	番茄 + 椰子
己醛（hexanal）	清新感、果香、草味、生青味、油味	酪梨、小豆蔻、黃瓜、淡菜、芝麻	
水楊酸甲酯（methyl 2-hydroxybenzoate）	杏仁味、焦糖味、藥味、胡椒薄荷味、辛辣感	辣椒、蜂蜜、鼠尾草、香草	番茄 + 茶
4- 甲基戊酸（4-methylpentanoic acid）	花香	麵包、椒類、起司、菇類、淡菜	
香葉基丙酮（geranylacetone）	生青味、乾草味、木蘭花香	蛤蠣、檸檬香蜂草、豬肉、米	番茄 + 百香果
反式 - 沉香醇氧化物（trans-linalool oxide）	柑橘味、花香、清新感、檸檬味	西菜、柑橘類、可可、草莓	
二甲硫（dimethyl sulfide）	高麗菜味、汽油味、硫磺味、濕土壤味	螃蟹、玉米、秋葵、蝦醬	番茄 + 芹菜
4- 甲基苯乙酮（4-methylacetophenone）	苦杏仁味、花香、果香、辛香味、甜香	薄荷、巴西里、桃子、黑胡椒	

番茄 Tomato

味道：甜、酸、鮮味

主要氣味：

> 3- 甲基丁醛（3-methylbutanall）—杏仁味、可可味、煮熟蔬菜味、麥芽味、辛香味
>
> (Z)-3- 己烯醛（[Z]-3-hexenal）—蘋果味、甜椒味、新鮮除草味、生青味、萵苣味
>
> 3- 甲基 -1- 丁醇（3-methyl-1-butanol）—香蕉味、可可味、花香、汽油味、麥芽味
>
> 甲基庚烯酮（6-methyl-5-hepten-2-one）—柑橘味、菇味、黑胡椒味、橡膠味、草莓味

熱帶水果 Tropical Fruit

味道：甜、酸

主要氣味：

芒果

δ-3- 蒈烯（delta-3-carene）—柑橘味、冷杉味、松針味

乙基 -3- 甲基戊酯（ethyl 3-methyl- butanoate）—蘋果味、柑橘味、鳳梨味、酸香味、甜香

順 -3- 己烯基丁酯（[Z]-3-hexenyl butanoate）—蘋果味、葡萄酒味、生青味

鳳梨

呋喃酮（Furaneol）—焦味、焦糖味、棉花糖味、蜂蜜味、甜香、烘焙味

甲基 -3- 甲硫丙酸酯（methyl 3-methyl- thiopropionate）—蔬菜味、蘿蔔味、辣根味

3-(甲硫基)- 丙酸乙酯（3-[methylthio] propanoic acid ethyl ester）—硫磺味、鳳梨味、洋蔥味、大蒜味、番茄味

δ- 辛酸內酯（delta-octalactone）—可可味、甜香、鮮奶油味

香蕉

乙酸異戊酯（isoamyl acetate）—蘋果味、香蕉味、膠水味、梨子味

異戊醇（isoamyl alcohol）—香蕉味、可可味、花香、汽油味、麥芽味

2- 甲基 -1- 丙醇（2-methyl-1-propanol）—蘋果味、苦味、可可味、雜醇油味、溶劑味

百香果

3- 羥基 -2- 丁酮（3-hydroxy-2-butanone）—奶油味、鮮奶油味、青椒味、油耗味、汗味

2- 庚醇（2-heptanoll）—柑橘味、椰子味、土壤味、油煎味、菇味、油味

己酸乙酯（ethyl hexanoate）—蘋果皮味、白蘭地味、水果口香糖味、過熟水果味、鳳梨味

椰子

δ- 辛酸內酯（delta-octalactone）—椰子味、桃子味

δ- 壬內酯（delta-nonalactone）—堅果味、桃子味

辛酸乙酯（ethyl octanoate）—杏桃味、白蘭地味、油脂味、花香、鳳梨味

木瓜

沉香醇（linalool）—佛手柑味、香菜味、薰衣草味、檸檬味、玫瑰香

異戊基戊酯（isoamyl butanoate）—未熟水果味

癸醛（decanal）—花香、油煎味、橘皮味、穿透感、牛脂味

配對	共同化合物	氣味	主風味延伸食材
香蕉 + 墨西哥辣椒	丁酸異戊酯（isopentyl butanoate）	未熟水果味	洋甘菊、甜瓜、紅石榴、威士忌
	3- 甲基丁酸異戊酯（isopentyl 3-methylbutanoate）	果香	啤酒、萵苣、芒果、梅子
椰子 + 羊肉	5- 羥基辛酸內酯（5-hydroxyoctanoic acid lactone）	椰子味、桃子味	牛肉、雞肉、雪莉酒、茶、番茄
	2- 十一酮（2-undecanone）	清新味、生青味、柳橙味、玫瑰香	玉米、檸檬香茅、蔥、薑黃
芒果 + 蒔蘿	(Z)-β- 羅勒烯（[Z]-beta-ocimene）	柑橘味、花香、香草植物味、黴味、溫暖辛香味	羅勒、小豆蔻、芹菜、茴香芹
	順 -3- 己烯基乙酸（cis-3-Hexenyl acetate）	香蕉味、糖果味、花香、生青味	檸檬、橄欖、桃子、紅酒
鳳梨 + 藍紋起司	丁酸（butyric acid）	奶油味、起司味、樹脂味、酸香味、汗味	菇類、紅洋蔥、全麥麵包
	甲基戊基酮（methyl pentyl ketone）	甜椒味、藍紋起司味、生青味、堅果味、辛香味	胭脂樹籽、蘆筍、梨子、優格
百香果 + 黃芥末	苯甲酸甲酯（methyl benzoate）	香草植物味、萵苣味、洋李味、甜香、紫羅蘭花香	醋栗乾、奇異果、香草醋
	香茅醇（citronellol）	柑橘味、生青味、玫瑰香	肉桂、薑、百里香、迷迭香
木瓜 + 龍舌蘭酒	2- 甲噻吩（2-methylthiophene）	硫磺味	螃蟹、鰲蝦、爆米花、黃豆
	香旱芹酚（carvacrol）	葛縷子味、辛香味、百里香味	香菜、孜然、奧勒岡、藍莓

共同化合物	氣味	主風味延伸食材	配對
乙醇（ethanol）	酒味、花香、成熟蘋果味、甜香	藍紋起司、可可、開心果、核桃	松露 + 甜菜根
二甲硫（dimethyl sulfide）	高麗菜味、汽油味、硫磺味、濕土壤味	蘆筍、玉米、豌豆類、貝類	
香葉基丙酮（geranylacetone）	生青味、乾草味、木蘭花香	白蘭地、牛膝草、檸檬、鼠尾草	松露 + 番茄
2- 丙烯醛（2-propenal）	焦香糖味、嗆辣味	牛肉、啤酒、馬鈴薯、葡萄酒	
異丁醇（isobutanol）	蘋果味、苦味、可可味、雜醇油味、塑膠味、溶劑味	洋甘菊、雞肉、琴酒、蘿蔔	松露 + 草莓
2- 辛酮（2-octanone）	油脂味、香水味、汽油味、黴味、肥皂味	辣椒、無花果、鮮奶油、花生、香草	

松露 Truffle

味道：平淡；風味來自香氣
主要氣味：

雙乙醯（diacetyl）─奶油味、焦糖味、果香、甜香、優格味

二甲基二硫化物（dimethyl disulphide）─高麗菜味、大蒜味、洋蔥味、腐敗味

丁酸乙酯（ethyl butyrate）─蘋果味、奶油味、起司味、甜香、鳳梨味、紅色水果味、草莓味

共同化合物	氣味	主風味延伸食材	配對
香草醛（vanillin）	甜香、香草味	柑橘類、蒔蘿、魚、雪莉酒	香草 + 玉米
4- 鄰羥苯甲醛（4-hydroxybenzaldehyde）	杏仁味、巴薩米克醋味、香草味	啤酒、鳳梨、蝦醬、番茄	
大茴香醛（anisaldehyde）	杏仁味、洋茴香味、焦糖味、薄荷味、爆米花味、甜香	洋茴香、羅勒、咖啡、榛果	香草 + 番茄
2,3- 丁二醇（2,3-butanediol）	鮮奶油味、花香、果香、香草植物味、洋蔥味	蘋果酒、甜瓜、胡桃、醋	
3- 羥基 -2- 丁酮（3-hydroxy-2-butanone）	奶油味、鮮奶油味、青椒味、樹脂味、汗味	大麥、藍紋起司、蛤蠣、蜂蜜	香草 + 蘆筍
香草乙酮（acetovanillone）	丁香味、花香、香草味	豆類、豬肉、醬油、葡萄酒	

香草 Vanilla

味道：微苦
主要氣味：

香草醛（vanillin）─香草味、甜香

p- 羥基苯甲醛（p-hydroxybenzaldehyde）─堅果味、杏仁味、巴薩米克醋味、香草味

大茴香醛（anisaldehyde）─杏仁味、洋茴香味、焦糖味、薄荷味、甜香

參考資料

專書

BOUZARI, ALI. INGREDIENT: UNVEILING THE ESSENTIAL
ELEMENTS OF FOOD. NEW YORK: HARPERCOLLINS/
ECCO, 2016.

CHARTIER, FRANÇOIS. TASTE BUDS AND MOLECULES:
THE ART AND SCIENCE OF FOOD, WINE, AND FLAVOR.
NEW YORK: HOUGHTON MIFFLIN HARCOURT, 2012.

COGNITIVE COOKING WITH CHEF WATSON: RECIPES
FOR INNOVATION FROM IBM & THE INSTITUTE OF
CULINARY EDUCATION. NAPERVILLE, IL:
SOURCEBOOKS, 2015.

FORLEY, DIANE, WITH CATHERINE YOUNG. THE
ANATOMY OF A DISH. NEW YORK: ARTISAN, 2002.

HARTINGS, MATTHEW. CHEMISTRY IN YOUR KITCHEN.
CAMBRIDGE, UK: ROYAL SOCIETY OF CHEMISTRY,
2016.

MCGEE, HAROLD. ON FOOD AND COOKING: THE
SCIENCE AND LORE OF THE KITCHEN, COMPLETELY
REVISED AND UPDATED. NEW YORK: SCRIBNER, 2004.

PAGE, KAREN, AND ANDREW DORNENBURG. THE FLAVOR
BIBLE: THE ESSENTIAL GUIDE TO CULINARY
CREATIVITY. NEW YORK: LITTLE, BROWN AND
COMPANY, 2008.

SHEPARD, GORDON M. NEUROGASTRONOMY: HOW THE
BRAIN CREATES FLAVOR AND WHY IT MATTERS. NEW
YORK: COLUMBIA UNIVERSITY PRESS, 2011.

STUCKEY, BARB. TASTE WHAT YOU'RE MISSING: THE
PASSIONATE EATER'S GUIDE TO WHY GOOD FOOD
TASTES GOOD. NEW YORK: SIMON & SCHUSTER/FREE
PRESS, 2012.

網站

FOODB.CA
FOOD COMPONENT DATABASE, FROM THE
METABOLOMICS INNOVATION CENTRE

VCF-ONLINE.NL
VOLATILE COMPOUNDS IN FOOD DATABASE, FROM
TRISKELION (BY SUBSCRIPTION ONLY)

IBMCHEFWATSON.COM
INTERACTIVE FOOD PAIRINGS, FROM IBM WITH BON
APPÉTIT

謝　辭

當我把這些資訊彙編後撰寫成書時，我很幸運地擁有超棒的夥伴與共患難的死黨：那就是我的太太兼創意夥伴，布露克・帕克赫斯特（Brooke Parkhurst）。布露克負責將所有事打理地井井有條。她的責任心不單單只爲了這本書；從幫忙整理我在書中那些飄忽不定的想法與技術行話，到負責照料三個人類（我及我們的兩個小孩），我們的大小事全都依賴布露克，她讓我們的生活保持正常運作。當我花了超過一年的時間，完全埋首在化學週期表與科學論文時，是布露克讓我不至於脫離眞實世界。整個寫書過程中，她也是我的譯者，不僅修改我（大量）的錯字，還重新爬梳我的思緒，好讓每個人，包括有經驗的主廚與家庭烹飪者，都能理解本書並從中受益。

這本書之所以能夠出版，要感謝我們的經紀人喬伊・圖特拉（Joy Tutela）與編輯亞里山德・利特菲爾德（Alexander Littlefield）的遠見、奉獻與全然投入。在最初，他們就比其他人更相信這本書的價值，也信任我們有完成它的能力。關於這點，我們永遠心懷感激。我們也必須向瑞克・司密洛（Rick Smilow，譯註：美國廚藝教育學院校長）與美國廚藝教育學院致謝，感謝他們的支持，並讓我們能夠在專業上有所成長。

我們也要感謝麥特・哈丁斯（Matt Hartings，譯註：美利堅大學化學系助理教授）與阿里・布澤利（Ali Bouzari，譯註：主廚、食品科學博士、廚藝研究機構「Pilot R&D」創辦人），他們的專業知識讓我這個熱情有餘的主廚得以在本書表現得更聰明一點。最後，也是很重要的，我們要感謝簡・圖爾普（Jan Tulp，譯註：圖表設計師），他將風味模組（the Flavor Matrixes）的設計視覺化，並且願意在奇怪的時段接聽我們的電話，全然奉獻心神在回答我們寄去的上百封電子郵件，不停執著地詢問他最小的細節，然後幫助我們達成完美的圖表設計；這本書能完成，有一半的功勞都屬於你。

索引

A
B
C
D
E
F
G
H
J
K
L
M
N
O
P
R
S
T
V

A
B
C
D
E
F
G
H
J
K
L
M
N
O
P
R
S
T
V

A
B
C
D
E
F
G
H
J
K
L
M
N
O
P
R
S
T
V

A
B
C
D
E
F
G
H
J
K
L
M
N
O
P
R
S
T
V